高等职业教育系列教材

现代通信技术
基础及应用

主　编　梁　腾　方春晖
副主编　杨建军　刘和娟
参　编　王永香　黄凯章

机械工业出版社
CHINA MACHINE PRESS

本书较全面地讲述了现代通信技术的概念、关键技术及其发展过程，介绍了各类通信系统的技术特点、基本原理及主要应用。全书共 9 章，第 1 章从通信的基本概念入手，介绍了通信的发展史、通信网、电信业务分类；第 2 章介绍了信源编码、信道编码等关键基础数据通信技术；第 3~8 章详细介绍了电话通信、数据通信、无线通信、移动通信、光纤通信、接入网的基本原理及关键技术；第 9 章对信息安全技术进行了详细介绍。本书具有完整性和系统性的特点，内容广泛、信息量大、重点突出，方便学习。

本书适合作为电子信息类、通信类、计算机类专业应用型本科、高职高专学生的教材，或作为对通信技术感兴趣人员的参考书。

本书配有微课视频，扫描二维码即可观看。另外，本书配有电子课件，需要的教师可登录机械工业出版社教育服务网（www.cmpedu.com）免费注册，审核通过后下载，或联系编辑索取（微信：13261377872，电话：010-88379739）。

图书在版编目（CIP）数据

现代通信技术基础及应用/梁腾，方春晖主编 . —北京：机械工业出版社，2023.8（2025.1 重印）
高等职业教育系列教材
ISBN 978-7-111-73447-5

Ⅰ. ①现… Ⅱ. ①梁… ②方… Ⅲ. ①通信技术–高等职业教育–教材 Ⅳ. ①TN91

中国国家版本馆 CIP 数据核字（2023）第 121120 号

机械工业出版社（北京市百万庄大街 22 号 邮政编码 100037）
策划编辑：和庆娣 责任编辑：和庆娣 赵小花
责任校对：龚思文 张 征 责任印制：单爱军
北京虎彩文化传播有限公司印刷
2025 年 1 月第 1 版·第 2 次印刷
184mm×260mm·15.5 印张·402 千字
标准书号：ISBN 978-7-111-73447-5
定价：65.00 元

电话服务 网络服务
客服电话：010-88361066 机 工 官 网：www.cmpbook.com
010-88379833 机 工 官 博：weibo.com/cmp1952
010-68326294 金 书 网：www.golden-book.com
封底无防伪标均为盗版 机工教育服务网：www.cmpedu.com

通信技术和通信产业是 20 世纪 80 年代以来发展最快的领域之一，不论国际还是国内都是如此。这是人类进入信息社会的重要标志之一。党的二十大报告指出，推进新型工业化，加快建设制造强国、质量强国、航天强国、交通强国、网络强国、数字中国。当前，中国通信行业发展如火如荼，中国已经建成世界最大的 5G 网络。随着 5G+行业应用不断深化推进，"5G 改变社会"已经从口号逐渐落地变成现实。5G 通信技术对于各行各业的影响正不断扩大，各行各业也积极将通信技术融入自己的业务转型发展规划。在此行业背景下，各行各业相关从业者都需要学习和了解一些通信的基本知识。

基于对通信技能人才培养的思考和各行业对现代通信技术基础知识学习的需求，我们编写了这本教材。教材的内容设计上考虑了以下几个方面：一是注重基础。紧紧抓住通信技术的基础知识点进行讲解，尽量避免烦琐的公式推导，希望读者可以快速、有效地学习、掌握通信技术的概念和基本原理；二是注重应用。通信技术理论性较强，为了提升读者的学习兴趣与感性认识，本书增加通信发展简史的介绍、通信业务的介绍和通信工程案例的介绍；三是注重全面性。本书力求做到全景式呈现通信技术的框架体系，帮助读者建立一个清晰的通信技术知识体系，同时对于通信技术的发展趋势也进行梳理介绍；四是注重热点。当前，信息安全和 5G+行业应用是通信领域的热点，也是国家、社会、各行各业关注的热点，本书将信息安全技术作为独立的章节进行介绍，对于最新的 5G+行业应用进行梳理，帮助读者把握通信技术热点。

全书共 9 章，第 1 章从通信的基本概念入手，在简要回顾国内外通信发展史的基础上，对通信网、电信业务进行介绍；第 2 章介绍了数字通信技术基础，包括信源编码、多路复用与同步技术、信道编码、数字信号的基带传输、调制技术等内容；第 3 章对电话通信进行介绍，包括电话通信技术、数字程控交换、软交换、信令系统、电话业务等内容；第 4 章对数据通信进行了介绍，具体包括数据交换、基础数据网、局域网、Internet 和数据业务等内容；第 5 章介绍了无线通信，重点介绍了无线通信的关键技术、微波通信、卫星通信和无线接入等内容；第 6 章介绍了移动通信，包括移动通信基础技术、典型的移动通信系统等内容；第 7 章着重讲述了光纤通信，包括光纤与光缆、光纤通信系统、光纤通信传输技术以及全光网络等内容；第 8 章介绍了接入网，包括有线接入网技术、无线接入技术和宽带接入技术等内容；第 9 章介绍了信息安全技术，包括信息安全概述、信息安全技术体系、我国网络信息安全方面的法律法规等内容。

本书第 1、6 章由杨建军编写，第 2、5 章由方春晖编写，第 3、4 章由刘和娟编写，第 7、8 章由王永香编写，第 9 章由梁腾编写。全书由梁腾统稿。黄凯章参与了全书的整理、视频资源的录制及题库资源整理工作。

本书编写过程中参考了有关著作和资料，在此对其作者表示诚挚的谢意！ 同时也得到了企业、同事、朋友等各方的支持和帮助，在此表示深深的感谢！ 鉴于现代通信技术发展日新月异，而编者水平有限，书中难免存在不足和疏漏之处，敬请广大读者批评指正。

编　者

二维码资源清单

序　号	名　　称	页　码
1	1.1.2　通信系统模型	3
2	1.3.2　通信网的分类	8
3	1.3.4　通信网的组网结构——拓扑结构形式	10
4	1.3.4　通信网的组网结构——通信网的分层	11
5	1.4　电信业务分类	13
6	2.1.3　数字通信系统的特点	26
7	2.3.2　数字复接技术	32
8	3.8.1　实训项目1：信号的采样与恢复	72
9	3.8.1　实训项目1——实验模块SS15	72
10	3.8.2　实训项目2——实验模块SS16	74
11	4.1.4　数据通信系统的主要质量指标——信息速率	79
12	图4-7　分组交换工作原理示意	83
13	图4-15　MPLS原理示意	92
14	5.1.2　无线传播的基本特性	106
15	5.3.1　微波通信概述	114
16	5.5.2　WiFi技术	122
17	6.1.2　移动通信的概念及特点	136
18	6.2.2　移动通信的多址方式	140
19	6.2.3　移动通信服务区体制	141
20	6.3　第二代移动通信系统	144
21	6.4　第三代移动通信系统	148
22	6.5　第四代移动通信系统	154
23	6.6　第五代移动通信系统	158
24	6.6.3　5G+行业应用	161
25	8.1.3　接入网的分类	201
26	8.1.3　接入网的分类——PON技术	201
27	8.1.3　接入网的分类——5G移动接入技术	201
28	8.2.1　铜缆接入技术	203
29	9.1.2　信息安全的概念	220
30	9.1.3　信息安全面临的威胁	221
31	9.2　信息安全技术体系	223
32	9.2.4　应用安全技术	225

目 录 Contents

前言
二维码资源清单

第1章 走进通信与通信网 ……………………………… 1

1.1 通信的基本概念 ………………… 1
  1.1.1 通信的含义 ………………… 1
  1.1.2 通信系统模型 ……………… 3
  1.1.3 通信系统的性能指标 ……… 4
1.2 通信的发展史 …………………… 6
  1.2.1 通信发展历程 ……………… 6
  1.2.2 我国通信发展现状 ………… 6
  1.2.3 我国通信发展趋势 ………… 7
1.3 通信网 …………………………… 8
  1.3.1 通信网的概念 ……………… 8
  1.3.2 通信网的分类 ……………… 8
1.3.3 通信网的构成 ………………… 9
1.3.4 通信网的组网结构 …………… 10
1.4 电信业务分类 …………………… 13
  1.4.1 第一类基础电信业务 ……… 13
  1.4.2 第二类基础电信业务 ……… 17
  1.4.3 增值电信业务 ……………… 18
1.5 实训项目 ………………………… 21
  1.5.1 实训项目1：参观通信机房 … 21
  1.5.2 实训项目2：考察电信业务 … 21
本章小结 ……………………………… 21
习题 …………………………………… 22

第2章 数字通信技术基础 …………………………… 23

2.1 数字通信概述 …………………… 23
  2.1.1 数字通信发展简史 ………… 23
  2.1.2 数字通信系统的组成 ……… 24
  2.1.3 数字通信系统的特点 ……… 26
2.2 信源编码 ………………………… 26
  2.2.1 模拟信号的数字化处理 …… 27
  2.2.2 音频编码技术 ……………… 27
  2.2.3 图像编码技术 ……………… 29
2.3 多路复用与同步技术 …………… 30
  2.3.1 多路复用技术 ……………… 30
  2.3.2 数字复接技术 ……………… 32
  2.3.3 同步技术 …………………… 33
2.4 信道编码 ………………………… 34
  2.4.1 信道编码概述 ……………… 35
  2.4.2 分类与差错控制方式 ……… 35
2.5 数字信号的基带传输 …………… 36
  2.5.1 基带传输的基本概念 ……… 36
  2.5.2 基带传输的常用码型 ……… 37
  2.5.3 眼图 ………………………… 38
  2.5.4 再生中继器与均衡器 ……… 39
2.6 调制技术 ………………………… 40
  2.6.1 调制的作用 ………………… 40
  2.6.2 调制方式 …………………… 40
2.7 智慧小区数字通信系统案例 …… 41
  2.7.1 项目背景 …………………… 41
  2.7.2 项目需求 …………………… 42
  2.7.3 项目解决方案 ……………… 42
  2.7.4 项目优势及成效 …………… 44
  2.7.5 项目推荐机型主要参数 …… 45
2.8 实训项目 ………………………… 46

Contents 目录

2.8.1　实训项目 1：常用信号的观察 ········ 46
2.8.2　实训项目 2：频分复用实验············ 47

本章小结 ·· 48
习题 ·· 49

第 3 章　电话通信 ························· 50

3.1　电话通信概述 ······················· 50
　3.1.1　电话通信发展简史 ··············· 50
　3.1.2　电话通信过程 ···················· 51
3.2　电话通信技术 ······················· 52
　3.2.1　PCM 技术 ························ 52
　3.2.2　PCM 一次群系统 ·············· 55
3.3　数字程控交换 ······················· 57
　3.3.1　数字程控交换概述 ·············· 57
　3.3.2　数字程控交换机组成 ··········· 57
　3.3.3　数字程控交换原理 ·············· 59
　3.3.4　电话交换的呼叫接续过程 ······ 61
3.4　软交换 ······························· 62
　3.4.1　软交换的概念 ···················· 62
　3.4.2　软交换系统的组成及功能 ······ 62
　3.4.3　软交换系统的应用 ·············· 63
3.5　信令系统 ···························· 64
　3.5.1　信令流程 ························· 64

3.5.2　信令的分类 ······················· 65
3.5.3　信令的作用 ······················· 66
3.5.4　7 号信令系统 ···················· 67
3.6　电话业务 ···························· 68
　3.6.1　本地电话业务 ···················· 68
　3.6.2　长途电话业务 ···················· 68
　3.6.3　特殊号码业务 ···················· 68
　3.6.4　800 被叫集中付费业务 ········· 69
　3.6.5　主被叫分摊付费业务 ··········· 69
　3.6.6　电话信息服务业务 ·············· 70
　3.6.7　语音信箱业务 ···················· 70
3.7　电话通信系统工程案例 ··········· 71
3.8　实训项目 ···························· 72
　3.8.1　实训项目 1：信号的采样与恢复 ····· 72
　3.8.2　实训项目 2：脉冲编译码实验 ···· 73

本章小结 ·· 75
习题 ·· 75

第 4 章　数据通信 ························· 77

4.1　数据通信概述 ······················· 77
　4.1.1　数据通信的发展简史 ··········· 77
　4.1.2　数据通信系统的组成 ··········· 78
　4.1.3　数据通信系统的特点 ··········· 79
　4.1.4　数据通信系统的主要质量指标····· 79
4.2　数据交换 ···························· 81
　4.2.1　电路交换 ························· 81
　4.2.2　报文交换 ························· 82
　4.2.3　分组交换 ························· 83
　4.2.4　帧中继技术 ······················ 85
　4.2.5　ATM 交换 ························ 86
　4.2.6　IP 交换 ·························· 89
　4.2.7　MPLS ··························· 90
4.3　基础数据网 ························· 92
　4.3.1　分组交换数据网 ·············· 93

4.3.2　数字数据网 ······················· 93
4.3.3　帧中继网 ························· 94
4.3.4　ATM 宽带网 ···················· 94
4.4　局域网 ······························· 94
　4.4.1　局域网的体系结构 ·············· 94
　4.4.2　总线以太网与 IEEE 802.3 标准
　　　　系列 ·························· 95
　4.4.3　交换式以太网 ···················· 96
　4.4.4　无线局域网与 IEEE 802.11 标准
　　　　系列 ·························· 96
4.5　Internet ···························· 97
　4.5.1　Internet 的体系结构 ··········· 97
　4.5.2　Internet 的地址和域名 ········· 98
　4.5.3　网络互联协议 ···················· 99
　4.5.4　传输层协议 ···················· 100

4.5.5　路由协议 ·············· 100
4.5.6　应用层协议 ············ 100
4.5.7　IPv6 ···················· 100
4.6　数据业务 ··················· 101
4.6.1　IDC 业务 ·············· 101
4.6.2　呼叫中心 ·············· 102
4.6.3　数据网业务服务平台 ······· 102
4.7　电力数据通信网工程案例 ······· 102

4.7.1　背景介绍 ·············· 103
4.7.2　电力数据通信网结构 ······· 103
4.7.3　网络设计要点 ··········· 103
4.8　实训项目：参观网络实训室 ····· 103
本章小结 ······················ 104
习题 ························· 104

第5章　无线通信 ························· 105

5.1　无线通信概述 ············· 105
5.1.1　无线通信的发展 ········· 105
5.1.2　无线传播的基本特性 ······· 106
5.1.3　无线通信的频率资源 ······· 108
5.1.4　天线技术 ·············· 109
5.2　无线通信的关键技术 ······· 110
5.2.1　多址技术 ·············· 110
5.2.2　扩频技术 ·············· 111
5.2.3　正交频分复用技术 ········· 113
5.3　微波通信 ················· 114
5.3.1　微波通信概述 ··········· 114
5.3.2　微波中继通信概念及组成 ····· 115
5.3.3　微波通信业务应用 ········· 116
5.4　卫星通信 ················· 117
5.4.1　卫星通信概述 ··········· 117
5.4.2　卫星运动轨道 ··········· 119

5.4.3　卫星通信的多址连接 ······· 120
5.4.4　卫星通信业务应用 ········· 120
5.5　无线接入 ················· 122
5.5.1　无线接入概述 ··········· 122
5.5.2　WiFi 技术 ·············· 122
5.5.3　蓝牙技术 ·············· 125
5.5.4　ZigBee 技术 ············ 127
5.6　铁路公安无线通信案例 ······· 129
5.6.1　项目背景 ·············· 129
5.6.2　需求分析 ·············· 129
5.6.3　解决方案 ·············· 130
5.6.4　项目优势 ·············· 130
5.6.5　项目成效 ·············· 130
5.7　实训项目：智能家居组网 ······· 131
本章小结 ······················ 132
习题 ························· 133

第6章　移动通信 ························· 134

6.1　移动通信概述 ············· 134
6.1.1　移动通信发展简史 ········· 134
6.1.2　移动通信的概念及特点 ······· 136
6.1.3　移动通信系统的分类 ······· 137
6.1.4　移动通信系统的组成 ······· 137
6.1.5　移动通信的工作频段 ······· 138
6.2　移动通信基础技术 ········· 139
6.2.1　移动通信的工作方式 ······· 139
6.2.2　移动通信的多址方式 ······· 140
6.2.3　移动通信服务区体制 ······· 141

6.2.4　位置管理与越区切换技术 ····· 143
6.2.5　同频复用 ·············· 144
6.3　第二代移动通信系统 ······· 144
6.3.1　GSM 系统 ·············· 144
6.3.2　CDMA 系统 ············ 146
6.4　第三代移动通信系统 ······· 148
6.4.1　WCDMA 系统 ··········· 149
6.4.2　TD-SCDMA 系统 ········· 151
6.4.3　CDMA2000 系统 ·········· 152
6.5　第四代移动通信系统 ········ 154

6.5.1 4G 移动通信概述 ……………… 154
6.5.2 LTE 的制式 ………………………… 157
6.6 第五代移动通信系统 ……………… 158
6.6.1 5G 关键技术 ………………………… 158
6.6.2 5G 网络架构 ………………………… 160
6.6.3 5G+行业应用 ……………………… 161
6.7 移动通信在工业互联网上的应用
    案例 …………………………………… 163

6.7.1 背景介绍 ……………………………… 163
6.7.2 需求分析 ……………………………… 163
6.7.3 实施过程及效果 ……………… 164
6.8 实训项目：参观校园 5G 通信
    基站 ………………………………… 164
本章小结 ……………………………………… 165
习题 ……………………………………………… 165

第 7 章 光纤通信 …………………… 166

7.1 光纤通信概述 …………………… 166
7.1.1 光纤通信发展简史 ……………… 166
7.1.2 光纤通信的特点 ………………… 168
7.1.3 光纤通信的工作波长 ………… 168
7.1.4 光纤通信的工作窗口 ………… 169
7.2 光纤与光缆 ……………………… 169
7.2.1 光纤的结构 ……………………… 169
7.2.2 光纤的分类 ……………………… 170
7.2.3 光纤的导光原理 ……………… 171
7.2.4 光纤的传输特性 ……………… 173
7.2.5 光纤的标准 ……………………… 174
7.2.6 光缆 ………………………………… 179
7.3 光纤通信系统 …………………… 182
7.3.1 光纤通信系统的分类 ………… 182

7.3.2 数字光纤通信系统的性能指标 …… 183
7.4 光纤通信传输技术 ……………… 184
7.4.1 同步数字系列（SDH）技术 … 184
7.4.2 光波分复用（WDM）技术 … 187
7.4.3 多业务传送平台（MSTP）技术 … 189
7.4.4 分组传送网（PTN）技术 …… 191
7.4.5 光传送网（OTN）技术 …… 193
7.5 全光网络 ………………………… 194
7.6 零箱体改造光纤通信工程
    案例 …………………………………… 195
7.7 实训项目：参观通信机房 ……… 197
本章小结 ……………………………………… 197
习题 ……………………………………………… 198

第 8 章 接入网 …………………………… 199

8.1 接入网概述 ……………………… 199
8.1.1 接入网的发展和概念 ………… 199
8.1.2 接入网的特点 ………………… 200
8.1.3 接入网的分类 ………………… 201
8.2 有线接入网技术 ………………… 203
8.2.1 铜缆接入技术 ………………… 203
8.2.2 光纤/同轴混合接入技术 …… 205
8.2.3 光纤接入网技术 ……………… 206
8.3 无线接入技术 …………………… 209

8.3.1 无线接入技术概述 …………… 209
8.3.2 WCDMA 接入网 ……………… 210
8.3.3 WATM/WIP ……………………… 211
8.3.4 宽带无线接入 ………………… 212
8.4 接入网工程案例 ………………… 213
8.5 实训项目：考察 FTTH 社区的接入网
    业务 …………………………………… 215
本章小结 ……………………………………… 216
习题 ……………………………………………… 217

第9章 信息安全技术 ………………………………… 218

9.1 信息安全概述 ……………… 218
9.1.1 信息安全的发展简史 ……… 218
9.1.2 信息安全的概念 ………… 220
9.1.3 信息安全面临的威胁 …… 221
9.2 信息安全技术体系 ……… 223
9.2.1 核心基础安全技术 ……… 223
9.2.2 安全基础设施技术 ……… 224
9.2.3 基础设施安全技术 ……… 225
9.2.4 应用安全技术 ………… 225
9.2.5 支撑安全技术 ………… 230
9.3 我国网络信息安全方面的法律
法规 ………………… 230
9.3.1 网络信息安全相关法律的概况 …… 230
9.3.2 网络信息安全相关行政法规的
概况 ………… 231

9.3.3 网络信息安全相关部门规章、规范性
文件与自律性规则的概况 ……… 231
9.4 自动售检票系统的信息安全防护
案例 ……………… 232
9.4.1 背景介绍 ………… 232
9.4.2 网络安全风险和需求分析 …… 233
9.4.3 信息安全解决方案 …… 234
9.4.4 效果评价 ………… 235
9.5 实训项目 ……………… 235
9.5.1 实训项目1：分析信息安全案例 … 235
9.5.2 实训项目2：调查上一年度全球
主要的信息安全事件 …… 235
本章小结 ……………… 235
习题 ………………… 236

参考文献 ………………………………………… 237

第 1 章　走进通信与通信网

　　当今，人们生活在一个高度信息化的社会，"通信"无处不在，如拨通电话就可以随时随地与远方的家人或朋友通话，手机上网就能欣赏到丰富多彩的娱乐内容，打开电视就能观看到各种各样的电视节目，不出家门就可享受网上学习、购物、聊天的乐趣。毫不夸张地说，没有任何一个领域像"通信"这样对人民的生活方式和商务活动、国家的政治和军事活动，以及国民的经济和世界的繁荣产生如此重大而深远的影响。信息产业已成为我国乃至全世界的主导产业之一，越来越多的人才涉足这一具有广阔发展前景的行业，并渴望系统地学习通信技术及应用。本章将对通信的基本概念、发展、组成及业务分类进行阐述，梳理通信的发展过程，并重点介绍通信网的组成。

【学习要点】
- 通信的基本概念与通信系统模型。
- 国内及国际通信的发展历史。
- 通信网的分类及组网结构。
- 电信业务分类。

【素养目标】
- 使学生了解通信的相关知识。
- 增强学生的通信意识。

1.1　通信的基本概念

　　从远古时代到人类文明高度发达的现代，人类的各种活动都与通信密切相关。特别是进入信息时代以来，通信技术、计算机技术和控制技术不断发展与相互融合，极大地扩展了通信的功能，使得人们可以随时随地的通过各种信息手段获取和交换各种各样的信息。通信进入社会生产和生活的各个领域，已经成为现代文明的标志之一，对人们日常生活和社会活动的影响越来越大。

1.1.1　通信的含义

　　一般来说，通信（communication）就是人们在日常生活中相互之间传递信息的过程。我国古代的烽火示警、飞鸽传书、击鼓作战、驿站传信、符号等信息传递方式，都是早期人类利用光和声音等媒介进行通信的实例。在如今的信息社会人们用各种电子产品和网络来传递信息，都属于通信的范畴。当然，古代通信方式在传输距离的远近以及速度的快慢等方面都不能和今天相提并论。各种各样的通信方式中，利用电磁波或光波来传递各种信息的通信方式就是人们通常所说的电信。由于具有信息传递迅速、准确、可靠且几乎不受时间和空间距离限制等特点，电信技术得到了飞速发展和广泛应用。如今，在自然科学领域，"通信"通常都是指"电信"。本书所涉及的通信也均指电信。通信是信息科学技术的一个重要组成部分。

1. 消息、信息与信号

在学习通信的过程中，经常遇到的是"消息""信息""信号"这几个术语。

消息（message）是人或事物的相关情况，是通信系统传输的对象，它来自信源且有多种表现形式，如数据、文本、声音、图像、符号、温度等，各种形态可以相互转化，例如，声音被手机接收，就转为数据，在网络中进行传输。

信息（information）无所不在，它存在于自然界和人类社会任何事物的运动和变化中，可以被认知主体（生物或机器）获取和利用。

信息的定义有多种。具有普遍性的定义是，信息是消息中有意义的内容，或者说是收信者原来不知而待知的内容。通俗地讲，信息量就是对消息中这种不确定性的度量，一个消息的可能性越小，其信息越多；而消息的可能性越大，则信息越少。事件发生的概率小，不确定性越大，信息量就大，反之则少。

在当今信息社会中，信息已成为最宝贵的资源之一，如何有效而可靠地获取、传输和利用信息是一项研究重点。

信号（signal）是运载消息的工具，是信息的物理载体。从广义上讲，它包含光信号、声信号和电信号。例如，古代人利用烽火台产生的狼烟向远方军队传递军情，这属于光信号；当大家上课交流时，声波传递到同学们的耳朵中，这属于声信号；日常生活中，各种无线电波、通信电话网中的电流等，都可以用来传递各种消息，这属于电信号。在通信网络中，信号以电（或光）的形式进行处理和传输，电信号常用的形式是电流、电压与电磁波等。

2. 信号类型与特征

消息可以分为两大类：连续消息（如连续变化的文本和图像）和离散消息（如消息状态可数的符号和数据），所以信号也相应分为两大类，见表1-1。

表1-1 信号类型与特征

类 型	特 征	举 例
模拟信号	信号的幅度随时间做连续、随机的变化，信号的取值是连续的	手机送出的语音信号，照相机输出的图像信号等
数字信号	信号的幅度随时间的变化是离散、有限的状态，信号的取值是离散的	计算机、传真机输出的信号

模拟信号（analog signal）和数字信号（digital signal）示例如图1-1所示。横轴代表时间，纵轴代表信号的取值。可见，模拟信号是连续的，有无穷多个取值；而数字信号是离散、有限的。二进制信号就是典型的数字信号（只有0和1两种取值）。

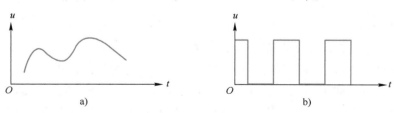

图1-1 模拟信号与数字信号示例

a）模拟信号 b）数字信号

综上所述，消息、信息和信号这三者之间既有联系又有不同。

- 消息是信息的外在形式。
- 信息则是消息的内涵。
- 信号是消息（或信息）的传输载体。

1.1.2 通信系统模型

1. 通信系统基本模型

通信系统（communication system）是通信需要的一切技术设备和传输介质的总体，其功能是对原始信号进行转换、处理和传输。图 1-2 所示为通信系统的基本模型，从总体上看，通信系统包括发送端（信源、发送设备）、信道和接收端（接收设备、信宿）。

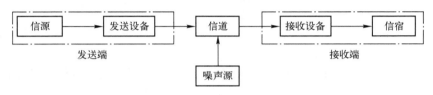

图 1-2 通信系统的基本模型

信源（information source）即信息源，是消息（或信息）的发源地，其核心器件是输入传感器。根据发出信息的不同，信源可以是电话机、摄像机、传真机、计算机等数字设备。

发送设备（transiter）将信源产生的信号进行处理和变换，成为适合在信道中传输的信号。通常包括放大、滤波、编码、调制等过程。

信道（channel）是指用于传输信号的各种物理介质。按传输媒介的不同分为无线信道（电磁波）和有线信道（电缆和光纤）；按传输信号形式的不同可分为模拟信道和数字信道。

接收设备（receiver）与发送设备功能相反，即把收到的信号进行反变换（如译码、解调等），其目的是从受到减损的接收信号中恢复出原始的消息信号。

信宿（destination）是信息传输的目的地。其功能与信源相反，即把电信号还原成原始信号。

噪声源（noise source）是客观存在的，是信道中的噪声以及通信系统其他各处噪声的集中表示。

2. 模拟通信系统模型

将信源发出的信息用调制器变换处理后，形成模拟信号送往信道上传输的通信系统就称为模拟通信系统。在接收端解调器进行反变换，并送达信宿。图 1-3 所示为模拟通信系统模型。

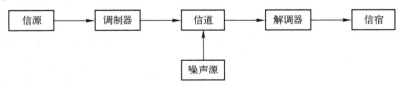

图 1-3 模拟通信系统模型

应该指出，除正、反变换外，实际通信系统中一般还有滤波、放大、天线辐射等信号处理过程。但是上述两种变换起主要作用，而其他处理只是对信号进行波形或性能上的改善，不会使信号发生质的变化。

3. 数字通信系统模型

信源发出的信息经变换处理后形成数字信号送往信道上传输的通信系统就是数字通信系统。数字通信系统传输离散、有限状态的数字信号，在接收端通过取样、判决来恢复原始信号，还可以通过纠错编码来进一步提高抗干扰能力。图1-4所示为数字通信系统模型。

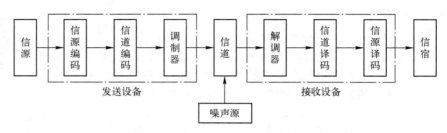

图1-4　数字通信系统模型

对照图1-2所示模型可知，这里的发送设备包括信源编码、信道编码和调制器，接收设备的位置与发送设备相对应，功能相反。各单元的主要功能如下。

信源编码有两个基本功能：一是进行模/数（A/D）转换，即将模拟信号编码成数字信号；二是去除冗余（多余）信息，以提高传输的有效性。解码（译码）是编码的逆过程。

信道编码的作用是进行差错控制。信道编码器对传输的信息码元按一定的规则加入保护成分（监督码元），组成所谓的"抗干扰编码"。接收端的信道译码器按相应的规则进行解码，从中发现错误或纠正错误，提高通信系统的可靠性。

对于调制的本质及原理，数字通信系统和模拟通信系统相似，都是把基带信号（这里是数字基带信号）加载到高频载波上。解调是调制的逆过程。

1.1.3　通信系统的性能指标

通信的任务是快速、准确地传递信息，因此评价一个通信系统的主要性能指标是系统的有效性和可靠性。

有效性指的是传输一定信息量时所占用的信道资源（频段宽度或时间），或者说是传输的"速度"问题；而可靠性指的是接收信息的准确程度，也就是传输的"质量"问题。这两个问题相互矛盾又相对统一，并可进行互换。

1. 模拟通信系统的性能指标

（1）有效性

模拟通信系统的有效性可以用有效传输频带来度量。同样的消息用不同的调制方式，则需要不同的频带带宽，如单边带信号占用的带宽仅为4kHz，双边带信号则需要8kHz，因此在一定的信道带宽内，采用单边带方式进行复用的信号路数要比双边带方式多出一倍，说明单边带方式的有效性好。可以看出，信号占用的传输带宽越小，通信系统的有效性就越好。

（2）可靠性

模拟通信系统的可靠性常用接收端最终输出的信噪比来度量。不同调制方式在同样信道信噪比下所得到的最终解调后的信噪比是不同的。如调频系统的可靠性通常比调幅系统的好，但调频信号占用的带宽比调幅信号要宽。所以可靠性与有效性总是一对矛盾体。

2. 数字通信系统的性能指标

数字通信系统的有效性可用传输速率（码元速率和信息速率）和频带利用率来衡量。可靠性可用差错率来衡量，常用误信率和误码率表示。

（1）有效性

1）码元速率 R_B 简称传码率，又称符号速率等。它表示单位时间内传输码元的数目，单位是波特（Baud），所以也称波特率。设码元宽度为 T_s，则码元速率可表示为

$$R_B = \frac{1}{T_s} \tag{1-1}$$

数字信号有多进制和二进制之分，但码元速率与进制数无关，只与传输的码元宽度有关。

2）信息速率 R_b 简称传信率，又称比特率等。它表示单位时间内传递的平均信息量或比特数，单位是比特/秒（bit/s）。

一个二进制码元携带 1 比特的信息量（等概率传输），一个 M 进制码元携带 $\log_2 M$ 比特的信息量（等概率传输），所以码元速率和信息速率存在以下确定关系，即

$$R_b = R_B \log_2 M \tag{1-2}$$

或

$$R_B = \frac{R_b}{\log_2 M} \tag{1-3}$$

例如，每秒传送 1200 个码元，则码元速率为 1200 Baud；若采用二进制($M=2$)，则信息速率为 1200 bit/s；若采用八进制($M=8$)，则信息速率为 3600 bit/s。可见，二进制的码元速率和信息速率在数量上相等，又简称它们为数码率。

3）频带利用率是指单位频带内的码元速率，可表示为

$$\eta = \frac{R_B}{B} \tag{1-4}$$

数字信号的传输带宽 B 取决于码元速率 R_B，而码元速率和信息速率 R_b 有着确定的关系。在二进制系统中，为了比较不同系统的传输效率，又可定义频带利用率为

$$\eta = \frac{R_b}{B} \tag{1-5}$$

（2）可靠性

1）误码率（码元差错率）P_e 是指发生差错的码元数在传输总码元数中所占的比例，即码元在传输过程中被传错的概率。P_e 越小，说明传输的可靠性越高。可表示为

$$P_e = \frac{错误码元数}{传输总码元数} \tag{1-6}$$

2）误信率（信息差错率）P_b 是指发生差错的比特数在传输总比特数中所占的比例，即错误接收的比特数在传输总比特数中所占的比例。可表示为

$$P_b = \frac{错误比特数}{传输总比特数} \tag{1-7}$$

显然，对于二进制系统，有 $P_e = P_b$。

1.2 通信的发展史

随着社会的发展，数据传输需求的增长以及大规模集成电路的应用促进了通信的发展，通信技术和方式不断地被开发、创新和完善。

1.2.1 通信发展历程

随着科学技术的不断发展和演进，不同的通信技术和理论也在不断产生和变革。影响通信发展的重要事件见表1-2。

表1-2 影响通信发展的重要事件

重 要 事 件	时间/年	主要贡献者
话筒接力传送语音信息	1796	休斯
电报技术	1837	摩尔斯、希林、库克
电磁场理论	1864	麦克斯韦
有线电话（模拟电话的先驱）	1876	贝尔、格雷
证明电磁波的存在	1887	赫兹
无线电通信技术（微波、卫星通信）	1896	波波夫、马可尼、克拉克
数据传输理论	1928	奈奎斯特
调频技术	1933	阿姆斯特朗
脉冲编码调制（PCM）	1937	里弗斯
数字通信理论（信噪比-传输速率）	1948	香农
光纤通信	1966	高锟
蜂窝移动通信系统	1978	贝尔实验室

目前，通信技术和通信产业伴随着计算机技术、传感技术、遥控遥测遥感和微处理等技术的发展和相互融合，以及人类社会的发展需求，正在向着数字化、智能化、高速与宽带化、网络与综合化、移动与个人化等方向飞速发展。

1.2.2 我国通信发展现状

1949—1956年是我国通信电信恢复发展时期，电信管理体制逐步建立。1956年后，进入大规模建设时期，直到1978年十一届三中全会之后，中国电信业进入高速发展期，经几十年发展后有了翻天覆地的变化。电信业从简单的模拟通信到数字通信、数据通信、光纤通信、多媒体通信，目前已形成多种网络融合的现代化先进通信系统。

我国现有中国移动、中国电信、中国联通、中国广电及虚拟运营等多种网络运营商，主流设备制造商（如华为、中兴、大唐等）能自主开发数据通信设备（交换机、路由器）、光通信产品（光缆和电缆）、移动通信产品（4G、5G主设备）及各种终端设备（如手机、PAD、穿戴产品等），并已进入国际市场，远销海外，具有较强的竞争能力。图1-5所示为我国所用电话机的演进。

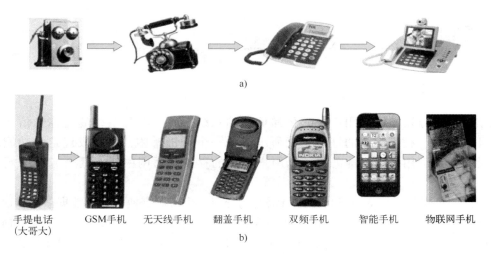

图 1-5　电话机的演进

a）固定电话机的演进　b）移动电话机的演进

1.2.3　我国通信发展趋势

目前，我国电信网、计算机网和广播电视网三大网络通过技术升级与改造，已完成三网融合，能够提供包括语音、数据、视频、AI 等多种综合媒体的通信业务。我国通信网络发生了巨大变化，无论是网络规划，还是用户数量，都取得了长足的发展，电信网、计算机网和广播电视网已经渗透到全国各处，网络规模得到巨大提升。网络正变得更高速、更快捷、更方便，改变了人类的生活方式，相关业务将得到飞速发展，具体如下。

1）5G 网络将全面升级，全球 5G 技术和标准发展将从 Rel-18（5G-Advanced 的第一个版本）进入新的历史阶段。5G-Advanced 将打破 eMBB、URLLC、mMTC 单一业务模型的局限，进行跨场景多维度融合，通过构建频谱利用、原生 AI、上行增强、聚焦行业、智能管理及绿色低碳等六大核心支柱，达到能力增强、边界延伸和效率提升的目标。5G 专网发展将从"网随业动"走向"网业融通"。

2）加大下一代光网络核心技术研发投入，加强全光网络关键技术协同创新，加快千兆光网建设升级，持续探索千兆建网、千兆体验、千兆运维的标准，实施精准的网络规划、部署及运维，挖掘新的商业模式，提供高品质服务。

3）持续优化 IPv6 网络质量，提升网络终端对 IPv6 的支持能力，优化 IPv6 网络路由、提升网络性能、改善服务质量，加快存量智能网关的 IPv6 升级，推动数据中心、CDN、云服务平台加快 IPv6 改造升级。

4）物联网发展从"数字化"向"智能化"转变。在海量数据基础上的大数据计算和挖掘会成为物联网发展的一个重要趋势。新技术与物联网的融合将加速渗透，给物联网产业带来全新的场景和体验。

5）多元算力需求推动算力基础设施规模大幅增长。预计未来几年，我国数据中心产业仍将继续保持高速增长趋势。随着 AI 算力需求的增加和新基建政策的推动，AI 算力进入需求加速期。

1.3 通信网

1.3.1 通信网的概念

通信网是在分处异地的用户之间传递信息的系统。属于电磁系统的也称电信网。通信网是由相互依存、相互制约的许多要素所组成的一个有机整体，以完成规定的功能。通信网的功能就是适应用户呼叫的需要，以用户满意的程度沟通网中任意两个或多个用户之间的信息。

通信网的特点是通信双方既可以进行语音的交流，也可以交换和共享数据信息；通信网是社会的神经系统，已成为社会活动的主要组成之一，人们希望信息传递安全、可靠；通信网配有强大的通信终端，可为用户提供方便的功能，可以进行富有感情色彩的多媒体信息交流，拉近了人们之间的距离。

1.3.2 通信网的分类

通信网可以从不同角度进行分类，常见分类如下。

1. 按信道所传输的信号形式划分

1.3.2 通信网的分类

- 模拟通信：信道中传输的是模拟信号。
- 数字通信：信道中传输的是数字信号。

2. 按传输介质划分

- 有线通信：使用导线（如双绞线、同轴电缆、光纤等）传输信号的通信网。
- 无线通信：使用无线电波在自由空间传输信号的通信网。如卫星通信系统、移动电话系统、广播电视系统等。

3. 按传输方式划分

- 基带传输：以基带信号（未经调制的信号）作为传输信号的系统。
- 带通传输：以已调信号（经过调制的信号）作为传输信号的系统。

4. 按业务类型划分

- 电话网：传输电话业务的网络，如电话通信网、蜂窝移动通信网等。
- 广播电视网：传输广播电视业务的网络。
- 数据通信网：传输数据业务的网络，如分组交换、ATM、PTN、OTN 等。

5. 按服务范围划分

按服务范围划分，可分为本地通信网、长途通信网和国际通信网，或局域网、城域网和广域网等。

6. 按工作频段划分

根据波长的大小或频率的高低，可将电磁波划分为不同的波段（或频段），分别称为长波、中波、微波、远红外通信等。波段的划分及主要用途见表1-3。

表 1-3　无线通信波段划分及主要用途

波段名称和波长范围		频率名称和频率范围	主 要 用 途
甚长波　$10^4 \sim 10^5$ m		甚低频（VLF）3～30 kHz	远程导航、远程无线电通信、海底通信
长波　$10^3 \sim 10^4$ m		低频（LF）　30～300 kHz	中远距离通信、地下通信、矿井无线电导航
中波　$10^2 \sim 10^3$ m		中频（MF）　300 kHz～3 MHz	调幅广播、海事无线电、定位搜索
短波　$10 \sim 10^2$ m		高频（HF）　3～30 MHz	业余无线电、移动通信、军事通信
超短波（米波）1～10 m		甚高频（VHF）　30～300 MHz	移动通信、电视、调幅广播、车辆通信
微波	分米波 10～100 cm	特高频（UHF）300 MHz～3 GHz	电视、微波中继、移动通信、卫星通信、雷达、GPS
	厘米波 1～10 cm	超高频（SHF）　3～30 GHz	
	毫米波 1～10 mm	极高频（EHF）30～300 GHz	
紫外线、可见光、红外线		$10^5 \sim 10^7$ GHz	光通信

1.3.3　通信网的构成

通信网由终端设备、传输链路和交换设备三要素构成，运行时还应辅之以信令系统、通信协议以及相应的运行支撑系统。

1. 终端设备

一般装在用户处，提供由用户实现接入协议所需功能的设备（电信端点）。它的作用是将语音、文字、数据和图像（静止的或活动的）信息转变为电信号或电磁信号发出去，并将接收到的电或电磁信号复原为原来的语音、文字、数据和图像信息。

典型的终端设备有电话机、电报机、移动电话机、无线寻呼机、数据终端机、微型计算机、传真机、电视机等。

有的终端本身也可以是一个局部的或小型的电信系统，它们对公用电信网来说，就作为终端设备接入，如用户交换机、ISDN 终端、局域网、办公室自动化系统、计算机系统等。

2. 传输链路

将电信号或电磁信号从一个地点传送到另一个地点的一种设备，构成通信网中的传输链路，包括无线电和有线电传输设备。无线电传输设备有短波、超短波、微波收发信机和传输系统，以及卫星通信系统（包括卫星和地球站设备）等。有线电传输设备有架空明线、电缆、光缆、地下电缆、同轴电缆、海底电缆等传输系统。装在上述系统中的各种调制解调设备、脉码调制设备、终端和中继附属设备、监控设备等，也属于传输设备。

3. 交换设备

实现一个呼叫终端（用户）和它所要求的另一个或多个终端（用户）之间的接续，或非连接传输链路的设备和系统，是构成通信网中节点的主要设备。

交换设备根据主叫用户终端所发出的选择信号来选择被叫终端，使这两个或多个终端间建立连接，然后经过交换设备连通的路由传递信号。

交换设备包括电话交换机、电报交换机、数据交换机、移动电话交换机、分组交换机、ATM 交换机、宽带交换机等。

以终端设备、交换设备为点，以传输链路为线，点、线相连就构成了一个通信网，即电信系统的硬件设备。但是光有这些硬件设备还不能很好地完成信息传递和交换，还需有系统的软件，即一整套的网路技术，才能使由设备所组成的静态网变成一个协调一致、运转良好的动态体系。网路技术包括网络拓扑结构、网内信令、协议和接口以及网络技术体制、标准等，是业务网实现电信服务和运行支撑的重要组成部分。

1.3.4 通信网的组网结构

1. 通信网拓扑结构形式

1.3.4 通信网的组网结构——拓扑结构形式

通信网的拓扑结构主要有星状网、网状网、复合网、蜂窝网、环形网和总线型网等。对以实现通信为目的的通信网而言，不管实现何种业务，还是服务何种范围，通信网的基本网络结构形式都是一致的。所谓拓扑即网络的形状，网络节点和传输线路的几何排列，反映通信设备物理上的连接性。拓扑结构直接决定网络的效能、可靠性和经济性。

（1）星状网

星状网又称为辐射制，在地区中心设置一个中心通信点，地区内的其他通信点都与中心通信点有直达线路，而其他通信点之间的通信都经中心通信点转接，如图1-6所示。

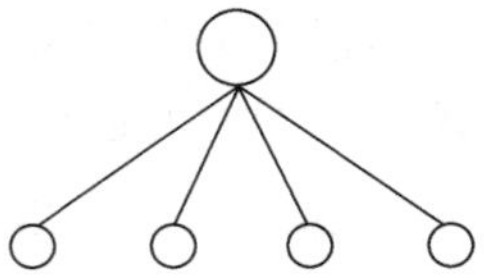

采用这种形式建网时，如果通信网中的节点数为 N，则连接网络的链路数 H 可由以下公式计算：

$$H=N-1$$

图 1-6　星状网

1）星状网拓扑结构的优点如下。

● 网络结构简单、线路少、总长度短，基本建设和维护费用少。

● 中心通信点增加了汇接交换功能，集中了业务量，提高了线路利用率。

● 只经一次转接。

2）星状网拓扑结构的缺点如下。

● 可靠性低，若中心通信点发生故障，则整个通信系统将瘫痪。

● 通信量集中到一个通信点，负荷重时影响传输速度。

● 通信量大时，相邻两点的通信也须经中心点转接，线路长度增加，交换成本增加。

综合以上优缺点可以看出：这种网络结构适用于通信点比较分散、距离远、相互之间通信量不大，且大部分通信是中心通信点和其他通信点之间往来的情况。

（2）网状网

网状网又称为点点相连制，网中任何两个节点之间都有直达链路相连接，在通信建立的过程中，不需要任何形式的转接，如图1-7所示。

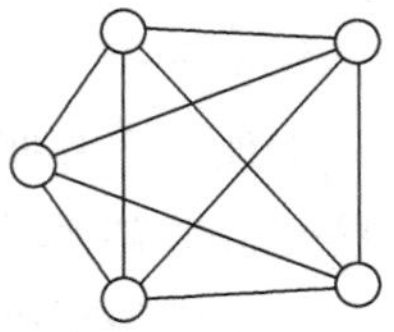

采用这种形式建网时，如果通信网中的节点数为 N，则连接网络的链路数 H 可由下式计算：

$$H=N(N-1)/2$$

1）网状网拓扑结构的优点如下。

● 点点相连，每个通信节点间都有直达线路，信息传递快。

图 1-7　网状网

● 灵活性大，可靠性高，其中任何一条线路发生故障时，均可以通过其他线路保证通信畅通。

● 通信节点不需要汇接交换功能，交换费用低。

2）网状网拓扑结构的缺点如下。

● 线路多，总长度长，基本建设和维护费用都很大。

● 在通信量不大的情况下，线路利用率低。

综合以上优缺点可以看出：网状网适用于通信节点数较少而相互间通信量较大的情况。

（3）复合网

复合网又称为辐射汇接网，是以星状网为基础，在通信量较大的地区间构成网状网。复合网吸取了网状网和星状网二者的优点，比较经济合理，且有一定的可靠性，是通信网的基本结构形式，如图 1-8 所示。

（4）蜂窝网

蜂窝网是移动通信网的网络拓扑结构形式，形状为正六边形，连在一起像蜂窝形状，如图 1-9 所示。

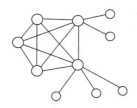

图 1-8　复合网

图 1-9　蜂窝网

（5）环形网

环形网的特点是结构简单、容易实现，而且由于可以采用自愈环对网络进行自动保护，所以其稳定性比较高，如图 1-10 所示。

另外，还有一种叫线形网的网络结构，它与环形网不同的是首尾不相连。

（6）总线型网

总线型网是所有节点都连接在一个公共传输通道——总线上，如图 1-11 所示。这种网络结构需要的传输链路少，增减节点比较方便，但稳定性较差，网络范围也受到限制。

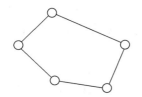

图 1-10　环形网

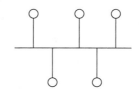

图 1-11　总线型网

2. 通信网的分层

从实现功能的角度看，一个完整的现代通信网可分为相互依存的三部分：业务网、传送网和支撑网，如图 1-12 所示。

1.3.4　通信网的组网结构——通信网的分层

（1）业务网

业务网负责向用户提供各种通信业务，如语音、传真、数据、多媒体、租用线、VPN 等，是现代通信网的主体。在传送节点上安装不同类型的节点设备，就形成了不同类型的业务网。业务节点设备主要包括各种交换机（电路交换、X.25、以太网、ATM 等）、路由器和数字交叉连接设备等，其中交换机是构成业务网的核心要素。构成一个业务网的技术要素包括网络拓

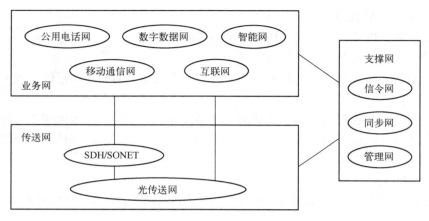

图 1-12　通信网的功能结构

扑结构、交换机、编号计划、信令技术、路由选择、业务类型、计费方式、服务性能保证机制等。目前通信网提供的业务网主要有公用电话网、数字数据网、移动通信网、智能网、互联网等。

（2）传送网

传送网独立于具体业务网，负责按需为交换节点/业务节点之间的互连分配电路，为节点之间传递信息提供透明传输通道。它还具有电路调度、网络性能监视、故障切换等相应的管理功能。构成传送网的技术要素有传输路由、复用技术、传送网节点技术等，其中传送网节点主要有分插复用设备（ADM）和交叉连接设备（DXC）两种类型，是构成传送网的核心要素。传送网也称为基础网，由传输介质和传输设备组成。

（3）支撑网

一个完整的通信网除了要有以传递通信业务为主的业务网之外，还要有若干个用来保障业务网正常运行、增强网络功能、提高网络服务质量的支撑网络。支撑网是现代通信网运行的支撑系统。支撑网中传递相应的监测和控制信号，包括公共信道信令网、同步网、管理网。

1）信令。信令网是公共信道信令系统传送信令的专用数据支撑网，一般由信令点（SP）、信令转接点（STP）和信令链路组成。信令网可分为不含 STP 的无级信令网和含有 STP 的分级信令网。无级信令网信令点间采用直连方式工作，又称直连信令网。分级信令网信令点间可采用准直连方式工作，又称非直连信令网。

2）同步网。同步网是通信网运行的支持系统之一，处于通信网的最底层，负责实现网络节点设备之间、节点设备与传输设备之间信号的时钟同步、帧同步以及全网的网同步，保证地理位置分散的物理设备之间数字信号的正确接收和发送。

我国数字同步网采用由单个基准时钟控制的分区式主从同步网结构，分为四个等级。

第一级是基准时钟（PRC），由三个铯原子钟组成，它是我国数字同步网中精度最高的时钟，是其他所有时钟的基准。

第二级是长途交换中心时钟，设置在长途交换中心，构成高精度区域基准时钟（LPR）。该时钟分为 A 类和 B 类：设置于一级（C1）和二级（C2）长途交换中心的时钟属于 A 类，它通过同步链路直接与基准时钟同步；设置于三级（C3）和四级（C4）长途交换中心的时钟属于 B 类，它通过同步链路受 A 类时钟控制，间接地与基准时钟同步。

第三级是有保持功能的高稳定度晶体时钟，其频率偏移率可低于二级时钟，通过同步链路与二级时钟或同等级时钟同步，设置在汇接局（Tm）和端局（C5）。

第四级是一般晶体时钟，通过同步链路与第三级时钟同步，设置在远端模块、数字终端设备和数字用户交换设备。

3）管理网。管理网是为保持通信网正常运行和服务、对其进行有效管理所建立的软、硬件系统和组织体系的总称，是一个综合、智能、标准化的通信管理系统。它一方面对某一类网络进行综合管理，包括数据采集、性能监视、分析、故障报告、定位，以及对网络的控制和保护；另一方面对各类通信网实施综合性的管理，即首先对各种类型的网络建立专门的网络管理，然后通过综合管理系统对各专门的网络管理系统进行管理。

1.4 电信业务分类

2003 年 4 月，原信息产业部重新调整了《中华人民共和国电信条例》所附的《电信业务分类目录》，将基础电信业务分成第一类基础电信业务和第二类基础电信业务进行管理，2015 年 12 月 25 日，工业和信息化部发布了《电信业务分类目录（2015 年版）》对其进行修订，2019 年 6 月 6 日再次修

1.4　电信业务分类

订。其中，第一类基础电信业务需要建设全国性的网络设施，影响用户范围广，关系到国家安全和经济安全，相应采取适度竞争、有效控制的严格管理政策，以避免重复建设，并充分发挥规模经济的作用，保证基础设施运行平稳、协调发展；第二类基础电信业务对国家安全等的影响程度相对小些，因此，根据市场发展需求和电信资源有效配置等因素，能够逐步创造条件向社会开放。电信业务分类如图 1-13 所示。下面介绍一些与本书相关性大的分类。

1.4.1 第一类基础电信业务

1. 固定通信业务

固定通信是指通信终端设备与网络设备之间主要通过电缆或光缆等线路固定连接起来，进而实现的用户间相互通信，其主要特征是终端的不可移动性或有限移动性，如普通电话机、IP电话终端、传真机、无绳电话机、联网计算机等电话网和数据网终端设备。固定通信业务在此特指固定电话网通信业务和国际通信设施服务业务。

根据中国现行的"电话网编号标准"，全国固定电话网分成若干个"长途编号区"，每个长途编号区为一个本地电话网。固定电话网可采用电路交换技术或分组交换技术。

固定通信业务包括固定网本地通信业务、固定网国内长途通信业务、固定网国际长途通信业务、国际通信设施服务业务。

（1）固定网本地通信业务

固定网本地通信业务是指通过本地电话网（包括 ISDN 网）在同一个长途电话编号区范围内提供的电话业务。固定网本地通信业务主要包括以下业务类型。

1）端到端的双向语音业务。

2）端到端的传真业务和中、低速数据业务（如固定网短消息业务）。

3）呼叫前转、三方通话、主叫号码显示等补充业务。

4）经过本地电话网与智能网共同提供的本地智能网业务。

5）基于 ISDN 的承载业务。

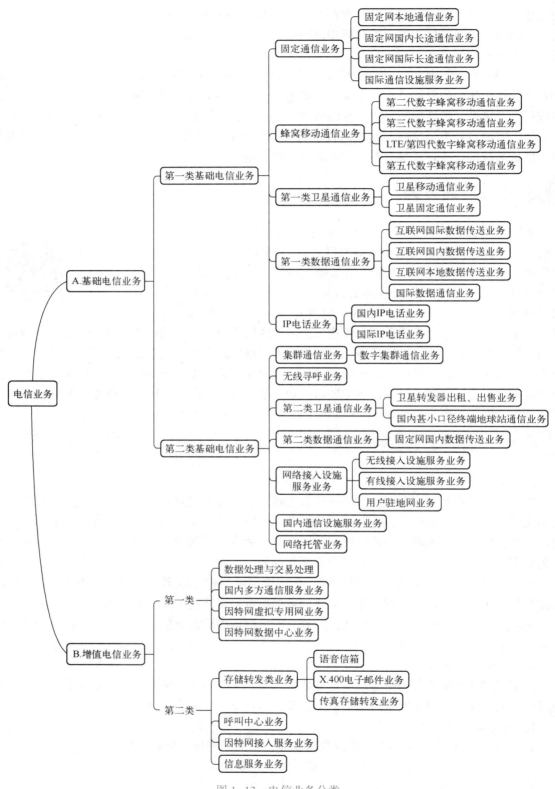

图 1-13 电信业务分类

固定网本地通信业务经营者必须自己组建本地通信网络设施（包括有线接入设施），所提供的本地通信业务类型可以是一部分或全部。提供一次本地通信业务所经过的网络，可以是同一个运营者的网络，也可以是不同运营者的网络。

（2）固定网国内长途通信业务

固定网国内长途通信业务是指通过长途通信网（包括 ISDN 网）在不同长途编号区，即不同的本地电话网之间提供的电话业务。某一本地电话网用户可以通过加拨国内长途字冠和长途区号，呼叫另一个长途编号区本地电话网的用户。

固定网国内长途通信业务主要包括以下业务类型。

1）跨长途编号区端到端双向语音业务。

2）跨长途编号区的端到端传真业务和中、低速数据业务。

3）跨长途编号区的呼叫前转、三方通话、主叫号码显示等各种补充业务。

4）经过本地电话网、长途网与智能网共同提供的跨长途编号区的智能网业务。

5）跨长途编号区基于 ISDN 承载业务。

固定网国内长途通信业务经营者必须自己组建国内长途电话网络设施，所提供的国内长途电话业务类型可以是一部分或全部。提供一次国内长途电话业务所经过的本地电话网和长途电话网，可以是同一个运营者的网络，也可以由不同运营者网络共同完成。

（3）固定网国际长途通信业务

固定网国际长途通信业务是指国家之间或国家与地区之间，通过国际电话网络（包括 ISDN 网）提供的国际电话业务。某一国内电话网用户可以通过加拨国际长途字冠和国家（地区）码，呼叫另一个国家或地区的电话网用户。

固定网国际长途通信业务主要包括以下业务类型。

1）跨国家或地区端到端双向语音业务。

2）跨国家或地区的端到端传真业务和中、低速数据业务。

3）经过本地电话网、长途网、国际网与智能网共同提供的跨国家或地区的智能网业务，如国际闭合用户群语音业务等。

4）跨国家或地区基于 ISDN 承载业务。

利用国际专线提供的国际闭合用户群语音服务属于固定网国际长途通信业务。

固定网国际长途通信业务的经营者必须自己组建国际长途电话业务网络，无国际通信设施服务业务经营权的运营商不得建设国际传输设施，必须租用有相应经营权运营商的国际传输设施。所提供的国际长途电话业务类型可以是一部分或全部。提供固定网国际长途通信业务，必须经过国家批准设立的国际通信出入口。提供一次国际长途电话业务所经过的本地电话网、国内长途电话网和国际网络，可以是同一个运营者的网络，也可以由不同运营者的网络共同完成。

（4）国际通信设施服务业务

国际通信设施是指用于实现国际通信业务所需的地面传输网络和网络元素。国际通信设施服务业务是指建设并出租、出售国际通信设施的业务。

国际通信设施主要包括国际陆缆、国际海缆、陆地入境站、海缆登陆站、国际地面传输通道、国际卫星地球站、国际传输通道的国内延伸段，以及国际通信网络带宽、光通信波长、电缆、光纤、光缆等国际通信传输设施。

国际通信设施服务业务经营者应根据国家有关规定建设上述国际通信设施的部分或全部物

理资源和功能资源，并可以开展相应的出租、出售经营活动。

2. 蜂窝移动通信业务

蜂窝移动通信是采用蜂窝无线组网方式，在终端和网络设备之间通过无线通道连接起来，进而实现用户在活动中的相互通信。其主要特征是终端的移动性，并具有越区切换和跨本地网自动漫游的功能。蜂窝移动通信业务是指由基站子系统和移动交换子系统等设备组成的蜂窝移动通信网提供的语音、数据、视频图像等业务。

1）端到端的双向语音业务。

2）移动消息业务，利用 GSM 网络和消息平台提供的移动台发起、移动台接收的消息业务。

3）移动承载业务及其上的移动数据业务。

4）移动补充业务，如主叫号码显示、呼叫前转业务等。

5）经过 GSM 网络与智能网共同提供的移动智能网业务，如预付费业务等。

6）国内漫游和国际漫游业务。

3. 第一类卫星通信业务

卫星通信业务是指通过通信卫星和地球站组成的卫星通信网络提供的语音、数据、视频图像等业务。通信卫星的种类有地球同步卫星（静止卫星）、地球中轨道卫星和地球低轨道卫星（非静止卫星）。地球站通常是固定地球站，也可以是可搬运地球站、移动地球站或移动用户终端。

第一类卫星通信业务包括卫星移动通信业务和卫星国际专线业务。

（1）卫星移动通信业务

卫星移动通信业务是指地球表面上移动地球站或移动手持终端、便携终端、车（船、飞机）载终端，通过由通信卫星、关口地球站、系统控制中心组成的卫星移动通信系统实现用户或移动体在陆地、海上、空中的通信业务。

卫星移动通信业务主要包括语音、数据、视频图像等业务类型。

卫星移动通信业务经营者必须组建卫星移动通信网络设施，所提供的业务类型可以是一部分或全部。提供跨境卫星移动通信业务（通信的一端在境外）时，必须经过国家批准设立的国际通信出入口转接。提供卫星移动通信业务经过的网络，可以是同一个运营者的网络，也可以由不同运营者的网络共同完成。

（2）卫星国际专线业务

卫星国际专线业务是指利用由固定卫星地球站和静止或非静止卫星组成的卫星固定通信系统向用户提供的点对点国际传输通道、通信专线出租业务。卫星国际专线业务有永久连接和半永久连接两种类型。

提供卫星国际专线业务应用的地球站设备分别设在境内和境外，并且可以由最终用户租用或购买。

卫星国际专线业务的经营者必须自己组建卫星通信网络设施。

4. 第一类数据通信业务

数据通信业务是通过因特网、帧中继、ATM、X.25 分组交换网、DDN 等网络提供的各类数据传送业务。

第一类数据通信业务包括因特网数据传送业务、国际数据通信业务、公众电报和用户电报业务。

（1）因特网数据传送业务

因特网数据传送业务是指利用 IP 技术，将用户产生的 IP 数据包从源网络或主机向目标网络或主机传送的业务。

因特网数据传送业务的经营者必须自己组建因特网骨干网络和因特网国际出入口，无国际或国内通信设施服务业务经营权的运营商不得建设国际或国内传输设施，必须租用有相应经营权运营商的国际或国内传输设施。

因特网数据传送业务经营者可以为因特网接入服务商提供接入，也可以直接向终端用户提供因特网接入服务。提供因特网数据传送业务经过的网络可以是同一个运营者网络，也可以利用不同运营者网络共同完成。

因特网数据传送业务经营者可建设用户驻地网、有线接入网、城域网等网络设施。

基于因特网的国际会议电视和图像服务业务、国际闭合用户群数据业务属因特网数据传送业务。

（2）国际数据通信业务

国际数据通信业务是指国家间或国家与地区之间，通过帧中继和 ATM 等网络向用户提供永久虚电路（PVC）连接，以及利用国际线路或国际专线提供数据或图像传送业务。

利用国际专线提供的国际会议电视业务和国际闭合用户群的数据业务属于国际数据通信业务。

国际数据通信业务的经营者必须自己组建国际帧中继和 ATM 等业务网络，无国际通信设施服务业务经营权的运营商不得建设国际传输设施，必须租用有相应经营权运营商的国际传输设施。

（3）公众电报和用户电报业务

公众电报业务是发报人交发报文由电报局通过电报网传递并投递给收报人的电报业务。公众电报业务按电报传送目的地分为国内公众电报业务和国际公众电报业务两种。

用户电报业务是用户利用装设在本单位或本住所或电报局营业厅的电报终端设备，通过用户电报网与本地或国内外各地用户直接通报的一种电报业务。用户电报业务按使用方式分为专用用户电报业务、公众用户电报业务和海事用户电报业务。

1.4.2 第二类基础电信业务

1. 无线寻呼业务

无线寻呼业务是指利用大区制无线寻呼系统，在无线寻呼频点上，系统中心（包括寻呼中心和基站）采用广播方式向终端单向传递信息的业务。无线寻呼业务可采用人工或自动接续方式。在漫游服务范围内，寻呼系统应能够为用户提供不受地域限制的寻呼漫游服务。

根据终端类型和系统发送内容的不同，无线寻呼用户在无线寻呼系统的服务范围内可以收到数字显示信息、汉字显示信息或声音信息。

2. 第二类卫星通信业务

第二类卫星通信业务包括卫星转发器出租、出售业务和国内甚小口径终端地球站（VSAT）通信业务。

（1）卫星转发器出租、出售业务

卫星转发器出租、出售业务是指根据使用者需要，在中华人民共和国境内将自有或租有的卫星转发器资源（包括一个或多个完整转发器、部分转发器带宽等）向使用者出租或出售，以供使用者在境内利用其所租赁或购买的卫星转发器资源为自己或他人、组织提供服务的业务。

卫星转发器出租、出售业务经营者可以利用其自有或租用的卫星转发器资源，在境内开展相应的出租或出售经营活动。

（2）国内甚小口径终端地球站（VSAT）通信业务

国内甚小口径终端地球站（VSAT）通信业务是指利用卫星转发器，通过 VSAT 通信系统中心站的管理和控制，在国内实现中心站与 VSAT 终端用户（地球站）之间、VSAT 终端用户之间的话音、数据、视频图像等传送业务。

由甚小口径天线和地球站终端设备组成的地球站称为 VSAT 地球站。由卫星转发器、中心站和 VSAT 地球站组成 VSAT 系统。

国内甚小口径终端地球站通信业务经营者必须自己组建 VSAT 系统，在国内提供中心站与 VSAT 终端用户（地球站）之间、VSAT 终端用户之间的话音、数据、视频图像等传送业务。

3. 第二类数据通信业务

第二类数据通信业务包括固定网国内数据传送业务和无线数据传送业务。

（1）固定网国内数据传送业务

固定网国内数据传送业务是指第一类数据传送业务以外的，在固定网中以有线方式提供的国内端到端数据传送业务。主要包括基于异步转移模式（ATM）网络的 ATM 数据传送业务、基于 X.25 分组交换网的 X.25 数据传送业务、基于数字数据网（DDN）的 DDN 数据传送业务、基于帧中继网络的帧中继数据传送业务等。

固定网国内数据传送业务包括永久虚电路（PVC）数据传送业务、交换虚电路（SVC）数据传送业务、虚拟专用网业务等。

固定网国内数据传送业务经营者可组建上述基于不同技术的数据传送网，无国内通信设施服务业务经营权的经营者不得建设国内传输网络设施，必须租用具有相应经营权运营商的传输设施组建业务网络。

（2）无线数据传送业务

无线数据传送业务是指前述基础电信业务条目中未包括的以无线方式提供的端到端数据传送业务，该业务可提供漫游服务，一般为区域性。

提供该类业务的系统包括蜂窝数据分组数据（CDPD）、PLANET、NEXNET、Mobitex 等系统。双向寻呼属无线数据传送业务的一种应用。

无线数据传送业务经营者必须自己组建无线数据传送网，无国内通信设施服务业务经营权的经营者不得建设国内传输网络设施，必须租用具有相应经营权运营商的传输设施组建业务网络。

1.4.3 增值电信业务

增值电信业务广义上分成两大类：一是以增值网（VAN）方式出现的业务。增值网可凭借从公用网租用的传输设备，使用本部门的交换机、计算机和其他专用设备组成专用网，以适应本部门的需要，例如租用高速信息组成的传真存储转发网、会议电视网、专用分组交换网、虚拟专用网（VPN）等；二是以增值业务方式出现的业务，是指在原有通信网基本业务（电话、电报业务）以外开发的业务，如数据检索、数据处理、电子数据互换、电子信箱、电子查号和电子文件传输等等业务。

1. 数据处理与交易处理

数据与交易处理业务是指利用各种与通信网络相连的数据与交易/事务处理应用平台，通过通信网络为用户提供在线数据处理和交易/事务处理的业务。数据处理和交易处理业务包括交易处理业务、电子数据交换业务和网络/电子设备数据处理业务。

交易处理业务包括办理各种银行业务、股票买卖、票务买卖、拍卖商品买卖、费用支付等。

电子数据交换业务，即 EDI，是一种把贸易或其他行政事务有关的信息和数据按统一规定的格式形成结构化的事务处理数据，通过通信网络在相关用户的计算机之间进行交换和自动处理，以完成贸易和其他行政事务的业务。

网络/电子设备数据处理业务指通过通信网络传送，对连接到通信网络的电子设备进行控制和数据处理的业务。

2. 国内多方通信服务业务

国内多方通信服务业务是指通过通信网络实现国内两点或多点之间实时的交互式或点播式的语音、图像通信服务。

国内多方通信服务业务包括国内多方电话服务业务、国内可视电话会议服务业务和国内因特网会议电视及图像服务业务等。

国内多方电话服务业务是指通过公用电话网把中国境内两点以上的多点电话终端连接起来，实现多点间实时双向语音通信业务。

国内可视电话会议服务业务是通过公用电话网把中国境内两地或多个地点的可视电话会议终端连接起来，以可视方式召开会议，能够实时进行语音、图像和数据双向通信。

国内因特网会议电视及图像服务业务是为国内用户在因特网上两点或多点之间提供的双向对称、交互式的多媒体应用或双向不对称、点播式图像的各种应用，如远程诊断、远程教学、协同工作、视频点播（VOD）、游戏等应用。

3. 因特网虚拟专用网业务

国内因特网虚拟专用网业务（IP-VPN）是指经营者利用自有的或租用公用因特网网络资源，采用 TCP/IP 协议，为国内用户定制因特网闭合用户群网络的服务。因特网虚拟专用网主要采用 IP 隧道等基于 TCP/IP 的技术组建，并提供一定的安全性和保密性，专网内可实现加密的透明分组传送。

IP-VPN 业务的用户不得利用 IP-VPN 进行公共因特网信息浏览及经营性活动；IP-VPN 业务的经营者必须有确实的技术与管理措施（监控手段）来防止其用户违反上述规定。

4. 因特网数据中心业务

因特网数据中心业务（IDC）是指利用相应的机房设施，以外包出租的方式为用户的服务器等因特网或其他网络的相关设备提供放置、代理维护、系统配置及管理服务，以及提供数据库系统或服务器等设备的出租及其存储空间的出租、通信线路和出口带宽的代理租用和其他应用服务。因特网数据中心业务经营者必须提供机房和相应配套设施及安全保障措施。

5. 存储转发类业务

存储转发类业务是指利用存储转发机制为用户提供信息发送的业务。语音信箱、X. 400 电子邮件、传真存储转发等属于存储转发类业务。

（1）语音信箱

语音信箱业务是指利用与公用电话网或公用数据传送网相连接的语音信箱系统向用户提供存储、提取、调用语音留言及其辅助功能的一种业务。每个语音信箱有一个专用信箱号码，用户可以通过终端设备，例如通过电话呼叫和话机按键进行操作，完成信息投递、接收、存储、删除、转发、通知等功能。

（2）X. 400 电子邮件业务

X. 400 电子邮件业务是指符合 ITU X. 400 建议、基于分组网的电子信箱业务。它通过计算机与公用电信网结合，利用存储转发方式为用户提供多种类型的信息交换。

（3）传真存储转发业务

传真存储转发业务是指在用户的传真机之间设立存储转发系统，用户间的传真经存储转发系统的控制，非实时地传送到对方的业务。

传真存储转发系统主要由传真工作站和传真存储转发信箱组成，两者之间通过分组网或数字专线连接。传真存储转发业务主要有多址投送、定时投送、传真信箱、指定接收人通信、报文存档及其他辅助功能等。

6. 呼叫中心业务

呼叫中心业务是指受企事业单位委托，利用与公用电话网或因特网连接的呼叫中心系统和数据库技术，经过信息采集、加工、存储等建立信息库，通过固定网、移动网或因特网等公众通信网络向用户提供有关该企事业单位的业务咨询、信息咨询和数据查询等服务。

呼叫中心业务还包括呼叫中心系统和话务员座席的出租服务。

用户可以通过固定电话、传真、移动通信终端和计算机终端等多种方式进入系统，访问系统的数据库，以语音、传真、电子邮件、短消息等方式获取有关该企事业单位的信息咨询服务。

7. 因特网接入服务业务

因特网接入服务（ISP）是指利用接入服务器和相应的软硬件资源建立业务节点，并利用公用电信基础设施将业务节点与因特网骨干网相连接，为各类用户提供接入因特网的服务。用户可以利用公用电话网或其他接入手段连接到其业务节点，并通过该节点接入因特网。

因特网接入服务业务主要有两种应用：一是为因特网信息服务业务（ICP）经营者等利用因特网从事信息内容提供、网上交易、在线应用等提供接入因特网的服务；二是为普通上网用户等需要上网获得相关服务的用户提供接入因特网的服务。

8. 信息服务业务

信息服务业务是指通过信息采集、开发、处理和信息平台的建设，通过固定网、移动网或因特网等公众通信网络直接向终端用户提供语音信息服务（声讯服务）或在线信息和数据检索等信息服务的业务。

信息服务的类型主要包括内容服务、娱乐/游戏、商业信息和定位信息等服务。信息服务业务面向的用户可以是固定通信网络用户、移动通信网络用户、因特网用户或其他数据传送网络的用户。

1.5　实训项目

1.5.1　实训项目 1：参观通信机房

实训目标：

1）认识通信机房的电源设备、传输设备、交换设备及无线主设备。

2）考察通信机房内的设备布局、认识通信线路及对应配套设施。

实施过程：

1）参观运营商或通信实验室机房设备，认识不同设备的尺寸、性能及用途，并对不同设备进行分类，能够独立识别通信设备。

2）考察通信机房的布局及通信线路走向，总结通信机房设备及通信线路的设计安装要求，通信机房的操作管理规范及相关注意事项。

3）总结报告：撰写实训报告。

1.5.2　实训项目 2：考察电信业务

实训目标：

1）通过考察运营商的电信业务类型，理解电信业务，对不同的电信业务有所了解。

2）通过考察运营商的电信业务套餐，充分了解电信业务种类以及相应的资费政策，并对不同运营商进行对比分析。

实施过程：

1）通过网络查询、营业厅调研及周边用户访问的方式，考察运营商的各种电信业务，并统计目前用户所用的电信业务的归属。

2）通过营业调研及周边用户走访，考察用户目前所用的主流套餐及相应的资费情况，并根据所属群体对不同运营商、不同职业、不同年龄等进行统计分析。

3）总结报告：撰写实训报告。

本章小结

本章知识点见表 1-4。

表 1-4　本章知识点

序　号	知　识　点	内　　容
1	通信的基本概念	消息、信息与信号的定义；信号的类型与特征
2	通信系统模型	模拟通信系统与数字通信系统的组成及区别
3	通信系统的性能指标	模拟通信系统与数字通信系统的性能指标有效性、可靠性
4	通信网的构成及组网结构	通信系统的组成为终端设备、传输链路及交换设备；通信网的拓扑结构主要有星状网、网状网、复合网、蜂窝网、环形网和总线型网等
5	我国通信电信业务分类	通信电信业务分为基础电信业务（包含第一类基础电信业务和第二类基础电信业务）与增值电信业务

习题

1. 简要说明消息、信息与信号的定义及关系。

2. 通信系统模型由哪些模块组成？

3. 什么是模拟通信系统、数字通信系统？分别有什么特点？

4. 若二进制信号的单个码元宽度为 $0.5\,\text{ms}$，求传码率 R_B 和传信率 R_b；若改为八进制，码元宽度不变，求 R_B 和 R_b。

5. 简述我国电信发展现状及趋势。

6. 简述通信网络的分类及组网结构。

7. 电信业务分为哪两大类？5G 移动电话和电子邮件属于哪一种业务？

第2章　数字通信技术基础

数字通信是一种用数字信号作为载体来传输信息的通信方式。数字通信系统通过传输信道将数据终端与计算机连接起来，可通过传输信道传输电报、数据等数字信号，也可传输经过数字化处理的语音和图像等模拟信号，从而使不同地点的数据终端实现软、硬件和信息资源的共享。

【学习要点】

- 理解通信系统的基本组成与特点。
- 认识数字数据编码技术。
- 理解数字交换技术的原理及应用。
- 了解数据传输技术。
- 了解数字调制技术。

【素养目标】

- 通过本章的学习，形成对数字通信系统的体系化认识，树立全局观念。
- 科技是第一生产力，科技发展助推社会进步。

2.1　数字通信概述

数字通信是随着 20 世纪 50 年代末计算机应用和计算机技术的发展而出现的一种通信方式。数字通信已成为现代通信技术的主流。

数据是对事物的表示形式，是信息的载体，信息是对数据所表示内容的解释。如：通过查 ASCII 编码表，可以知道英文单词 "NEW" 的 ASCII 编码为 "1001110 1000101 1010111" 的二进制比特序列，如果要在两台计算机之间传输 "NEW"，由于计算机是数字设备，就只能传输 0、1 组成的序列，因此实际上通信系统中传输的是 "1001110 1000101 1010111" 这串二进制比特序列，在此过程中就包含了将 "NEW" 信息进行编码的编码技术，在通信系统中正确传输序列的传输技术以及到达接收端涉及的解码技术。

数字通信系统是通信网的基础，系统中被传输的 "数据" 是二进制代码 0 和 1，也称为 "码元"。数据通信的目标和任务是要准确传输二进制代码比特序列，而不需要解释代码所表示的内容。

2.1.1　数字通信发展简史

数字通信的初级阶段发展与电报技术发展相关。在 1937 年，A. H. 里夫斯提出脉冲编码调制（PCM），推动了模拟信号的数字化进程，为数字通信奠定了基础。1946 年，法国工程师 De Loraine 提出增量调制（DM）方式，目的在于简化模拟信号的数字化方法。1950 年，C. C. 卡特勒提出 DPCM，简称差值编码，可以提高编码频率。1947 年，美国贝尔实验室研制出 24

路电子管脉冲编码调制装置进行实验，证实了实现脉冲编码调制的可行性，1953 年又研制出了不用编码管的反馈比较型编码器，使输入信号的动态范围进一步扩大。1962 年，美国研制出晶体管 24 路 1.544 Mbit/s 速率的 PCM 设备，广泛使用于市话网局间。

利用电磁波进行通信的历史可大致划分为三个阶段：1837 年进入通信初级阶段，此时期电报开始使用；1948 年进入近代通信阶段，由香农提出信息论开始；20 世纪 80 年代以后的现代通信阶段，光纤通信应用、综合业务数字网开始崛起。

数字通信与模拟通信相比具有明显的优点。它抗干扰能力强，通信质量不受距离的影响，能适应各种通信业务的要求，便于采用大规模集成电路，便于实现保密通信和计算机管理。不足之处是占用的信道频带较宽。

20 世纪 90 年代，数字通信向超高速、大容量、长距离方向发展，高效编码技术日益成熟，语音编码走向实用化，新的数字化智能终端进一步发展。随后，随着数字通信应用范围与应用规模的扩大，新的应用业务（如电子数据互换（EDI）、多媒体通信等）不断涌现。数字通信网路日益向高速、宽带、数字传输与综合利用的方向发展。与移动通信的发展相配合，移动式数据通信也获得迅速发展。同时随着网路与系统规模的不断扩大，不同类型的网络与系统的互连（也包括对互联网络的操作与管理）已成必然。

2.1.2 数字通信系统的组成

数字通信传输消息的载体是数字信号，需要对载波进行数字调制后再进行传输。它可传输电报、数字数据等数字信号，也可传输经过数字化处理的语音和图像等模拟信号。如数字电话系统、数字电视信号传输系统、数字广播系统等。数字通信模型如图 2-1 所示。

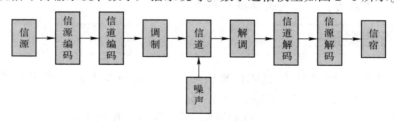

图 2-1　数字通信模型

1. 信源与信宿

信源与信宿位于通信系统的两端，如图 2-2 所示。

1）信源：位于发送端，是产生各种信息的信息源，负责将原始信息转换为电信号。

2）信宿：位于接收端，负责接收信息，将电信号转换回原始信息。

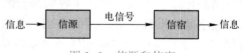

图 2-2　信源和信宿

以电报通信为例，发报机作为信源，将携带文字信息的摩尔斯码转换为脉冲信号发送出去，收报机作为信宿，将接收到的脉冲信号转换回摩尔斯码，如图 2-3 所示。

2. 信源编码/信源解码

信源编码也称作频带压缩编码或数据压缩编码。其实现将模拟信号转化为数字信号进行传输，即 A/D 变换。信源编码

图 2-3　电报通信

是一个做"减法"的过程，能有效提高信号传输的有效性，保证在传输质量一定的情况下，

用有效的数字脉冲来表示信源产生的信息。在接收端进行 D/A 变换，将数字信号转为模拟信号，即为信源解码。

3. 信道编码/信道解码

信道编码，又称为差错控制编码、抗干扰编码、纠错编码。其解决数字通信的可靠性问题，对信号做"加法"，即对传输的码元按一定的规则加入一些冗余码，也称为监督码，形成新的码字。在接收端按照约定好的规律进行检错或纠错，即信道解码。

4. 调制/解调

数字调制指将数字基带信号进行频谱搬移，将频谱搬移到高频，变换为适合在信道中传输的频带信号。来自信源（或经过编码）的信号所占用的频带称为基带信号，通常大部分信道无法传输低频率的信号，因此需要用一个载波进行调制，适合信道传输，同时提高信号在信道上的传输效率，能够进行远距离传输。基本的数字调制方式有振幅键控（ASK）、频移键控（FSK）、相移键控（PSK）。接收端进行反变换就是解调。

5. 同步

同步指通信系统的收、发双方具有共同的时间标准，使它们的工作"步调一致"，接收端正确获知码元的起止时刻，因此同步对于数字通信来说是非常重要的部分。如果同步存在误差或失去同步，就会增加通信误码率，甚至导致整个通信系统失效。

6. 信道

信道是信号的传输媒介，负责在发送器和接收器之间传输信号。信道的特性决定了信息在信道上的传输形式，取决于传输媒介，因此按传输媒介进行分类可以将信道分为有线信道和无线信道。

（1）有线信道

有线信道的传输媒介为电话线、网线、光纤、同轴电缆等导线，如图 2-4 所示。

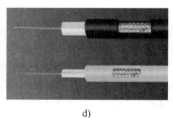

a)　　　　　　　　b)　　　　　　　　c)　　　　　　　　d)

图 2-4　有线信道的传输媒介
a) 电话线　b) 网线　c) 光纤　d) 同轴电缆

（2）无线信道

无线信道的传输媒介为自由空间的电磁波，在通信系统中主要用到了无线电波和光波。无线电波按波长可分为超长波、长波、中波、短波、超短波和微波，如 WiFi 主要使用特高频（UHF）的 2.4 GHz 微波和超高频（SHF）的 5 GHz 微波进行通信，微波和卫星通信使用 SHF和极高频（EHF）频段的 7~38 GHz 微波进行通信。

各种信道可分为基带信道和带通信道，基带信道可以传输低频信号，如双绞线，而带通信号则不能，如无线电信道。

7. 噪声

噪声分为外部加性噪声和系统中各种设备以及信道中所固有的内部噪声，为了分析方便，把噪声源视为各处噪声的线性叠加添加到信道中。

2.1.3 数字通信系统的特点

数字通信系统采用数字信号传输，相较于模拟信号，数字信号有很多优点。

2.1.3 数字通信系统的特点

1. 抗干扰能力强，传输质量高

数字信号的抗干扰能力很强。以二进制码元为例，使用高电平和低电平分别表示码元 1 和 0，接收端只需要区分高、低电平，关注采样时刻的电平值即可，不需要关心接收信号的波形，因此在传输过程中波形失真对数字信号的影响很小。

对于远距离传输，模拟信号采用中继放大的过程会使得噪声也被放大，传输累积的噪声会随着距离增加而越来越多，信号质量越来越差，而数字信号通过中继器放大时，可通过系统中的纠错编码技术来控制和恢复出理想脉冲波形，叠加在信号上的噪声就不会累积，从而提高了系统的抗干扰能力。

2. 提高通信信道利用率

数字信号便于复用传输，可实现并行传输，即可以按时间错开、轮流占用传输线路；数字信号也可以按码型、频率等进行复用，提高通信信道利用率。相较于模拟信号，数字信号可以压缩，减少信息冗余度，结合数字调制技术，提高信道利用率。

3. 便于实现用户间的数据交换

数字信号利用时隙交换很容易实现用户间的数据交换。

4. 传输安全性高、保密性好

数字信号便于进行加密和解密，在通信过程中，可采用保密性极高的保密技术，提高系统传输的保密性。

5. 数字电路设备功耗低，集成度高

相较于模拟电路，数字电路工作电压低、电流小、功耗低，可靠性更高。数字电路由于集成度高、设计过程自动化程度高，所以数字通信设备的设计和制造更容易，体积更小，重量更轻。

数字通信还有诸多其他优点，也正是因为这些优点而得到了日益广泛的应用，如电话、电视、计算机等的信号远距离传输几乎都采用了数字传输技术，目前仅在有线电话用户环路、无线电广播和电视广播等少数领域还在使用模拟传输技术，但也在逐步转变为数字化。

2.2 信源编码

信源编码是一种以提高通信有效性为目的而对信源符号进行的变换，或者说为了减少或消除信源冗余度而进行的信源符号变换。具体来说，通过某种方法，能把信源输出符号序列变换为最短的码字（码字指利用哈夫曼码编码后的信号，由若干个码元组成，在计算机通信中表现为若干位二进制码）序列，使后者的各码元所承载的平均信息量最大，同时又能保证无失真地恢复原来的符号序列。信源编码可以看作信息做"减法"的过程，它提高了数字信号的有效性、经济性和速度，其最常见的应用形式是压缩。

摩尔斯码是最原始的信源编码，ASCII 码和电报码也都是信源编码。在现代通信应用中常见的信源编码方式有哈夫曼编码、算术编码、L-Z 编码，都属于无损编码。另外还有一些有损的编码方式。

如果是模拟信源，则需要采用模/数转换，将模拟信号数字化，再进行压缩编码，减少对传输带宽的占用。如 GSM 系统中先通过脉冲编码调制（PCM）将模拟语音信号转换成 104 kbit/s 的二进制数字码流，再利用 RPE-LTP 算法对其进行压缩，最终输出 13 kbit/s 的码流，压缩比为 104/13，即 8∶1。

2.2.1　模拟信号的数字化处理

模拟信号数字化处理包括三个过程：抽样、量化和编码，也称为脉冲编码调制。如图 2-5所示。

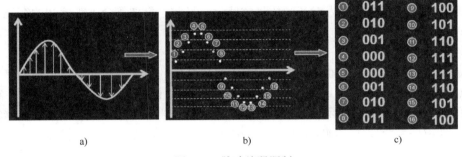

图 2-5　脉冲编码调制
a）抽样　b）量化　c）编码

1）抽样：把时间连续的模拟信号转换成时间上离散、幅度连续的抽样信号。

2）量化：把时间离散、幅度连续的抽样信号转换成时间离散、幅度离散的数字信号。

3）编码：将量化后的信号编码形成多位二进制码组成的码组表示抽样值，完成模拟信号到数字信号的转换。

编码后的二进制码组经数字信道传输，在接收端经过译码和滤波还原为模拟信号。

通信系统中的模拟信号的数字化过程一般由 ADC 来完成，即模/数转换器。数字信号模拟化过程由 DAC 完成，即数/模转换器。

PCM 是数字程控电话交换机系统中广泛采用的语音编码方案，随着数字信号处理技术和微电子技术的发展，PCM 技术可直接由集成芯片实现。

信源编码可以分为音频编码和图像编码，两者都是针对信源发送信息所进行的压缩编码，但其信息的结构、显示方式及要求不同，因此具有不同的发展规律。

2.2.2　音频编码技术

音频编码技术的目标是在给定编码速率的条件下，用尽量小的编解码延时和算法复杂度，得到尽可能好的重建音频质量。

1. 音频编码的性能指标

根据音频编码技术目标，衡量音频编码技术好坏的指标包括音频质量、编码速率、编解码延时和算法复杂度等，在不同场合要求下，侧重点有所不同。

（1）音频质量

音频质量与音频的带宽有关，一般来说频率范围越宽，音频质量也就越高。在不同的应用场合，对音质的要求有所不同，见表2-1。

表2-1　音频类型及带宽

音频类型	带　宽
电话语音	300 Hz～3.4 kHz
调幅广播	50 Hz～7 kHz
调频广播	20 Hz～15 kHz
CD	10 Hz～20 kHz

评价音频编码质量的方法分为主观评定和客观评定。主观评定是依照人的听觉来评定，主观性较强，可靠性不高；客观评定是对音频的某些特性参数进行定量分析后得出结论，评定方法相对标准，但无法完全反映人对音频质量的感觉。目前，更加符合主观感知的客观评定方法还在不断改进。

（2）编码速率

编码速率指模拟信号经过抽样、量化和编码之后产生的数字信号的信息传输速率，单位为比特/秒（bit/s），也可以用"比特/样值"表示，比特/样值越大，即用越多的二进制位数表示一个样值，量化就越细，音频质量越容易提高，但相应地对传输速率、带宽、存储容量的要求也越高。如电话系统按照8000 Hz进行语音抽样，每个样值用8位二进制码表示，该系统的编码速率为64 kbit/s。

（3）算法复杂度

一般来说，编解码算法复杂度变高，将相应提高音频质量或降低编码速率，但会提高硬件实现的复杂度，增加硬件实现的难度和成本。因此，在实际应用中，一般在保持一定音频质量的前提下尽可能降低算法复杂度。

（4）编解码延时

对音频信号的分帧处理以及复杂的算法会产生编解码延时。其与传输延时构成系统总延时，在实时语音通信系统中，若总延时过长，将会影响双方的正常交谈，因此应尽可能减少延时时间，一般要求音频编解码的延时低于100 ms。

2. 音频编码的分类

根据编码器的实现机理，可将语音编码大致分为三类：波形编码、参量编码和混合编码。

（1）波形编码

波形编码是从语音信号波形出发，对波形的采样值、预测值或预测误差值进行编码。其以语音信号波形的重建为目的，使重建波形接近原始信号波形。该编码方式重建语音质量好，但编码速率较高。常用的波形编码方法包括脉冲编码调制（PCM）、增量调制（DM）、自适应差分编码调制（ADPCM）、子带编码（SBC）、自适应变换编码（ATC）等。

（2）参量编码

参量编码通过对语音信号某一特征参量的提取及编码，力图重建一个新的与原信号声音相似、但波形不尽相同的语音信号。线性预测编码（LPC）是最常用的语音编码方法，其主要用于移动通信系统等利用无线信道的通信设备中。该方法的优点是可懂度较高，但合成语音自然度不够好，抗背景噪声能力较差。

（3）混合编码

混合编码是在波形和参量编码的基础上提出的，既克服了上述两种编码的弱点，又结合了它们的长处，能在中低速率上实现高质量的重建语音。常用的混合编码包括多脉冲线性预测编码（MP-LPC）、码激励线性预测编码（CELP）等。

3. 音频编码的应用

GSM 系统最初采用的音频编码算法称为 RPE-LPT，即规则脉冲激励线性预测编码；3G WCDMA 音频编码算法采用 AMR-NB（NB 指窄带，即窄带 AMR）；4G VoLTE 音频编码算法采用 AMR-WB（WB 指宽带，即宽带 AMR）编码方式。

2.2.3　图像编码技术

图像编码是信源编码的一个重要方面，图像编码技术种类很多，数据压缩算法也很多，根据应用的不同产生了不同的编码方法。

与音频编码类似，对图像进行压缩编码之前，首先需要对图像信号进行抽样和量化。与音频信号抽样不同的是，由于静止图像信号是二维的，故通常采用等间隔的点阵抽样方式，即在 x 方向上取 M 点，在 y 方向上取 N 点，读取整个图像函数空间内 $M \times N$ 个离散点的值，从而得到一个用样点值所表示的阵列。图像量化的基本要求为在量化噪声足够小的前提下，用最少的量化电平进行量化。

由于图像数据量大、占用频带较宽，得到的各个像素之间不独立，图像信号经过抽样、量化后，得到的数字图像中各个像素彼此之间的相关性很大。例如，在电视画面中，同一行中相邻两个像素或相邻两行间的像素，其相关系数可以达到 0.9，而相邻两帧图像的相关性比帧内相关性还要大一些。因此，数字图像中存在信息冗余，进行图像压缩的潜力非常大。

图像压缩编码的核心思想是消除像素间数据的相关性，同时利用人眼的视觉生理特征和图像的概率统计模型进行自适应量化编码。

（1）图像编码的性能指标

图像编码的性能指标主要包括压缩效率（压缩前后编码速率的比值）、压缩质量（指恢复图像的质量）、编解码算法的复杂度、编解码延时等。

（2）图像编码的分类

根据编码过程是否存在信息损耗，图像编码可以分为有损压缩和无损压缩。

根据恢复图像的准确度，图像编码可以分为信息保持编码（主要应用于图像的数字存储，属于无损压缩）、保真度编码（主要应用于数字电视技术和多媒体通信领域，属于有损压缩）、特征提取编码（主要应用于图像识别、分析和分类，属于有损编码）。

根据图像压缩的实现方式，图像编码可以分为变换编码（如离散傅里叶变换）、概率匹配编码（如霍夫曼编码）、预测编码（如 DPCM）等。

近年来，图像编码技术取得了迅速的发展和广泛的应用，一些新的压缩方法（如小波编码、分形编码等）不断提出，其考虑了人眼对轮廓、边缘的特殊敏感性和方向感知特性。

在这些编码方法的基础上，目前已经制定了一系列图像编码的国际标准，主要包括：静止图像编码标准，如 JPEG 和 JPEG-2000 等；活动图像编码标准，如 MPEG-2（一般视频编码标准）、MPEG-4（多媒体通信编码标准）、AVS 等；多媒体会议标准，如 H.261、H.263 等。

2.3 多路复用与同步技术

在数字通信系统中，为了提高线路利用率，在同一信道上传输互不干扰的多路信号的通信方式称为多路复用。多路复用技术解决了多路信号组合在一条物理信道上进行传输的问题，使得一条高速的主干链路可同时为多条低速的接入链路提供服务，即网络干线可以同时运载大量的数据传输，到达接收端后，再使用多路复用器分离出各路信号。多路复用系统结构示意如图 2-6 所示。

图 2-6　多路复用系统结构示意

2.3.1 多路复用技术

常见的多路复用技术有频分多路复用、时分多路复用、波分多路复用和码分多路复用。

1. 频分多路复用（FDM）

频分多路复用是指在物理信道上按照频率区分信号。具体来讲，当物理信道的频率带宽大大超过单一原始信号所需带宽的情况下，可以将物理信道的总带宽分割成多个与传输单个信号带宽相同（略宽）的子信道，每个信道传输一路信号。多路原始信号在频分复用前，先要通过频谱搬移技术将各路信号的频谱搬移到物理信道频谱的不同段上，使各信号的带宽不相重叠。频分多路复用示意如图 2-7 所示。

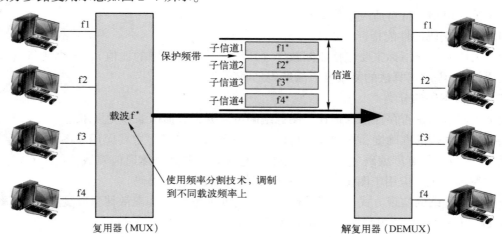

图 2-7　频分多路复用示意图

频分多路复用系统容易实现，技术成熟，能较充分地利用信道带宽，但保护频带占用了一定的信道带宽，降低了频带利用率，同时，子信道间易造成串音和互调干扰，链路增多时需增加设备，成本较高，不易于设备小型化。频分多路复用系统适用于模拟信号的传输，主要用于长途载波电话、立体声调频、电视广播等方面，但目前应用已不多，已逐步被时分多路复用所替代。

2. 时分多路复用（TDM）

若物理信道能够达到的位传输速率超过各路信号源所要求的数据传输速率，可以采用时分多路复用技术。时分多路复用是将一条物理信道按时间分为若干时间片（时隙）轮流地给多个信号使用，每一时间片（时隙）由复用的一个信号占用，这样可以在一条物理信道上传输多个数字信号。时分多路复用系统给不同信号划分不同时隙，各路信号只能占用系统所分配的时隙，即使该时隙内无信息传输，其他路信号也不能占用该时隙。时分多路复用示意如图 2-8 所示。

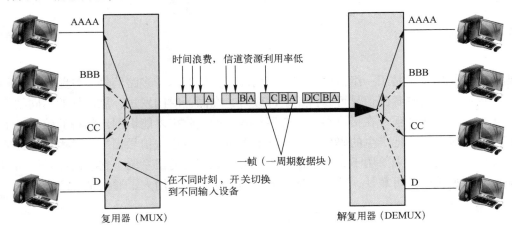

图 2-8　时分多路复用示意图

时分多路复用技术按规定的间隔在时间上相互错开，在一条信道上传输多路信号，其系统的必要条件是同步和定时，因此系统收发设备必须有统一的时间标准，保证收发时间的一致性。复用器和解复用器的电子开关起始位置和旋转速率必须一致，否则会导致错收。在数字通信系统中，一帧指传输一段具有固定数据格式的数据所占用的时间，各种信号（包含加入的定时、同步、起始等信号）都严格按时间关系进行，该时间关系称为帧结构。

对于时分制多路电话系统的标准，国际电信联盟（ITU）制定了准同步数字同步体系（PDH）和同步数字同步体系（SDH），并对 PDH 与 SDH 都制定了 E 体系（中国、欧洲等采用）和 T 体系（北美、日本等采用）。前面所提到的 PCM 通信是典型的时分多路复用系统。

3. 波分多路复用（WDM）

波分多路复用是将两种或多种不同光波长信号在发送端经复用器（在波分多路复用系统中亦称合波器）汇合，耦合到光线路的同一根光纤中各自传输信息的技术，在接收端经解复用器（分波器）分离出不同波长的光信号。它实际就是将电的频分多路复用技术用于光纤信道，区别在于使用光调制解调设备将不同信道的信号调制成了不同波长的光，并复用到光纤通道上，在接收端使用波分设备分离出不同波长的光。波分多路复用示意如图 2-9 所示。

波分多路复用能充分利用光纤的巨大带宽资源，使一根光纤的传输容量比单波长传输增加几倍、几十倍甚至几百倍，节省光纤线路投资，减少成本。波分多路复用技术使用的各波长信道相互独立，可以传输特性和速率完全不同的信号，如 PDH 信号和 SDH 信号、数字信号和模拟信号、多种数据混合传输等。它还具有高度的组网灵活性。基于以上优点，该技术有很多应用形式，如长途干线网、广播分配网、多路多址局域网等。

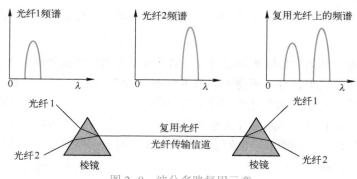

图 2-9　波分多路复用示意

4. 码分多路复用（CDM）

码分多路复用技术是用一组包含互相正交的码元的码组携带多路信号，各路信号的码元采用不同的编码，发送端各路信号可以占用全部频带，在同一时间发送，靠信号的不同波形来区分各个用户，抗干扰性强。在接收端，只有用相匹配的接收机才能识别出相符的信号，不同码型的信号因为接收机本地产生的码型不同而不能解调，此时这些信号相当于噪声和干扰信号。

码分多路复用技术主要用于无线通信系统，特别是移动通信系统。它不仅可以提高通信的语音质量和数据传输的可靠性，减少干扰对通信的影响，而且增大了通信系统的容量。

2.3.2　数字复接技术

数字复接是指将若干个低速率的数字信号按一定的规律和方法合并成一个高速率的数字信号，以便在高速信道中传输；信号到达接收端后，再把这个高速数字信号流分解还原成相应的各个低速数字信号。简而言之，数字复接就是对各支路的数字信号进行时分复用。

2.3.2　数字复接技术

1. 数字复接方法

在复接过程中，各支路的数字信号在高次群中有三种复接方法，分别为按位复接、按路复接和按帧复接。

（1）按位复接

按位复接每次只依次复接每个支路的一位码，所以又称为比特复接，即复接高速流依次取各支路的第 1 位码后，再循环取各支路后面的各位码。以三支路复接为例，复接后的码序列第 1 位表示第 1 支路的第 1 位码；第 2 位表示第 2 支路的第 1 位码；第 3 位表示第 3 支路的第 1 位码；第 4 位表示第 1 路的第 2 位码；第 5 位表示第 2 路的第 2 位码；依次类推。这种复接方法设备简单，要求的设备存储容量小，容易实现，但不利于信号交换，同时要求各个支路码速和相位相同。

（2）按路复接

对于 PCM 基群而言，一个支路时隙有 8 bit，复接时先将 8 bit 寄存起来，在规定时间内 8bit 一次复接，即依次取各支路的一时隙（8 bit）以后，再循环取各支路后面的各个时隙。这种复接方法有利于多路合成处理和交换，但要求有较大的存储容量，电路较复杂。

（3）按帧复接

按帧复接是指每次复接一个支路的一帧数码，即各路的第一帧依次取过以后，再循环取后面的各个帧。这种复接方法在复接时不破坏原来的帧结构，有利于交换，但设备存储容量要求更大。

2. 数字复接方式

按照复接时各低次群时钟的情况，复接方式可分为同步复接、异步复接与准同步复接。

（1）同步复接

同步复接方式中各个输入支路的时钟统一由一个时钟提供，即各个支路的时钟频率完全相同。一般情况下，该方式的各支路信号并非来自同一个地方，即各支路的信号到达复接设备的传输距离不同，所以到达时各支路存在相位差，因此在复接前需要进行相位调整。此外，为了接收端能够正确接收各支路信号及准确分接，各支路在复接时，必须插入一定数量的帧同步码、业务码等。PCM 基群使用同步复接方式进行复接。

（2）异步复接

异步复接指复接信号时钟不是同一时钟源且没有统一的标称频率或相应数量关系的各个支路进行复接的复接方式，在复接时不仅需要进行相位调整，还需进行频率调整，使得信号同步后进行同步复接。数据通信中广泛采用了这种复接方式。

（3）准同步复接

准同步复接是指参与复接的各个低次群时钟异源，但各支路的时钟在一定的容差范围内。该方式在复接前必须将各支路的码速都调整到规定值，是目前使用最广泛的一种复接方式。例如，对于二次群复接，4 个基群信号虽然标称码速都是 2048 Mbit/s，但 4 个基群有各自的时钟，这些时钟都允许有 100 bit/s 的误差，因此 4 个基群信码流瞬时信码率各不相同，在复接之前要进行码速调整，即使各基群信号有相同的数码率。

3. 数字复接系列

国际电信联盟（ITU）推荐了两类数字速率系列和数字复接等级，见表 2-2。

表 2-2　两类数字速率系列和数字复接等级

类　　别	T 体系（美国、日本）		E 体系（欧洲、中国）	
	码速/(Mbit/s)	话路数	码速/(Mbit/s)	话路数
基群	1.544	24	2.048	30
二次群	6.312	24×4=96	8.448	30×4=120
三次群	32.064	95×5=475	34.368	120×4=480
四次群	97.728	480×3=1440	139.264	480×4=1920

例如，在扩大数字通信系统容量时，若在一条通路上传送 120 路电话，可将 4 个 30 路 PCM 系统的基群信号（码速为 2.048 Mbit/s）进行复接，合成一个码速为 8.448 Mbit/s 的 120 路数字信号系统，称为二次群；若用 4 个 120 路的二次群信号复接，可合成一个 480 路的数字信号系统，称为三次群，以此类推。

以 2.048 Mbit/s 为基群的数字速率系列的帧结构与目前数字交换用的帧结构统一，便于数字传输和数字交换的统一发展。

2.3.3　同步技术

在数字通信系统中，同步电路起着至关重要的作用，是数字通信系统的关键技术。同步电路若失效，将严重影响系统的误码性能，甚至会导致整个系统瘫痪。

1. 同步的基本概念

同步是指使系统的收发两端步调在时间和频率上保持一致。同步技术为收发两端或整个通信网络提供精度很高的时钟来定时，保证系统（或网络）的数据流传输能同步、有序且准确。

为了保证接收端能正确接收每一个码元，系统需要在收发双方建立同步后才传输信息，因此，同步系统需要具备同步误差小、相位抖动小及同步建立时间短、保持时间长等基本特性。

2. 同步技术分类

（1）载波同步

载波同步用于数字调制系统的相干解调。相干解调需要在接收端恢复出与发送端载波同频并与其相位保持某种特定关系的相干载波，在接收端获得这一载波的过程称为载波同步。载波同步是实现相干解调的首要条件。

（2）位同步

位同步也称为比特同步或码元同步。位同步指收发双方的位定时脉冲信号频率相等且相位符合某种特定关系。具体来讲，位同步的目的是使接收端接收到的每一位信息都与发送端保持同步。位同步技术用于基带传输或频带传输，在接收端，为了能从混有噪声和干扰而失真的信号中恢复出原始的基带数字信号，需要在最佳时刻对准波形最佳位置进行取样判决，因此接收端会产生一个码元同步脉冲或位同步脉冲，该脉冲的重复频率和相位与接收码元一致。

（3）帧同步

帧同步也称为群同步。帧同步指通信双方的帧定时信号频率相等且相位符合某种特定关系。数字信号流都是按照一定数据格式传送的，若干码元组成一帧（群），从而形成群的数字信号序列。

在时分多路通信系统中，接收端如果要正确地恢复信息，就必须识别帧的起始时刻，找出各路时隙的位置。因此，接收端必须产生与传送帧起止时间相一致的定时信号。

（4）网同步

网同步指通信网各节点的时钟频率相等，即节点时钟同步。

当通信点对点进行，并完成了载波同步、位同步、帧同步后，即可进行可靠的通信，不需要进行网同步。但通信网往往需要在多点之间进行通信，因此需要把各个方向传来的信息码元按不同的目的地进行分路、合路和交换，而这些功能的有效实现必须要求网同步。

3. 同步方式

按同步信息传输方式的不同，同步方式可分为外同步法和自同步法。

（1）外同步法

外同步法由发送端传输独立的同步信号，因此要付出额外的功率及占用一定的频带资源，一般应用在帧同步中。

（2）自同步法

在自同步法中，发送端不需要专门发送同步信息，同步信息由接收端设法从所收的信号中提取，因此不需要付出额外的功率。该方法多用于载波同步中。

2.4 信道编码

信道编码也称为差错控制编码，是现代通信的重要基础。由于实际信道中的传输特性影响，及不可避免的噪声和干扰，发送的码字和接收的码字之间难免存在差异及发生错误，影响传输系统的可靠性。

2.4.1 信道编码概述

信道编码的目的是改善通信系统的传输质量，提高系统可靠性，基本思想是根据一定的规则在要传输的信息码中增加一些冗余符号，即对传输信号做"加法"的过程，以保证传输过程的可靠性。信道编码的任务是构造具有最小冗余成本的"良好代码"，以获得最大的抗干扰性能。

信道编码对传输数据流进行相应的处理，使得系统具有一定的纠错能力和抗干扰能力，极大避免误码的发生，因此也称为差错控制。

信道编码会增加冗余，使有用的信息传输减少；信道编码的过程是在源数据码流中加插一些码元，从而达到在接收端进行判错和纠错的目的，加插的码元称为开销。

根据之前介绍，信源编码的作用一是将模拟信号转化为数字信号，二是对数据进行压缩；而信道编码则是通过添加一定的校验位来提高信息码自身纠错能力的手段。信道编码示意如图 2-10 所示。

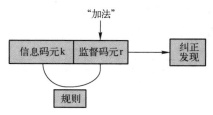

图 2-10 信道编码示意

在差错控制技术中，编码器根据输入的信息码元产生相应的监督码元，实现差错控制，接收端译码器可进行检错与纠错。

2.4.2 分类与差错控制方式

1. 信道编码分类

信道编码可以按以下方式进行分类。

（1）按照编码的不同功能进行分类

- 检错码：能检测错误但无纠错能力。
- 纠错码：能检测错误，同时还具有纠正误码的能力。
- 纠删码：具有纠错功能，同时对不可纠正的码元进行简单的删除。

（2）按照信息码元和附加监督码元之间的检验关系分类

- 线性码：两者之间的关系为线性关系（即满足一组线性方程）。
- 非线性码：两者之间无线性关系。

（3）按照信息码元和附加监督码元之间的约束关系分类

- 分组码：监督码元仅与本组的信息有关。
- 卷积码：监督码元与本组信息有关，也与之前码组的信息有约束关系，各组信息具有相关性。其性能优于分组码。

（4）按信息码元在编码前后是否保持原形式分类

- 系统码：信息码元和监督码元在分组内有确定的位置，原形式保持。
- 非系统码：信息码元改变了原来的信号形式，信息位发生了改变，给观察和译码带来麻烦。非系统码应用较少。

2. 差错控制方式

常用的差错控制方式主要有四种，分别为前向纠错（FEC）、检错重发（ARQ）、反馈校验（IRQ）和混合纠错（HEC）。

（1）前向纠错方式

发送端对信息码元进行编码处理，使发送的码组具备纠错能力，接收端经译码能自动发现并纠正传输中出现的错误，因此该方式不需要反向信道，如图 2-11 所示。该方式适用于只能提供单向信道的场合，如广播系统、卫星接收等系统。其优点是不需要等待发送端重发信息而导致延时，系统实时性好。此外，纠错码的纠错能力越强，纠错后误码率就越低，但译码设备更复杂。

（2）检错重发方式

发送端经过编码后发出能够检错的码组，接收端收到后，若检测出错误，则通过反向信道通知发送端重发，发送端将信息再次重发，直至接收端确认收到正确信息为止，如图 2-12 所示。该方式仅能发现某个或某些接收码元有误，无法确定错误的位置，因此需要发送端重新发送。它需要使用反向信道，实时性较差，但检错译码器的复杂度和成本低于前向纠错方式。

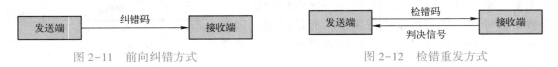

图 2-11　前向纠错方式　　　　　　　　图 2-12　检错重发方式

常用的检错重发系统为停止-等待重发、返回重发（连续重发）、选择重发。

（3）反馈校验方式

反馈校验方式下，接收端将收到的信息码元原封不动地转发回发送端，发送端将其与发送的码元相比较。若发现错误，发送端再进行重发，如图 2-13 所示。该方式原理和设备简单，不需要检错和纠错编译系统，但需要反向信道，每个信息码元至少要被传送两次，传输效率低，实时性差。

（4）混合纠错方式

混合纠错是前向纠错和检错重发两种方式的结合，在错误较少时具备自动纠错能力，当错误超出纠错范围时进行重发，如图 2-14 所示。

图 2-13　反馈校验方式　　　　　　　　图 2-14　混合纠错方式

常用的差错控制编码方法有奇偶校验码、水平奇偶校验码、线性分组码、汉明码、循环码、卷积码等，随着集成电路技术的发展，很多复杂的纠错编码（如网格编码调制和 Turbo 码）已进入了实用领域。

2.5　数字信号的基带传输

基带是指消息转换而来的原始信号所占有的频带，未对基带信号的频谱进行搬移的传输方式称为基带传输。基带传输一般用于工业生产中，是一种传统的传输方式。

2.5.1　基带传输的基本概念

从数字终端产生的未对载波进行调制的待传信号称为基带信号，用基带信号直接在通信网络中进行传输称为基带传输。基带信号的频率一般较低，所包含的频谱成分很快，其高限频率和低限频率之比通常远大于 1，但用于基带传输的信道是有限的，因此需将信号的带宽限制在某一范围内。

相对的，将基带信号的频谱搬移到较高的频带，即用基带信号对载波进行调制后再进行传输，则称为通带传输。

选用基带传输或通带传输，与信道的适用频带有关。例如，计算机或脉冲编码调制电话终端机输出的数字脉冲信号是基带信号，可以利用电缆进行基带传输，不必对载波进行调制和解调。与通带传输相比，基带传输的优点是设备较简单，线路衰减小，有利于增加传输距离。对于不适合基带信号直接通过的信道（如无线信道），则可将脉冲信号经数字调制后再传输。

基带传输广泛用于音频电缆和同轴电缆等传送数字电话信号，同时，它在数据传输方面的应用也日益扩大。

基带传输系统主要由码波形变换器、发送滤波器、信道、接收滤波器、均衡器和抽样判决器等功能电路组成，如图 2-15 所示。

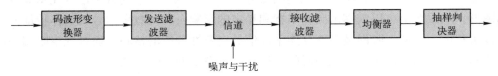

图 2-15 基带传输系统组成

- 码波形变换器将二进制数据序列变换成以矩形脉冲为基础、适合信道传输的各种码型。
- 发送滤波器将码波形变换器输出的信号变换为更适合信道传输的信号，形成更为平滑的信号波形。
- 信道一般为有线信道，如电缆。
- 接收滤波器与码波形变换器共同形成所需的波形，当波形由码波形变换器一次形成时，接收滤波器的作用是过滤带外噪声，提高信噪比。
- 均衡器用以均衡信道畸变，以便减小码间干扰。
- 抽样判决器的作用是在最佳时刻抽样信号，得到样值脉冲，样值大于零判为"1"，小于零判为"0"。如果信道畸变和叠加噪声未使样值发生极性错误，就能无误地再生发送端信号，最后再经码型反变换（有时与判决器结合起来实现），将恢复的数码送给信宿，如计算机或脉冲编码调制电话终端机。

2.5.2 基带传输的常用码型

在基带传输系统中，传输码型由码波形变换器产生，常用的传输码型有归零码、不归零码、传号差分码、双相码、交替传号反转码（AMI 码）等。

（1）归零码及不归零码

归零码编码方法是用窄脉冲代表"1"，无脉冲代表"0"；不归零码是在一个码周期内维持一种电平，如高电平代表"1"，低电平代表"0"。

（2）传号差分码

传号差分码编码方法是用电平的变化来代表"1"（称"1"为传号），电平不变代表"0"。差分码用于信号传输中高低电平会反转的场合。

（3）双相码

双相码又称分相码或曼彻斯特码，用"10"组合代表"1"，"01"组合代表"0"。双相码的优点是没有直流分量，可使用要求不高的交流耦合电路；"0"与"1"过渡频繁，有利于恢复定时信号等。其缺点是传输码速加倍，所需频带加宽。

（4）交替传号反转码（AMI）

用窄的正脉冲或负脉冲代表"1"，无脉冲代表"0"，正、负脉冲交替出现。交替传号反转码的优点是没有直流分量，可利用正、负脉冲交替规律来监视误码；缺点是处于长"0"时，恢复定时信号困难。

此外，还有多种其他传输码型，例如，利于传输或节省频带的有部分响应编码、多电平码；利于定时信号恢复的有加扰二元码、高密度双极性码、编码传号反转码等。

2.5.3 眼图

为了定性测量基带传输系统的性能优劣，通常用示波器观察接收信号波形的方法来分析码间串扰和噪声对系统性能的影响，这就是眼图分析法。眼图是一系列数字信号在示波器上累积而成的图形，从眼图上可以观察出码间串扰和噪声的影响，得到数字信号的整体特征，从而估计系统优劣程度，因此，眼图是高速互连系统信号完整性分析的核心。通过观察眼图还可以对接收滤波器的特性加以调整，以减小码间串扰，改善系统的传输性能。

1. 码间串扰

码间串扰是指由于信道特性不理想，波形失真比较严重时，可能出现前面几个码元的波形同时串到后面，对后面某一个码元的抽样判决产生影响。

眼图为展示数字信号传输系统的性能提供了很多有用的信息，比如可以看出码间串扰的大小和噪声的强弱。眼图"眼睛"张开的大小反映着码间串扰的强弱，"眼睛"张开得越大，且眼图越端正，表示码间串扰越小；反之表示码间串扰越大。具体的，当存在噪声时，噪声将叠加在信号上，观察到的眼图线迹会变得模糊不清。若同时存在码间串扰，"眼睛"将张开得更小。与无码间串扰时的眼图相比，原来清晰端正的细线迹变成了比较模糊的带状线，同时眼图不很端正。噪声越大，线迹越宽，越模糊；码间串扰越大，眼图越不端正。由此评价一个基带系统的性能优劣。

2. 眼图形成原理

用示波器观察到的眼图如图 2-16 所示。

具体的操作方法为：将示波器跨接在接收滤波器的输出端，然后调整示波器扫描周期，使示波器水平扫描周期与接收码元的周期同步，这时示波器屏幕上看到的图形就是眼图。示波器一般测量的信号是一些位或某一段时间的波形，更多反映的是细节信息，而眼图则反映的是链路上传输的所有数字信号的整体特征。

通过眼图可以获取的信息如下。

1）最佳抽样时刻应在"眼睛"张开最大的时刻。

2）对定时误差的灵敏度可由眼图斜边的斜率决定。斜率越大，对定时误差就越灵敏。

3）在抽样时刻上，眼图上下两分支阴影区的垂直高度表示最大信号畸变。

4）眼图中央的横轴位置对应判决门限电平。

5）在抽样时刻上，上下两分支离门限最近的一根线迹至门限的距离表示相应电平的噪声容限，噪声瞬时值超过它就可能发生错误判决。

6）对于利用信号过零点取平均来得到定时信息的接收系统，眼图倾斜分支与横轴相交的区域表示零点位置的变动范围，这个变动范围的大小对提取定时信息有重要影响。

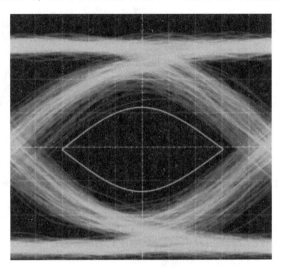

图 2-16   示波器观察到的眼图

2.5.4   再生中继器与均衡器

再生中继器的作用是对基带信号进行均衡和放大，对已失真的信号进行判决，再生出与发送信号相同的标准波形再进行转发。每隔一定距离设置一台再生中继器对失真和受干扰的脉冲进行再生转发，可消除失真和噪声的积累，延长通信距离。在数字通信系统中插入一种可调滤波器可以校正和补偿系统特性，减少码间串扰的影响，这种起补偿作用的滤波器称为均衡器。

1. 再生中继器

再生中继器有整形、再定时和判决再生功能。为了延长通信距离，在传输链路的适当地点放置再生中继器，再生中继段长度视传输码率、收发电平及线路情况而定。

中继器具有放大信号的作用，它实际上是一种信号再生放大器。再生中继器由包含固定和自动均衡器的均衡放大器、定时提取电路、判决电路和码型再生电路组成。均衡放大器对接收到的失真信号进行均衡和放大；定时提取电路在收到的信息流中提取定时时钟，与发送端时钟同步；判决电路对信号进行抽样、判决；码型再生电路根据判决结果生成与发送端相同的新脉冲。

中继器的优点是集成化程度高，体积小，安装简单，造价低廉；缺点是会再生电子干扰及错误信号。另外，由于中继器双向传递网络段间的所有信息，所以很容易导致网络上的信息拥挤，同时，当某个网段有问题时，会引起所有网段的中断。

2. 均衡器

均衡器的作用是补偿或校正传输系统中的线性失真，基带传输系统中的均衡器能使信号特性满足数据传输要求。

均衡器通常是用滤波器来实现的，使用滤波器来补偿失真的脉冲，判决器得到的解调输出样本是经均衡器修正过的或清除了码间串扰之后的样本。自适应均衡器直接从传输的实际数字信号中根据某种算法不断调整增益，因而能适应信道的随机变化，使均衡器总是保持最佳的状态，从而有更好的失真补偿性能。

在基带传输系统中，常用的均衡器有频域均衡（包括幅度均衡、相位或时延均衡）和时域均衡。前者校正频率特性，后者直接校正畸变波形。

2.6 调制技术

调制是对信号源的编码信息进行处理，使其适合信道传输的过程。其实质是将基带信号的频谱搬移至适合传输的频带上，同时提高信号的抗干扰能力。反之，解调是将被搬移信号的频谱恢复到原始基带信号的过程。调制和解调是各类通信系统的主要技术。

2.6.1 调制的作用

在通信技术中，载波指一个用来搭载原始信号（信息）的信号，其不含任何有用信息。用来控制高频载波参数的基带信号称为调制信号；被调制信号调制过的高频电振荡称为已调波或已调信号。

（1）无线通信

无线通信是用空间辐射的方式传送信号的，由电磁波理论可以知道：天线尺寸为被辐射信号波长的 1/10 甚至更大，信号才能被有效地辐射。

以语音信号为例。人能听见的声音频率范围是 20 Hz ~ 20 kHz，假定要以无线通信的方式直接发送一个频率为 10 kHz 的单音信号，则该信号的波长为

$$\lambda = \frac{c}{f} = \frac{3 \times 10^8 \text{ m/s}}{10 \times 10^3 /\text{s}} = 30 \text{ km}$$

式中，c 为光速，一般认为电磁波在空间中的传播速度等于光速；f 为信号的频率。

从计算结果得知，如果不经过调制直接在空间发送这个单音信号，需要的天线尺寸至少要几千米，显然，实际上人们根本不会制造出这样的天线来传输单音信号。通过调制将较低信号频谱搬移到较高的频率范围，这样天线尺寸更小，信号很容易以电磁波形式辐射出去。

（2）有线通信

与无线通信的原理类似，有线通信要通过调制将信号频谱搬移到合适的频率范围内，以满足有线信道的频率要求。

以电话通信为例。电话线允许频率低于 3400 Hz 的信号直接通过，即发送端的送话器进行声电转换后的音频信号最高频率不超过 3400 Hz，就可以通过电话线传至接收端，由接收端受话器将声音恢复出来。如果想通过电话线传送二进制数据，则需要使用调制器，将数据信号调制到音频载波上，通过电话线传输，接收端使用相对应的解调器恢复出数据信号，这就是此前计算机联网使用电话线进行数据传输的过程。

但这种方式存在一个问题，电话和传数据（上网）不能同时进行。如何解决这个问题呢？此时可以利用调制技术，电话线的低频部分仍然传送语音，而数据调制至高频部分进行传送，互不干扰。实际上 ADSL 就是这么做的。

总的来说，调制的作用是使信号适应信道传输要求，以及充分利用频谱资源和提高信号的抗干扰能力。

2.6.2 调制方式

1）调制方式按照调制信号的性质分为模拟调制和数字调制。

● 模拟调制：调幅（AM）、调频（FM）和调相（PM）。

- 数字调制：振幅键控（ASK）、移频键控（FSK）、移相键控（PSK）和差分移相键控（DPSK）等。

2）按照载波的形式分为连续波调制和脉冲调制，脉冲调制有脉幅调制（PAM）、脉宽调制（PWM）、脉频调制（PFM）、脉位调制（PPM）、脉码调制（PCM）和增量调制（ΔM）。

3）按照传输特性，调制方式分为线性调制和非线性调制。广义的线性调制是指已调波中被调参数随调制信号成线性变化的调制过程。狭义的线性调制是指把调制信号的频谱搬移到载波频率两侧而成为上、下边带的调制过程，此时只改变频谱中各分量的频率，但不改变各分量振幅的相对比例，使上边带的频谱结构与调制信号的频谱相同，下边带的频谱结构则是调制信号频谱的镜像。狭义的线性调制有调幅（AM）、抑制载波的双边带调制（DSB-SC）和单边带调制（SSB）。非线性调制包含频率调制（FM）及相位调制（PM）。

调制技术应该使得调制以后的信号对干扰有较强的抵抗作用，同时对相邻的信道信号干扰较小，解调方便且易于集成。

现代数字调制技术有正交幅度调制（QAM）、高斯最小频移键控（GMSK）调制及正交频分复用（OFAM）等。

2.7　智慧小区数字通信系统案例

本节为某智慧小区项目案例。

2.7.1　项目背景

某智慧小区项目总建筑面积约95.8万平方米，建设包含54栋住宅、12栋商业楼、1栋创业中心和社区服务中心、幼儿园等，是采用产业化方式建造的住宅小区项目，如图2-17所示。该项目有B、C两个地块，建设方为保证项目质量，在前期对分别土建、管路、弱电系统等方案进行设计论证，中期施工及后期验收阶段均保证最高标准，严格要求每一环节，保证向业主交付精品工程。

图2-17　某住宅小区项目

B、C 地块智能化系统包含综合布线系统、计算机网络系统、视频监控系统、楼宇对讲系统、背景音乐系统、停车场车牌识别系统、周界电子脉冲围栏系统、红外入侵报警系统、信息发布系统、电子巡更系统、电梯五方通话（仅布线）系统、UPS 系统、强电消防巡检系统、机房建设等系统。

2.7.2 项目需求

该项目智能化方案的前期设计中，视频监控系统、楼宇对讲系统、背景音乐系统、信息发布系统、停车场车牌识别系统均采用先进的数字化方案，通过统一的网络系统承载各子系统的数据传输，除节省资源外，更有利于智能化系统统一界面管理，实现各子系统互相联动，进而提高物业日常运营管理效率，降低管理人员操作难度等。

此次项目涉及 B、C 两个地块的所有楼栋，主要提供 1 层室外走道、公共活动场所、绿地区域、各楼栋单元电梯间、电梯轿厢、负 1 层停车场等区域的视频监控系统、楼宇对讲系统、背景音乐系统、信息发布系统、停车场车牌识别系统，通过将以科技手段为主的技防和以人为主的人防相结合，进一步加强该住宅区信息化建设，提升管理服务水平。

一套好的视频监控系统对于当代住宅小区日常管理、业主日常生活是至关重要的，此小区采用 PoE 供电传输技术为主的网络系统方案。

2.7.3 项目解决方案

该监控方案的网络架构分为核心、汇聚、接入三层，核心层由一台 RZ7000-6P-SC 小区网核心交换机，配备两块主控引擎板卡、一块 RZ70-24GS8TS、一块 RZ70-24GT8TS 业务板卡组成，做核心数据集中交换。

汇聚层采用 RZ4400-48D-8T 上联万兆三层交换机作为每栋楼的视频数据汇聚及转发节点，同时也用于楼宇对讲系统的单元门口机及部分室内机接入、公共广播系统的汇聚设备，通过每栋楼布设到监控机房的光纤光缆，将各种数据传输至核心层设备。

接入层采用 HR-SPL3110-2F、HR-SPL3122-2C2F、HR-SPL3130-2C2F 全千兆管理型 PoE 智能运维交换机，通过国标超 5 类双绞线给前端海康威视 200 万半球、400 万枪机及高速球机等设备供电及传输数据。

所有监控设备由海康 NVR 进行统一管理存储、视频转发及解码上墙。网络运维管理方面，优力普智能标识运维系统提供了智能开局、LCD 可视、智能运维、移动运维四大核心功能。能够减少该项目智能化系统日常管理维护的工作量，降低技术门槛，提高运维管理效率，提升用户满意度，满足了甲方提出的多项需求。

（1）小区各智能化子系统对接入层网络的要求

1）小区主要出入口使用 400 万像素全景红外摄像机进行全景化监控，建筑出入口及重要场所须设置门禁系统。

2）走廊、道路使用高清枪机（监控类摄像机中的一种）进行视频布控。

3）单元门口、候梯厅及电梯使用高清半球对全局进行视频监控。

4）道路、楼梯口等区域使用 200 万高清枪机，对相关区域进行视频布控防范。

5）前端摄像机采用 PoE 方式供电，节约成本，方便布线施工。

（2）当前智能化安防传输面临的三大挑战

1）设备分散、传输距离从几十米到两三百米（户外），安装位置一般取电困难。

2）设备类型多、数量多，安装和供电复杂，运维难度大。

3）很多摄像头安装在户外，易受雷击，需要长时间连续工作。

优力普（三代）可视 PoE 交换机具备超长距离（300 m）10 Mbit/s 供电传输技术（采用配套专用线可达 360 m），便于增大网络覆盖范围，如图 2-18 所示。

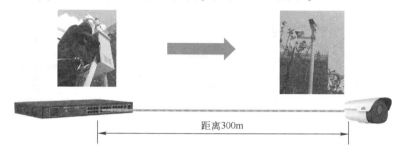

图 2-18　优力普（三代）可视 PoE 交换机可传输距离

其 PD-Alive 掉线自连功能能实时检测网络连接情况。开启该功能后，能够及时自动重启掉线设备，极大地降低了网络维护成本，如图 2-19 所示。

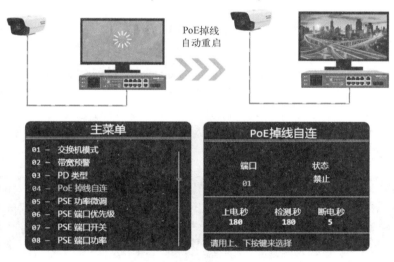

图 2-19　PD-Alive 掉线自连功能

如图 2-20 所示，PoE 交换机配合 PoE 门禁供电模块直接为门禁主机、磁力锁及开门按钮供电和传输信号，极大地简化了门禁系统的部署施工，同时降低了成本。

图 2-20　PoE 交换机部署

（3）小区组网拓扑结构

小区组网拓扑结构如图 2-21 所示。

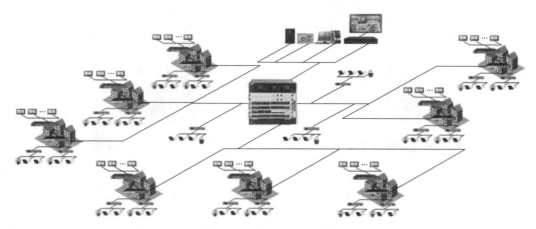

图 2-21　小区组网拓扑结构

2.7.4　项目优势及成效

智能标识管理系统的优势如下。

1）全网设备统一运维管理，全景拓扑自动生成。小区智能化系统子系统多、终端种类繁杂、网络规模庞大。智能标识管理系统提供多系统统一管理，一张物理网络承载计算机网、通信网、设备网，业务逻辑隔离，平台自带网闸功能，在保障内网安全的前提下，能够实现多网统一管理，节省投资成本。运维平台自动生成网络拓扑（见图 2-22），全网架构清晰可见，故障快速精准定位。

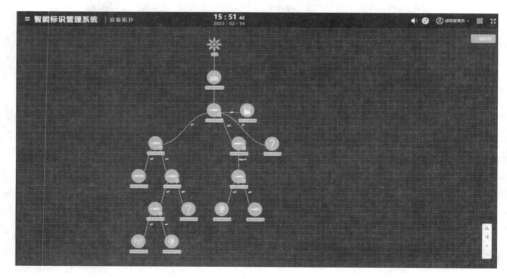

图 2-22　小区组网拓扑图

2）基于统一的信息集成平台，实现数据信息一体化、运行监控一体化、维护管理一体化。

通过统一管理平台对小区内基础网络设备状态进行实时监测，预防设备故障隐患，提高小区管理效率，使整体系统具有信息汇聚、资源共享及协同管理的综合应用功能，并为小区主体业务提供高效的信息化运行服务及完善的支持辅助功能。

项目部署效果如图 2-23 所示。

图 2-23　项目部署效果

2.7.5　项目推荐机型主要参数

项目推荐机型主要参数见表 2-3。

表 2-3　项目推荐机型主要参数

名　　称	主要规格	应用场景	竞争优势	实　物　图
（1）RZ7000-6P-SC 园区网核心交换机（见图 2-24）	整机支持 4 个板卡槽位，3 个冗余电源槽位，1 个风扇冗余槽位	3000 终端（监控安防、小区弱电、星级酒店、企业等）	端口形态灵活，超高性价比，超大带机量	图 2-24　RZ7000-6P-SC 交换机

（续）

名　　称	主要规格	应用场景	竞争优势	实　物　图
（2）RZ4400-48D-8T 上联万兆三层交换机（见图2-25）	24 个千兆电口+24 个千兆 SFP 光口+4 个万兆 SFP+光口	监控安防、小区弱电、星级酒店、企业等核心汇聚	端口形态灵活，超高性价比	图 2-25　RZ4400-48D-8T 上联万兆三层交换机
（3）HR-SPL3110-2F、HR-SPL3122-2C2F、HR-SPL3130-2C2F 全千兆管理型 PoE 智能运维交换机（见图2-26）	8 个千兆 PoE 电口+2 个千兆 SFP 光口、16 个千兆 PoE 电口+2 个千兆 SFP 光口+2 个千兆 Combo 口+24 个千兆 PoE 电口+2 个千兆 SFP 光口+2 个千兆 Combo 口	监控安防、小区弱电、酒店、企业等接入	彩屏显示与人机交互，旋钮控制，支持 ONVIF 协议自动获取设备、电子标签助力精准故障定位、一键开启静默工作模式、端口状态变更告警、MQTT 管理对接、配合优力普智能标识管理系统	图 2-26　全千兆管理型 PoE 智能运维交换机

2.8　实训项目

2.8.1　实训项目 1：常用信号的观察

1. 实训目的

1）了解常用信号的波形及特点。

2）了解常用信号的相关参数。

2. 实训准备

1）函数信号发生器。

2）双踪示波器。

3. 实训内容

1）观察常用信号，如正弦波、方波、三角波。

2）用示波器测量信号，读取信号的幅度和频率并记录。

4. 实验分析

描述信号的方法有多种，可以是数学表达式（时间的函数），也可以是函数图形（即信号的波形）。信号可以分为周期信号和非周期信号、连续信号和离散信号等。

5. 实训步骤

1）将函数信号发生器的输出端与双踪示波器的探头相连。

2）打开函数信号发生器电源。

3) 用双踪示波器观察输出波形的幅度、频率及周期。

6. 实验报告

1) 绘制实验电路的方框图，并简述其工作过程。
2) 绘出实验过程中的波形。
3) 总结本次实验的心得体会。

2.8.2　实训项目 2：频分复用实验

1. 实验目的

了解频分复用的原理和作用。

2. 实验设备与仪器

1) THKSS-A/B/C/D/E 型信号与系统实验箱。
2) 实验模块 SS10。
3) 实验模块 SS11。
4) 双踪示波器。

3. 实验内容

1) 使用模拟乘法器实现幅度调制解调。
2) 频分复用实验。

4. 实验原理

一个信道若只传输一路信号是很不经济的，借助于调制与解调技术，可实现一个信通同时传输多路信号，这就是频分复用。

设有 n 路信号，且每路信号的带宽都为 ω_n，显然，直接在一个信道中同时传送 n 路信号，接收端是无法将它们一一区分开来的。为此，采用幅度调制技术将多路信号分别调制到各自不同频率的载波上发送出去，然后在接收端使用 n 个不同的带通滤波器，各滤波器的中心频率分别为载波频率，这样就可实现把 n 路已调信号分离开，并进行解调和滤波，从而不失真地恢复出 n 路信号。

5. 实验步骤

1) 分别将幅度、频分复用调制实验模块和幅度、频分复用解调实验模块插在实验箱的合适位置，打开 THKSS-A/B/C/D/E 型实验箱右侧的电源开关。

2) 调节调制模块上的 RW1 电位器，使"音频输出 1"为 570 Hz 左右，调节 RW2 电位器，使输出幅度为 3 V 左右的正弦波；调节调制模块上的 RW6 电位器，使"载波信号源"为 20 kHz，调节 RW4 电位器，使"载波信号源"为 6 V 左右的正弦波；调节调制模块上的 RW9 电位器，使"音频输出 2"为 1 kHz 左右，调节 RW10 电位器，使输出幅度为 3 V 的正弦波；调节实验箱面板上的"函数信号发生器"，使其输出频率在 40 kHz 左右，幅度为 2 V 的正弦波。

3) 用 2 号导线将调制模块的"载波输出"接到"载波输入 1"处，将"函数信号发生器"输出端接到"载波输入 2"处；将"音频输出 1"接到"音频输入 1"，将"音频输出 2"接到"音频输入 2"处。

4) 调节调制模块上的 RW11 和 RW12，使"调幅输出 1"和"调幅输出 2"处的波形输出有载波的调幅波。

5）用 2 号导线将"调幅输出 1"和"调幅输出 2"分别接到加法器输入端（即调制模块的"调幅输入 1"和"调幅输入 2"）；将"混频输出"分别接到"BPF 输入 1"和"BPF 输入 2"处；"BPF 输出 1"接到解调模块的"调幅输入 1"处；"BPF 输出 2"接到解调模块的"调幅输入 2"处；分别将调制模块的"载波输入 1"和解调模块的"载波输入 1"连接，将调制模块的"载波输入 2"和解调模块的"载波输入 2"连接，用双踪示波器观察"BPF 输出 1"和"调幅输出 1"的波形，调节解调模块的 RW1 使两波形相似，同理使"BPF 输出 2"和"调幅输出 2"的波形相似。

6）用双踪示波器观察"解调输出 1"和"解调输出 2"的波形，并且分别与音频信号 1 和音频信号 2 对比，可调节解调模块上的 RW1~RW4 和调制模块上的 RW11、RW12，分别使两路波形相似。

6. 实验报告

1）在坐标纸上记录音频信号、载波信号、调幅信号、带通输出信号和解调信号的波形。

2）解释频分复用的原理。

3）画出频分复用通信系统简图。

本章小结

本章知识点见表 2-4。

表 2-4 本章知识点

序　号	知　识　点	内　　容
1	数字通信系统	数字通信系统是通信网的基础，系统中传输的"数据"是二进制代码 0 和 1，也称为"码元"。数据通信的目标和任务是在接受方与发送方之间准确传输二进制代码比特序列
2	信源编码	信源编码是一种以提高通信有效性为目的而对信源符号进行的变换，或者说为了减少或消除信源冗余度而进行的信源符号变换
3	模拟信号的数字化处理	模拟信号数字化处理包括三个过程：抽样、量化和编码，也称为脉冲编码调制（PCM）
4	音频编码技术	音频编码技术的目标是在给定编码速率的条件下，用尽量小的编解码延时和算法复杂度，得到尽可能好的重建音频质量
5	图像编码技术	根据编码过程是否存在信息损耗，图像编码可以分为有损压缩和无损压缩；根据恢复图像的准确度，可以分为信息保持编码、保真度编码、特征提取编码；根据图像压缩的实现方式，可以分为变换编码（如离散傅里叶变换）、概率匹配编码（如霍夫曼编码）、预测编码（如 DPCM）等
6	多路复用技术	在数字通信系统中，为了提高线路利用率，在同一信道上传输互不干扰的多路信号的通信方式，称为多路复用。常见的多路复用技术有频分多路复用（FDM）、时分多路复用（TDM）、码分多路复用（CDM）和波分多路复用（WDM）
7	数字复接技术	数字复接就是对各支路的数字信号进行时分复用。在复接过程中各支路的数字信号在高次群有三种复接方法，分别为按位复接、按路复接和按帧复接；按照复接时各低次群时钟的情况，复接方式可分为同步复接、异步复接与准同步复接
8	同步技术	在数字通信系统中，同步技术起着至关重要的作用，是数字通信系统的关键技术。同步指使系统的收发两端步调在时间和频率上保持一致。同步技术可以分为载波同步、位同步、帧同步及网同步。同步方式有外同步法和自同步法

（续）

序　号	知 识 点	内　　容
9	信道编码	信道编码，也被叫作差错控制编码，目的是改善通信系统的传输质量，提高系统可靠性，基本思想是根据一定的规则在要传输的信息码中增加一些冗余符号，以保证传输过程的可靠性 按照编码的不同功能可以分为检错码、纠错码、纠删码；按照信息码元和附加监督码元之间的检验关系可以分为线性码和非线性码；按照信息码元和附加监督码元之间的约束关系分为分组码和卷积码；按照编码前后原形式是否保持可以分为系统码和非系统码。常用的差错控制方式主要有四种，分别为前向纠错（FEC）、检错重发（ARQ）、反馈校验（IRQ）和混合纠错（HEC）
10	基带传输	基带是指消息转换而来的原始信号所占有的频带，未对基带信号的频谱进行搬移的传输方式称为基带传输。在基带传输系统中常用的传输码型有归零码、不归零码、传号差分码、双相码、交替传号反转码（AMI 码）等
11	眼图	为了定性测量基带传输系统的性能优劣，通常用示波器观察接收信号波形的方法来分析码间串扰和噪声对系统性能的影响，这就是眼图分析法。从眼图上可以观察出码间串扰和噪声的影响，得到数字信号的整体特征，从而估计出系统的优劣程度
12	再生中继器	再生中继器的作用是对基带信号进行均衡和放大，对已失真的信号进行判决，再生出与发送信号相同的标准波形再进行转发
13	均衡器	在数字通信系统中插入一种可调滤波器可以校正和补偿系统特性，减少码间串扰的影响，这种起补偿作用的滤波器称为均衡器
14	调制技术	调制是对信号源的编码信息进行处理，使其适合信道传输的过程，实质是将基带信号的频谱搬移至适合传输的频带上，同时提高信号的抗干扰能力。调制方式按照调制信号的性质分为模拟调制和数字调制；按照载波的形式分为连续波调制和脉冲调制；按照传输特性分为线性调制和非线性调制。现代数字调制技术有正交幅度调制（QAM）、高斯最小频移键控（GMSK）调制及正交频分复用（OFAM）等

习题

1. 简述数字通信系统的组成及各部分功能。
2. 简述模拟信号数字化的过程。
3. 简述信源编码和信道编码的概念，说明两者的区别。
4. 说明调制的作用。
5. 什么是基带传输？
6. 简述 TDM、FDM、CDM 的基本原理。
7. 常用的差错控制方式有哪些？
8. 试归纳总结数字通信涉及的技术问题及相关概念。

第3章　电话通信

电话通信是利用电信网实时传送双向语音以进行会话的一种通信方式，是世界范围内电信业务量最大的一种通信。自 1876 年贝尔发明世界上第一部电话机，电话技术已经有了 140 多年的历史。随着技术进步，电话交换机由人工交换方式转变为自动交换方式，相继出现了步进制、旋转制、纵横制、半电子式、电子式和程控式等自动电话交换机。而电话通信系统在引入交换机后，也形成了电话交换网。如今，用户只需携带可放在口袋内的手机即可实现"个人通信"，即任何人在任何时候、任何地点都能自由地与世界上其他用户通话。本章将从数字电话的通信过程开始，逐一介绍多路复用技术、PCM30/32 系统、程控交换原理以及信令系统和电话业务等内容。

【学习要点】

- 数字电话通信过程。
- 抽样定理。
- PCM30/32 系统。
- 数字程控交换技术。
- 信令系统。

【素养目标】

- 学习电话通信过程，培养善于思考、理论联系实际的思维。
- 了解生活中的电话业务，激发学生的学习兴趣，使学生充分发挥主观能动性。
- 通过实训项目，培养学生良好的动手能力，规范学生的实操步骤。

3.1　电话通信概述

电话通信是通过声信号与电信号相互转换，且利用电信号远距离传送语音的通信过程。通信系统根据传输信号的形式不同可分为模拟通信系统和数字通信系统，目前电话通信系统为数字通信系统。

3.1.1　电话通信发展简史

100 多年来，电话机逐渐从会话清晰度差的人工电话机发展到了清晰的数字电话机。为解决一部电话只能和一个用户接通的低效率问题，1878 年，美国使用磁石交换机开通了 20 个用户的市内交换所。1880 年，美国在多个城市之间架设电话线，开通了长途电话。1882 年和 1888 年，共电式交换机、共电式电话机相继诞生。从 1889 年到 1891 年，美国史端乔潜心研究一种能自动接线的交换机，1891 年 3 月 10 日，他设计出第一部靠电话用户拨号脉冲直接控制交换机进行机械动作的步进制自动交换机。1892 年 11 月 3 日，史端乔发明的步进制自动电话交换机在美国投入使用，用于世界上第一个自动电话局。1919 年，瑞典的帕尔姆格伦和贝塔兰德发明了纵横制交换机。1965 年 5 月，美国贝尔系统的 1 号电子交换机问世，它是世界上第一部开通使用的程控电话交换机。1970 年，法国开通了世界上第一部程控数字交换机，采用时分复用技术和大规模集成电路，具有体积小、容量大、快速可靠等优点。

3.1.2　电话通信过程

电话用户之间要进行通信，最简单的形式就是将两部电话机用一对线路连接起来。人的说话声音属于复音，一般频率范围为 80 Hz～8 kHz。如果电话通信中按此频带进行传输，会使线路利用率降低，提高通信硬件设备的成本，这在实际通信中是没有必要的，只要通信设备能让收话人清楚听懂发话人的语音即可。

在电话网中各用户线路之间必须通过交换设备的控制才能连通，这种连接称为交换。在早期的电话网中，交换功能是用电路转接的方法实现的，即用控制机械开关接点的方法将两个用户的电路直接相连。目前，由于数字通信技术的发展，在交换设备中一般采用时分数字交换技术，这时，被交换的信号是数字信号。若由用户线路输入的是模拟信号，则首先应将其数字化，再进行交换。交换后，再经过数/模变换，变成模拟信号送回用户。总的来说，数字通信过程包括发送端的模/数转换、信道传输和接收端的数/模转换三部分。

目前，将模拟信号转换为数字信号的方法有脉冲编码调制（Pulse Code Modulation，PCM）、差值脉冲编码调制（Difference Pulse Code Modulation，DPCM）、自适应差值编码调制（Adaptive Difference Pulse Code Modulation，ADPCM）和增量调制（Delta Modulation，ΔM）。下面以典型的脉冲编码调制为例说明数字电话的通信过程，其示意如图 3-1 所示。

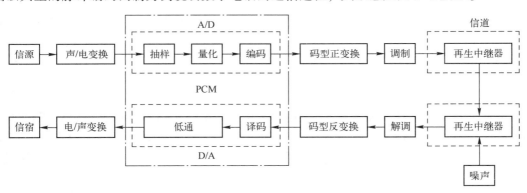

图 3-1　数字电话通信过程示意图

1. 发送端的声/电变换和 A/D 变换

发送端的信号变换过程实际上就是信源编码的过程。信源发出的声音经过电话机的送话器变成电信号，此时语音信号为模拟信号，需经过 A/D 变换成为数字信号：经过抽样将时间上连续的信号变成时间上离散的信号，再经过量化、编码等步骤，将信号的幅度也离散化，最后变成数字信号。

2. 信道传输

（1）信道传输的码型变换与反变换

信源编码器输出的信号码型不符合长距离传输要求，通过码型变换转换成适合信道传输线路的码型，这是信道的编码过程。到达接收端需要进行反变换，以便进行 D/A 变换，这是信道的译码过程。

（2）调制与解调

在发送端，将基带信号调制成频带信号送往信道进行传输。到达接收端后，将频带信号解调恢复出基带信号。

（3）再生中继

数字信号在信道上传输的过程中会受到衰减和噪声干扰的影响，使得波形失真。而且随着通信距离的加长，接收信噪比下降，误码增加，通信质量下降。因此，在信道上每隔一段距离就要对数字信号波形进行一次"修整"，再生出与原发送信号相同的波形，然后再进行传输。

3. 接收端的 D/A 变换和电/声变换

（1）再生、解码

接收端收到数字信号后，首先经整形再生，然后将线路码型转换为终端设备处理的码型，送至解码电路。

解码与编码恰好相反，是 D/A 变换，它把 PCM 信号还原为 PAM 信号，即把二进制码元还原成与发送端抽样、量化后的 PAM 近似的重建信号。

（2）低通滤波（平滑）

解码后的 PAM 信号送入低通滤波器，输出 PAM 信号的包络线。该包络线与原始的模拟信号极其相似，即还原为（或称重建）原始语音的模拟信号，送给接收端用户。

（3）电/声变换

将模拟电信号送给受话器，完成电/声变换，恢复出声音信号，送给信宿，完成一次通话过程。

3.2 电话通信技术

电话通信技术是指在多用户地区，任意两个用户间建立临时通话电路，以实现用户间通话的接续过程，目前电话通信系统为数字通信系统。电话通信系统中的语音信号属于模拟信号，因此在数字通信系统的信源编码部分需要对输入模拟信号进行数字化，也称为模/数变换。

3.2.1 PCM 技术

1937 年，里弗斯提出的脉冲编码调制（Pulse Code Modulation，PCM），这一概念为数字通信奠定了基础。20 世纪 60 年代 PCM 技术开始应用于市内电话网，使已有音频电缆的大部分芯线传输容量扩大了 24~48 倍。到 20 世纪 70 年代中、末期，PCM 技术相继应用于微波中继通信、卫星通信和光纤通信等传输系统。20 世纪 80 年代初，PCM 技术在用户电话机中采用，且用于大容量干线传输、市话中继传输以及数字程控交换机。

PCM 技术就是把一个时间连续、取值连续的模拟信号变换成时间离散、取值离散的数字信号后在信道中传输。将模拟信号数字化的过程包括三个步骤：抽样、量化和编码，其示意如图 3-2 所示。

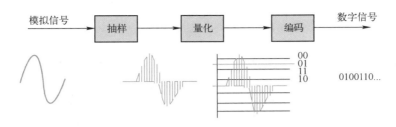

图 3-2　模拟信号数字化过程示意图

1. 抽样

语音信号要完成模拟信号到数字信号的转换，首先要进行离散化处理。将时间上连续的信号处理成在时间上离散的信号，这一过程称为抽样。通过抽样得到的一系列在时间上离散的幅度序列称为样值序列。这些样值序列的包络线仍与原模拟信号波形相似，称为脉冲幅度调制（Pulse Amplitude Modulation，PAM）信号。理论上，抽样过程可以看作用周期性单位冲激脉冲和此模拟信号相乘。具体地说，就是某一时间的连续信号 $f(t)$ 在等时间间隔 t 上取值 $f(t_0)$，$f(t_1)$，$f(t_2)$，…，就变成了时间离散信号，如图 3-3 所示。

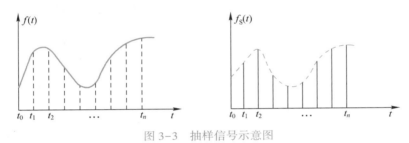

图 3-3　抽样信号示意图

抽样所得的样值序列显然和原始连续模拟信号形状不一样。但是，对一个带宽有限的连续模拟信号进行抽样时，如果抽样速率足够大，那这些样值序列就能完全代表原模拟信号，并且能从中无失真地恢复原始模拟信号。因此，不一定要传输模拟信号本身，而是可以只传输这些离散的抽样值，接收端就能恢复原始模拟信号。

著名的奈奎斯特抽样定理描述的就是这一抽样速率条件的定理：设时间连续信号 $f(t)$，其最高截止频率为 f_M，若用时间间隔为 $T_S \leq 1/2f_M$ 的周期性冲激脉冲信号对 $f(t)$ 进行抽样，则 $f(t)$ 就可被这些样值序列所完全确定。或者说，只要采样频率大于或等于模拟信号的 2 倍最高频率，即 $f_S \geq 2f_M$，就可以通过理想低通滤波器还原信号。在实际应用中一般保证采样频率为信号最高频率的 2.56~4 倍。

1938 年，国际电联的前身国际电报电话咨询委员会（CCITT）建议，电话通信中的语音信号采用 300~3400 Hz 的频带范围，因为该频段为低频信号部分，包含的能量大，且清晰度可达 90%。从此以后，这一建议被世界各国普遍采用，我国各种制式的电话机工作频带均采用 300~3400 Hz。语音信号的最高频率限制在 3400 Hz，这时满足抽样定理的最低抽样频率应为 $f_S = 6800$ Hz，为了留有一定的防卫带，ITU-T 规定语音信号的抽样频率为 $f_S = 8000$ Hz，即抽样周期为 $T = 125 \mu s$。

2. 量化

（1）量化概念

模拟信号抽样后变成在时间上离散的信号，但仍然是模拟信号，在信道中传输仍有抗干扰性差的问题。并且此时幅度取值有无穷多个，全部转换为二进制数字信号表示是不可能实现的。为了用有限个数字来表示信号幅度的变化，这个抽样信号必须经过量化。

量化是把信号在幅度域上连续的样值序列用近似的方法转换成幅度离散的样值序列。具体来说，就是将抽样信号在幅度域上划分成 M 个区间（量化间隔），每个区间内的信号值用一个固定的电平值 $m(t)$ 来表示，这样共有 M 个离散电平（量化电平）来表示连续抽样值。这一近似过程一定会产生误差，称为量化误差。量化误差就是指量化前后的信号值之差，会产生量化噪声。

（2）量化方法

量化可以分为均匀量化与非均匀量化两种方式。

均匀量化是指各量化间隔相等的量化方式。首先将 $-U \sim +U$ 范围等分为 N 个量化间隔，则 N 称为量化级数。假设量化间隔为 Δ，则 $\Delta = 2U/N$。如量化值取每一量化间隔的中间值，则最大量化误差为 $\Delta/2$。由于量化间隔相等，为某一固定值，不能随信号幅度的变化而变化，故大信号时信噪比大，小信号时信噪比小，所以量化信噪比随信号电平的减小而下降，如图 3-4 所示。

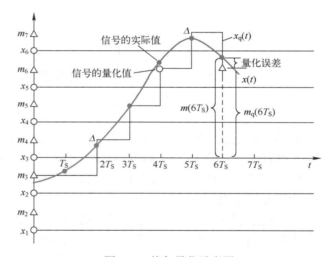

图 3-4 均匀量化示意图

在非均匀量化中，量化间隔是随信号抽样值的变化而变化的。非均匀量化的特点是：信号幅度小时，量化间隔小，量化误差也小；信号幅度大时，量化间隔大，量化误差也大。采用非均匀量化可以改善小信号的量化信噪比。

实现非均匀量化的方法之一是采用压缩扩张技术。压缩的特性是：在最大信号时其增益系数为 1，随着信号的减小增益系数逐渐变大。信号通过这种压缩电路处理后就改变了大信号和小信号之间的比例关系，大信号时比例基本不变或变化较小，而小信号时相应按比例增大。

目前我国使用的是 A 律 13 折线特性。具体实现的方法是：对 x 轴在 0~1（归一化）范围内以 1/2 递减的规律分成 8 个不均匀段（每一段内再等分成 16 个量化间隔），其分段点分别是 1/2、1/4、1/8、1/16、1/32、1/64 和 1/128。对 y 轴，在 0~1（归一化）范围内分成 8 个均匀段，其分段点是 1/8、2/8、3/8、4/8、5/8、6/8、7/8 和 1。将 x 轴和 y 轴对应的分段线在 x-y 平面上的相交点相连接的折线就是有 8 个线段的折线，如图 3-5 所示，其中第一段和第二段折线的斜率相同，也即 7 段折线。再加上第三象限的 7 段折线，共 14 段折线，由于第一象限和第三象限的起始段斜率相同，所以共有 13 段折线。这便是 A 律 13 折线压缩扩张特性。

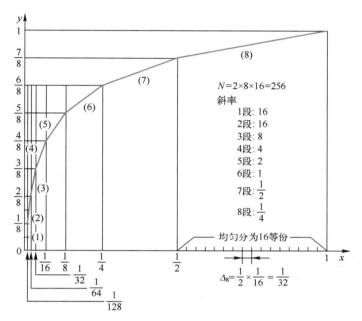

图 3-5　A 律 13 折线

3. 编码

编码是把抽样并量化的离散值变换成一组（8 位）二进制码组，此信号称为脉冲编码调制信号，即 PCM 信号。例如：模拟信号的抽样值为 3.15、3.96、5.00、6.38、6.80 和 6.42，若按照"四舍五入"的原则量化为整数值，则变为 3、4、5、6、7 和 6。在按照二进制编码后，量化值就变成二进制符号 011、100、101、110、111 和 110。实际电路中，量化和编码电路常合在一起，称为模/数转换电路。

对于一个数字话路来说，每秒抽取 8000 个样值，每个样值编为 8 位二进制代码，则每一话路的数码率为：$8 \times 8000\ \mathrm{bit/s} = 64\ \mathrm{kbit/s}$。下面以一个具体的波形图来展示模拟信号数字化的过程，如图 3-6 所示。

3.2.2　PCM 一次群系统

PCM 数字电话采用的多路复用方式为时分多路复用，但随着通信网的发展，时分多路复用设备的各路输入信号不再只是单路模拟信号。在通信网中往往有多次复用，构成高次复用信号。对于高次复用设备而言，其多路输入信号可能是来自不同地点的复用信号，通常各信号的时钟（频率和相位）之间会存在误差，所以在复用多路信号时需要将各路输入信号的时钟调为统一。

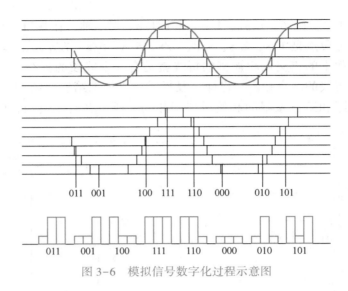

图 3-6　模拟信号数字化过程示意图

对于时分制多路电话通信系统，ITU 制定了两种准同步数字体系的建议，即 E 体系和 T 体系。我国采用的典型时分多路复用设备是 PCM30/32 路系统，称为一次群或基群，是 E 体系中的基本层。

1. PCM30/32 系统

PCM30/32 系统也称为 E1 信道。共分为 32 个时隙，其中 30 个时隙分别用来传送 30 路语音信号，一个时隙用来传送帧同步码，一个时隙用来传送信令码，用于北美和日本以外地区，包括我国。PCM 一次群的帧结构如图 3-7 所示，其中 30 个时隙（即 $TS_1 \sim TS_{15}$ 和 $TS_{17} \sim TS_{31}$）用于传输 30 路语音信号，时隙 TS_0 和 TS_{16}用于传输帧同步码和信令码。

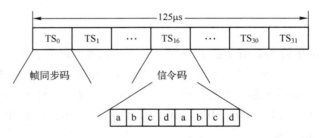

图 3-7　PCM30/32 系统帧结构示意图

由于 1 路 PCM 电话信号的抽样频率为 8000 Hz，即抽样周期为 125 μs，这就是一帧的时间，即 PCM30/32 的每一帧占用的时间是 125 μs，每帧的频率为 8000 帧/s。将此 125 μs 分为 32 个时隙（TS），每个时隙容纳 8 bit，这样每路时隙正好可以传输一个 8 bit 的码组，占用时间为 3.9 μs。因此，PCM30/32 系统的总数码率是：

$$f_b = 8000 \text{ 帧/s} \times 32 \text{ 时隙/帧} \times 8 \text{ bit/时隙} = 2048 \text{ kbit/s} = 2.048 \text{ Mbit/s}$$

即每一路的数码率为 8 bit×8000/s = 64 kbit/s

2. PCM24 系统

PCM24 系统是 T 体系的基础层，也叫 T1 信道，广泛用于北美和日本的电话系统中，是把 24 路语音信道按时分多路复用的原理复合在一条 1.544 Mbit/s 的高速信道上。

该系统用一个编码解码器轮流对 24 路语音信道抽样、量化和编码，一个取样周期中（125 μs）得到的 7 bit 一组的数字合成一串，共 7×24 bit。这样的数字串在送入高速信道前要在每一个 7 bit 组的后面插入一个信令位，于是变成了 8×24＝192 bit 的数字串。这 192 bit 数字组成一帧，最后再加入一个帧同步位，故帧长为 193 bit，如图 3-8 所示。

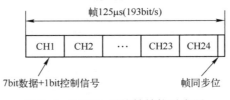

图 3-8　PCM24 系统帧结构示意图

3.3　数字程控交换

自从有了电话交换机，用户才得以在更大范围内相互通话。随着技术进步，电话交换机由人工交换方式转变为自动交换方式，相继出现了步进制、旋转制、纵横制、半电子式、电子式和程控式等自动电话交换机。本节将详细介绍数字程控交换技术。

3.3.1　数字程控交换概述

数字程控是存储程序控制（Stored Program Control，SPC）的简称，通常专指用于电话交换网的交换设备，它用计算机程序来控制电话的接续。具体来说，就是把电话交换机的各种控制功能按步骤编成程序存入存储器，利用存储器内所存的程序来控制交换机工作。数字程控交换机的功能主要为用户线接入、中继接续、计费、设备管理等。

3.3.2　数字程控交换机组成

1. 数字程控交换机组成

数字程控交换机是由硬件系统和软件系统组成的，其基本结构如图 3-9 所示。从图 3-9 中可以看出，硬件系统包括话路部分和控制部分。系统中的硬件动作均由软件控制完成。

2. 各组成部分功能

（1）话路部分

话路部分主要包括用户电路、中继器、信号设备、用户处理机以及数字交换网络等部件。

① 用户电路：是用户线与交换机的接口电路，分为模拟用户电路和数字用户电路。其中，模拟用户电路主要实现 BORSCHT 功能，即馈电、过电压保护、振铃、监视、编译码和滤波、混合电路、测试等功能；数字用户电路是数字用户终端设备与数字程控交换机之间的接口电路。

② 中继器：是交换机与交换机之间采用中继线相连接的接口电路，分为模拟中继器和数字中继器。模拟中继器通过模拟中继线与其他模拟交换机连接，数字中继器通过数字中继线与其他数字交换机连接。

③ 信号设备：是电话通信中产生、发送和接收各种音频信号的设备。

④ 用户处理机：是用来集中或分散话务量的设备。

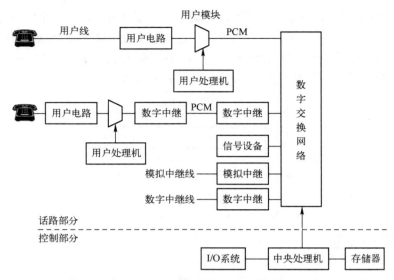

图 3-9　数字程控交换机的基本结构示意图

⑤ 数字交换网络：根据用户的呼叫要求，通过控制部分的接续命令，建立主叫与被叫用户间的连接通路。

（2）控制部分

控制部分是数字程控交换机的核心，其主要任务是根据外部用户与内部维护管理的要求，执行存储程序和各种命令，以控制相应硬件实现交换及管理功能。数字程控交换机的控制部分主要是指输入/输出设备、存储器和中央处理机（CPU）。

3. 数字程控交换机的用户服务功能

（1）缩位拨号

缩位拨号功能可省去用户拨叫多位电话号码的麻烦，节省时间，便于记忆。对于使用频繁的电话号码，可用 1 位或 2 位代码来代替，此后使用时只需拨代码便可以完成所需的呼叫。缩位拨号也适用于呼叫国内、国际长途自动电话的号码。

（2）热线服务

热线服务又叫免拨号接通，这是一种用户不用拨号，只要拿起听筒 5 s 后就会自动接通所登记热线电话的功能。如果用户呼叫其他用户，须在摘机后 5 s 内拨出第一位号码。

（3）闹钟服务

这是一项用户电话机可起"闹钟"作用的业务。

（4）转移呼叫

转移呼叫又称电话跟踪。当用户外出时，可将打给该用户的电话转移到临时去处的电话机，而避免接不到电话。转移模式有无应答转移、不可及前转、遇忙前转和无条件前转四种。

（5）免打扰服务

免打扰服务又叫暂不受话服务。用户为避免电话铃声的干扰，可使用此项业务暂不受理呼入电话，有电话呼叫时，由电话局代答。

（6）三方通话

在两方用户进行通话时，如需要第三方也加入通话，一方用户可不中断与对方的通话而连接第三方，达成三方共同通话或分别与两方通话。

（7）呼叫等待

呼叫等待又叫双向接听、轮流通话、插入电话等，这是一种提高呼叫接通率、避免重复呼叫的有效方法。在一用户与另一方用户通话时，遇到第三方用户呼叫而进入时，被呼叫的用户可以根据自己的需要保留原通话方，而与第三方用户进行通话。通话完毕，根据用户需要，又可以与原保留方继续通话。

3.3.3　数字程控交换原理

1. 数字交换

在数字通信基础上发展起来的数字程控交换系统，其交换网络交换的是数字信号，连接的线路是时分复用 PCM 线路。数字交换是一种新的交换方式，是通过时隙交换来实现的。进行交换的每个话路在一条公共导线上占有一个指定的时隙，其信息在这个时隙内传送，多个话路的时隙按一定次序排列，沿这条公共导线传送。数字交换的实质就是把信息在时间上进行搬移，时隙交换一般采用随机存储器来实现。图 3-10 为实现一套 PCM 系统的 30 个话路间交换的随机存储器示意图。利用随机存储器原理来完成时隙交换功能的设备称为数字交换网络。数字程控交换系统中的数字交换网络基本上有两类：时间接线器和空间接线器。

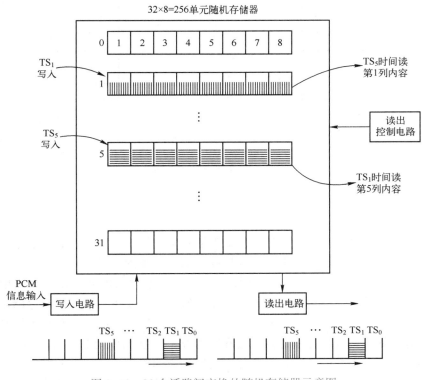

图 3-10　30 个话路间交换的随机存储器示意图

2. T 接线器

时间接线器简称 T 接线器，其作用是实现一条时分复用线上的时隙交换功能，主要由语音存储器（Speech Memory，SM）和控制存储器（Control Memory，CM）组成。SM 用来暂存语音数字编码信息，每个话路为 8 bit。SM 的容量即时分复用线上的时隙数。CM 用来存放 SM

的地址码（单元号码），CM 的容量通常等于 SM 的容量，每个单元存储的 SM 地址码是由处理机控制写入的。

就 CM 对 SM 的控制而言，T 接线器的工作方式有两种：一种是"顺序写入，控制读出"，另一种是"顺序读出，控制写入"。T 接线器的工作方式是指 SM 的工作方式，CM 的工作方式只能是"控制写入，顺序读出"。

"顺序写入，控制读出"工作方式的 T 接线器输入线的内容按照顺序写入 SM 的相应单元，输出复用线的某个时隙应读出 SM 哪个单元的内容，则由 CM 相应单元的内容来决定。在采用输入控制方式时，T 接线器的输入复用线上某个时隙的内容应写入 SM 的哪个单元，由 CM 相应单元的内容来决定。CM 的内容是在呼叫建立时由计算机控制写入的。输出复用线的某个时隙依次读出 SM 相应单元的内容。

若 PCM 一次群共有 32 个时隙，输入线 TS_8 的内容交换到 TS_{20}，则采用输出控制方式和输入控制方式的 T 接线器工作原理如图 3–11 所示。

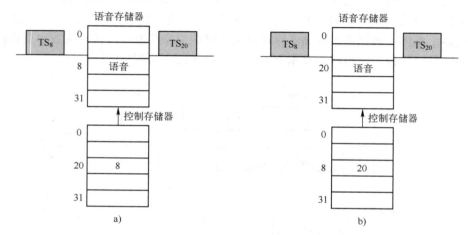

图 3–11 T 接线器工作原理

a）顺序写入，控制读出；b）控制写入，顺序读出

3. S 接线器

空间接线器简称 S 接线器。S 接线器的功能是完成各复用线的"空间交换"，即在许多根入线中选择一根接通出线，但是要在入线和出线的某一时隙内接通。

S 接线器主要由一个连接 n 条输入复用线和 n 条输出复用线的 $n \times n$ 电子接点矩阵、控制存储器组以及一些相关的接口逻辑电路组成。控制存储器共有 n 组，每组控制存储器的存储单元数等于复用线的时隙数。控制存储器的控制方式可以分为输出控制方式和输入控制方式两种。

输入控制方式的 S 接线器控制存储器接在输入线上，控制单元数和输入线的时隙数相等，控制存储器的个数和输入线的条数相等，分别控制相应的输入线。假设 S 接线器的输入、输出线均为 PCM 基群，若 0 号输入线上的 TS_{12}、TS_8 时隙内容都交换到 2 号输出线，2 号输入线上的 TS_{12}、TS_8 时隙内容分别交换到 0 号输出线和 1 号输出线。输入控制方式的 S 接线器工作原理如图 3–12 所示。

输出控制方式的 S 接线器控制存储器接在输出线上，控制单元数和输出线的时隙数相等，控制存储器的个数和输出线的条数相等，分别控制相应的输出线。仍以图 3–12 所示情况为例，输出控制方式的，S 接线器工作原理如图 3–13 所示。

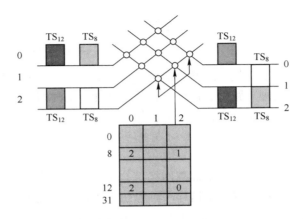

图 3-12　输入控制方式的 S 接线器工作原理

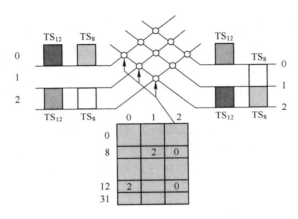

图 3-13　输出控制方式的 S 接线器工作原理

一般单个 T 接线器的交换容量较小，而 S 接线器往往很少单独使用。无论单个 T 接线器还是单个 S 接线器，都不足以组成实用的时分接续网络，大容量的局用交换机都是由 T 接线器或 S 接线器级联构成的。

3.3.4　电话交换的呼叫接续过程

数字程控交换机对所连接的用户状态进行周期性扫描，当用户摘机发出启呼信号时，交换机识别到用户的呼叫请求后就开始进行相应的呼叫处理。呼叫接续过程主要包括呼叫建立、双方通话和话终释放。数字程控交换机完成一次呼叫的接续过程主要包括如下几个阶段。

1）主叫摘机，识别主叫、向主叫送拨号音。

2）接收主叫拨号脉冲。

3）分析号码，确定是局内接续还是出局接续。

4）测试被叫忙、闲。如闲，向被叫送振铃并向主叫送回铃音；如忙，则向主叫送忙音。

5）被叫应答，完成通话接续。

6）话终拆线。

3.4 软交换

软交换是网络演进以及下一代分组网络的核心设备之一，它独立于传送网络，主要完成呼叫控制、资源分配、协议处理、路由、认证、计费等功能，同时可以向用户提供现有电路交换机所能提供的所有业务，并向第三方提供可编程能力。

3.4.1 软交换的概念

软交换的概念最早源于美国。为了提高网络综合运营效益，使网络的发展更加趋于合理、开放，更好地服务于用户，业界提出了这样一种思想：将传统的交换设备部件化，分为呼叫控制与媒体处理，二者之间采用标准协议且主要使用纯软件进行处理，于是软交换技术应运而生。

交换机是电信设施的基础元件，传统的交换机有以下三点发展瓶颈：一是电话交换机只能处理语音信号或简单的低速率数据信号；二是单次通信带宽过剩，利用率低；三是传统的呼叫请求要通过汇接局路由，费用较高。软交换则能克服上述不足。软交换是一个交换机控制方案，运行在标准的硬件上，可顺利处理多媒体数据，用来补充或替代汇接局交换功能。

软交换思想吸取了 IP、ATM、智能网和 TDM 等众家之长，完全形成分层的全开放体系架构，使得各个运营商可以根据自己的需要，全部或者部分利用软交换体系的产品，采用适合自己的网络解决方案，在充分利用现有资源的同时，找到自己的网络立足点。软交换作为下一代网络的发展方向，不但实现了网络的融合，更重要的是实现了业务的融合，真正向着"个人通信"的宏伟目标迈出了重要一步，即可在任何时间、任何地点以任何方式与任何人进行通信。

3.4.2 软交换系统的组成及功能

传统电信网的呼叫控制功能是与业务结合在一起的，不同业务需要的呼叫控制功能也不同。而软交换则与业务无关，这要求它提供的呼叫控制功能能够完成对各种业务的基本呼叫控制，通过把呼叫控制和业务交换分离，提供强大的软件 API。软交换可把底层的传输服务与控制信令协议绑定，实现业务应用层中一种服务到另一种服务的平滑过渡，并可快速将新的业务引入现有的平台。软交换网络采用一种分层的结构，共分为四层：接入层、传输层、控制层和应用层，其体系结构如图 3-14 所示。

1. 接入层

接入层主要指与现有网络相关的各种网关和新型接入终端设备，完成与现有各种通信网络的互通并提供各类通信终端到 IP 核心层的接入。媒体网关用来处理电路交换网和 IP 网的媒体信息互通。它作为媒体接入层的基本处理单元，负责管理 PSTN 与分组数据网之间的互通，以及媒体、信令的相互转换等。信令网关负责将电路交换网的信令转换成 IP 网的信令，根据相应的信令生成 IP 网的控制信令，在 IP 网中传输。信令网关提供 SS7 信令网络和分组数据网络之间的转换。无线网关则负责移动通信网到分组数据网络的转换。

2. 传输层

传输层主要指由 IP 路由器或宽带 ATM 交换机等骨干传输设备组成的包交换网络，是软交换网络的承载基础。

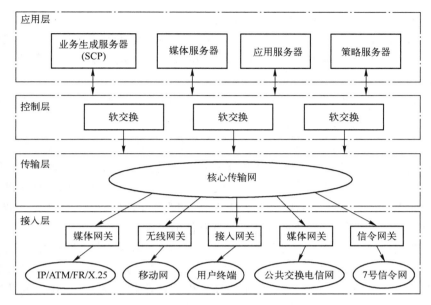

图 3-14　基于软交换的网络体系结构

3. 控制层

控制层是软交换网络的呼叫控制核心，用来控制接入层设备完成呼叫接续。软交换通过提供基本的呼叫控制和信令处理功能，对网络中的传输与交换资源进行分配和管理，在这些网关之间建立呼叫或者指定的复杂处理，同时生成此次处理的详细资料。

4. 应用层

应用层主要指为网络提供各种应用和服务，提供面向客户的综合智能业务，以及提供业务的客户化定制。应用层中的应用服务器提供了执行、处理和生成业务的平台，负责处理与软交换的信令接口。应用服务器也可单独生成和提供各种各样的增强业务。媒体服务器用于提供专用媒体资源（如会议、传真）的平台，并负责处理与媒体网关的承载接口。应用服务器和软交换之间的接口采用 IETF 制定的会话初始化协议（SIP），软交换可以通过它将呼叫转至应用服务器进行增强业务的处理，同时应用服务器也可通过该接口将呼叫重新转移到软交换设备。

3.4.3　软交换系统的应用

1. 软交换在语音长途网中的应用

在语音长途网中的应用最能够体现出软交换的技术优势。首先，软交换应用于语音长途网相比于传统电路交换具有如下优势：①更大的系统容量使得网络结构更简单；②资源调配效率更高。软交换设备的呼叫处理能力大于传统交换机，因此在部署语音长途网时可以设置更少的交换节点。交换节点的减少所带来的优势是非常明显的，最直接的好处是网络结构变得简单，路由的配置和维护也更为容易，间接的好处是减少了机房的占用面积，降低了传输资源配置的难度等。软交换网络是基于分组交换的，并且实现了控制与承载分离，因此相对于电路交换来说，对资源进行重新调配更为简单，效率也更高。在调整承载资源时，网络结构以及信令路由等都不需要做相应的变化。

其次，软交换应用于语音长途网回避了这种技术在其他场景应用所遇到的问题：第一，长途网软交换不携带终端用户，避免了安全攻击、用户资源控制等问题；第二，长途网不涉及城域网或接入网，而骨干 IP 传输网的带宽又比较容易保障，因此也不存在服务质量（QoS）保障问题。

正是基于上述原因，软交换在 PSTN 语音长途网的改造和扩容中获得了广泛的应用。

2. 软交换在网络智能化改造中的应用

PSTN 网络智能化改造也是软交换的一个应用方向。在这种应用中，软交换机主要用于替代 PSTN 汇接局交换机。用软交换机替代传统汇接局交换机，可以为网络带来更低的维护成本。另外，得益于软交换网络容量大、扩容方便的优势，随着今后本地网规模不断扩大，在承载资源充足的前提下，只需在端局层面放置更多接入网关（AG）或中继网关（TG），在软交换设备中相应地增加处理板，而对网络的架构没有任何影响。

对智能网应用协议（INAP）的支持已经成为软交换设备的一种必备能力，无论采用 IP 承载 INAP 的方式，还是通过信令网关（SG）进行信令转接的方式，软交换都可以很容易地实现与传统智能网设备的对接，同时软交换本身还可以具备业务交换点（SSP）的功能。

当然，正如前面讨论软交换网络架构部分所提及的，软交换在应用于网络智能化改造时，可能需要支持外置的用户签约属性集中数据库，因为使用外置的签约属性数据库是实现网络智能化业务触发的主流方式。

3.5 信令系统

在面向连接的通信网中，任何一个用户在进行信息交互前，都必须先告诉网络目的用户地址、业务类型以及所要求的服务质量等信息，再由网络为其建立相关信息传送通路。为了保证在一次通信服务中完成必需的连接动作和信息传送，通信网必须提供一套控制相关设备的标准控制信息格式和流程，以协调各设备完成相应的控制功能。人们将为完成特定信令方式所使用的通信设备的全体称为信令系统，信令系统是实现信令消息收集、转发和分配的一系列处理设备和相关协议实体，是通信网的重要组成部分。

信令是各交换局在完成呼叫接续时使用的一种通信语言，它是控制交换机产生动作的命令。信令系统的主要功能就是指导终端设备、交换系统、传输系统协同运行，在指定的终端之间建立和拆除临时的通信连接，并维护通信网络的正常运行。信令系统应具有监视功能、选择功能和网络管理功能。

3.5.1 信令流程

要建立一次电话通信，需要知道什么时候用户摘机、什么时候用户挂机、如何进行计费等，这是电话信令需要实现的，主要包括以下功能。

1）监视功能：完成网络设备忙闲状态和呼叫处理情况的监视。

2）选择功能：即决定通信信息走哪条路，包括路由选择和连接时隙，通信结束时释放路由和相关资源。

3）管理功能：完成网络设施的管理和维护，如检测和传送网络上的拥塞信息，提供呼叫计费信息和远端维护信令等。

从图 3-15 所示的电话呼叫接续信令流程图中可以看出，在一次电话通信过程中，信令在通话链路的连接建立、通信和释放阶段均起着重要作用。如果没有这些信令协调操作，人和机器都将不知所措：若没有摘机信令，交换机将不知道要为哪个用户提供服务；没有拨号音则用户将不知道交换机是否能为其服务，更不知道是否可以开始拨叫被叫号码。交换机之间的连接过程也是如此，可以通过信令告诉对方设备自己的状态、接续进程和服务要求等。即使在用户通信阶段，信令系统也是持续地对用户终端的通信状态进行监视，一旦发现某方要结束本次通话，则会马上通知另一方及相关设备释放连接和相关资源。由于在通信网中信令系统对实现通信业务的操作过程起着相当重要的指导作用，因此人们也常将其比作通信网的神经系统。

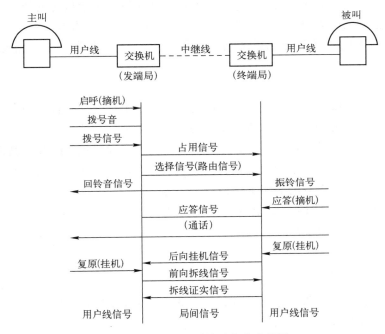

图 3-15　电话呼叫接续信令流程图

3.5.2　信令的分类

1. 按工作区域划分

信令按工作区域可分为用户线信令和局间信令。

（1）用户线信令

指在用户终端与交换机之间的用户线上传送的信令。用户线信令包括终端向交换机发送的状态信令和地址信令以及交换机向用户终端发送的可闻音信令。用户线状态信令是指用户摘机、应答、拆线等信号；地址信令又称选择信令，是指主叫用户发出的被叫用户号码；可闻音信令是由交换机发送给用户的，包括振铃信号、回铃音、拨号音、催挂音等。

（2）局间信令

指在交换机和交换机之间，交换机与业务控制点、网管中心、数据库中心之间传送的信令，在局间中继线上传送。局间信令主要完成网络节点设备之间连接链路的建立、监视和释放控制，以及网络服务性能的监控、测试等功能。相对用户线信令而言，局间信令更多并且更复杂。

2. 按信道划分

信令按信道可分为随路信令和公共信道信令。

（1）随路信令

在随路信令系统中，信令通常和用户信息在同一信道上传送，两端交换网络的信令设备之间没有专用的信令信道。以传统电话网为例，当有一个呼叫到来时，交换机先为该呼叫选择一条到下一交换机的空闲话路，然后在这条空闲的话路上传递信令，当端到端的连接建立成功后，再在该话路上传递用户的语音信号。

随路信令的缺点是传送速度慢、信息容量有限。我国国家标准规定的随路信令方式称作中国1号信令，它把话路所需要的各种控制信号（如占用、应答、拆线、拨号等）由该话路本身或与之有固定联系的一条信令通路来传递，即用同一通路来传送语音信息和与其相应的信令。

（2）公共信道信令

在公共信道信令系统中，信令在一条专门的信令信道上传送，并且该信令信道不是为某一个用户专用，而是为一群用户的信息所共享的公共信令信道。在这种方式中，两端交换网络的信令设备之间直接用一条数据链路相连，信令的传送与语音通路相互隔离，物理和逻辑上都无关。仍以电话呼叫为例，当一个呼叫到来时，交换节点先在专门的信令信道上传递信令，端到端的连接建立成功后再在选好的话路上传递语音信号。

与随路信令相比，公共信道信令具有信令传送速度快、容量大的优点，具有改变或增加信令的灵活性，便于开放新业务。我国目前使用的标准化公共信道信令系统称作7号信令系统。

3. 按信令功能划分

按完成的功能划分，信令可分为线路信令、路由信令和维护管理信令。

1）线路信令又叫监视信令，是用于表示线路状态的信令。

2）路由信令又叫地址信令，是主叫终端发出的被叫号码和交换机之间传送的路由选择信令。

3）维护管理信令用于信令网的管理，包括网络拥塞、资源调配、故障告警及计费信息等。

另外，按照信令的信号形式分为模拟信令和数字信令，模拟信令是按模拟方式传送的信令，数字信令是按数字方式编码后进行传送的信令。按照信令信号频率与语音频带之间的关系可分为带内信令与带外信令，可以在语音频带内（300~3400 Hz）传送的信令叫带内信令；在语音频带外传送的信令叫带外信令。

3.5.3 信令的作用

1）建立用户与交换机的联系，包括用户→交换机的联系，如用户话机状态和拨号信令等；交换机→用户的联系，如拨号音、回铃音或忙音、铃流信号等。

2）建立交换机之间的联系，如占用、应答、拆线和拆线证实等。

3）用于控制交换机的内部接续，如路由选择、链路接通、计费信息及各类统计、故障信息等。

3.5.4　7 号信令系统

7 号信令系统是一种国际标准，是 ITU-T 在 20 世纪 80 年代初为数字电话网设计的一种局间公共信道信令方式。ITU-T 在 1980 年正式提出了 7 号信令系统的建议，主要用于数字电话网、基于电路交换的数据网、移动通信网的呼叫连接控制、网络维护管理，以及处理机之间事务处理信息的传送和管理。

1. 7 号信令的特点

7 号信令的主要特点是两交换局间的信令通路与话路分开，并将若干条电路信令集中于一条专用的信令链路——信令数据链路上传送。7 号信令的主要优点如下。

1）信号传递速度快，接续时间短，长途呼叫延时少于 1 s。

2）信息容量大，包括控制、网管、计费、维护、新业务信令。

3）可靠性高，可主、备转换，有检错和纠错功能。

4）适应性强，适合 ISDN 的需要。

5）全球内统一标准的信令系统。

2. 7 号信令网与电话网的关系

（1）7 号信令网的基本概念

7 号信令网是指一个专门用于传送 7 号信令消息的数据网，是具有多种功能的业务支撑网。它由信令点（Signaling Point，SP）、信令转接点（Signaling Transfer Point，STP）以及连接它们的信令链路组成。通信网中提供 7 号信令功能的节点称为信令点。信令点是 7 号信令消息的起源点和目的地点。某信令点不是 7 号信令消息的起源点和目的地点，只完成 7 号信令消息转发功能，则称为信令转接点。STP 是在信令网中将 7 号信令消息从一个信令点转接到另一个信令点的信令转接设备。信令链路是指连接各个信令点并传送 7 号信令消息的物理链路，由信令数据链路和信令终端组成。

（2）我国 7 号信令网

我国 7 号信令网采用三级结构，由高级信令转接点（HSTP）、低级信令转接点（LSTP）和信令点组成。HSTP 设置在 DC1（省）级交换中心的所在地；LSTP 设置在 DC2（市）级交换中心所在地；端局、DC1 和 DC2 均分配一个信令点编码。

7 号信令网与三级电话网的对应关系如图 3-16 所示。

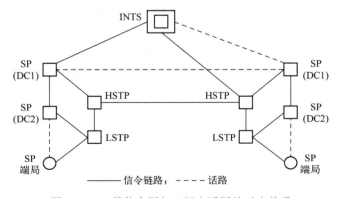

图 3-16　7 号信令网与三级电话网的对应关系

3.6 电话业务

电话业务是指利用电话机和交换机设备完成通话的一项通信服务。电话业务的类型很多，本节将详细介绍本地电话业务、长途电话业务、特殊号码业务等的业务内容、业务分类及业务特点。

3.6.1 本地电话业务

本地电话业务是指在同一个长途交换编号区范围内的电话，用户拨打本地电话不加长途区号，直接拨打被叫用户号码。本地电话网可划分为一个或多个营业区，营业区一般以一个城市或一个县为单位。在本地电话网内同一营业区的用户之间相互通话的业务称为区内电话，在本地电话网内不同营业区用户之间相互通话的业务称为区间电话。

按照用户使用的设备和电话企业提供的服务项目可分为若干业务种类，如普通电话（正机）、用户交换机或集团电话、中继线、专线、公用电话、移机、改名和过户等本地电话业务。另外还可以开通呼出限制、热线服务、呼叫转移、遇忙回叫、缩位拨号、来电显示、追查恶意呼叫等程控服务项目。普通电话业务中，根据电话装设位置的不同，电话用户分为住宅电话用户（甲种用户）和办公电话用户（乙种用户）两种。

3.6.2 长途电话业务

长途电话是指处于两个不同长途编号区内的电话用户利用电话进行信息交换的一种通信方式，通过语音交换来实现信息的双向交流。通话时长是从被叫用户摘机开始至发话用户挂机为止。被叫电话是总机或分机时，通话时长从总机应答开始计算。

国内长途电话业务是用户利用具有长途直拨功能的电话机拨打国内不同长途编号区的电话用户，并与之通话的业务。电话的拨号由国内长途字冠、长途区号和被叫电话号码组成，如北京的长途区号是 10，在石家庄拨打北京 114 查号时的拨号方式为"0+10+114"。国际长途电话业务是用户利用具有国际直拨功能的电话机，直接拨叫世界各地开放国际电话业务的国家或地区的用户，通过国际电话电路进行国际通话的一种电话业务。国际直拨电话号码组成是：国际字冠+国家代码+地区（城市）代码+被叫用户电话号码。拨打我国港澳台地区电话的拨号方式与国际类似。

3.6.3 特殊号码业务

当手机未插电话卡时，往往会提示"仅限紧急呼叫"，也就是只能拨打一些特殊号码。特殊号码是电信部门为方便服务大众而设立的电话号码，其中一些是完全免费的，世界各个国家和地区也都设有特殊号码。

我国常用的特殊号码业务表见表 3-1。

表 3-1 我国常用的特殊号码业务表

序 号	特 殊 号 码	业 务 含 义	收 费 情 况
1	110	公安报警	免费
2	120	急救	免费

（续）

序　号	特殊号码	业务含义	收费情况
3	119	火警	免费
4	122	全国道路交通事故报警	免费
5	114	查号	基本通话费
6	121 *	气象、报时等公共服务	基本通话费
7	12315	消费者投诉热线	基本通话费

3.6.4　800 被叫集中付费业务

被叫集中付费业务简称 800 业务，是指当主叫用户拨打 800 业务号码时，即可接通由被叫用户在申请时指定的电话上，对主叫用户免收通信费用，由被叫集中付费，这种业务只能由固定电话用户拨打。被叫集中付费业务有国内被叫集中付费业务、国际被叫集中付费业务和全球被叫集中付费业务三种。

业务功能如下。

1）唯一号码：申请 800 业务的用户在具有多个电话号码时，可以只登记一个唯一的被叫集中付费的号码，对这一电话号码的呼叫，可根据用户的业务要求接至不同的目的地。

2）遇忙/无应答呼叫转移：主叫用户拨叫 800 业务号码遇忙或无应答时，可把呼叫转移到事先设定的另一号码上，最多允许转移两次。

3）呼叫阻截：按照长途区号或市话用户的局号来限制某些地区用户对 800 号码进行的呼叫。

4）按时间选择目的地：同一 800 号码可按不同时间段来选择接通不同的电话号码，时间段最多选择 4 段，即 4 个不同的电话号码。时间段的划分可按节假日、星期或小时等多种方式确定。

5）密码接入：用户在申请 800 业务时可要求主叫用户拨叫 800 号码后，必须输入密码才能接通被叫，否则不予接通，密码位长为 4 位。

6）按位置选择目的地：根据主叫用户所在的地理位置选择目的地。

7）呼叫分配：可把对 800 号码的呼叫按一定比例分配至不同目的地的电话号码。

8）同时呼叫某一目的地次数的限制：对 800 号码某一目的地的同时呼叫次数达到一定限制时，不再予以接续，并向主叫用户送录音通知。

9）呼叫该 800 业务用户次数的限制：800 用户在某一时间段内（一般为一个月）可以接受来话呼叫的最大限值。当达到此限制时，以后的来话呼叫不予接续，并要向主叫用户送录音通知。

3.6.5　主被叫分摊付费业务

主被叫分摊付费业务是一项为被叫客户提供一个全国范围内的唯一号码，并把对该号码的呼叫接至被叫客户事先规定目的地（电话号码或呼叫中心）的全国性智能网业务。该业务的通话费由主、被叫分摊，简称 400 业务。对需要 400 业务的呼叫中心客户，需要申请一个"400×××××××"号码作为其在全国的统一接入码；在全国任何范围内，主叫用户只需拨打该号码，无须加拨区号便可按照企业业务用户预先设定的方案，将呼叫直接接续到客户指定的电话号码或呼叫中心。

业务功能如下。

1）电话自动分配：按主叫所拨电话的位置不同将呼叫接续到不同的电话号码或呼叫中心；按主叫所拨电话的时间不同将呼叫接续到不同的电话号码或呼叫中心；将所拨电话按百分比分配到不同的电话号码或呼叫中心。

2）遇忙/无应答呼叫转移：主叫用户拨叫400号码遇忙或无应答时，可把呼叫转接到事先设定的一个或几个号码，规定业务用户最多可登记4个前转号码，即遇忙和无应答时各有2个前转号码。对于一个业务用户的一次呼叫，前转次数最多为2次。

3）呼叫阻截：客户可以允许某些地区用户的呼叫，对来自其他地区的呼叫进行阻止；或者不允许某些地区用户的呼叫，但允许来自其他地区的呼叫。

4）密码接入：用户在申请400业务时，可要求主叫用户拨叫400号码后必须输入密码才能接通，否则不予接通。密码为4~6位阿拉伯数字。

5）话费分摊：通话费可在主、被叫之间分摊。分摊方式为主叫用户负担本地通话费，被叫用户负担业务使用费。

6）费用限制：被叫用户可以对每月总费用或每月来话总次数设定上限，超过后自动停止接续。

3.6.6 电话信息服务业务

电话信息服务业务又称为互动语音应答业务，是利用电话网和数据库技术把信息采集、加工、存储、传播和服务合为一体，向用户提供综合性、全方位、多层次的信息服务业务。电信信息服务的基本功能是通过电话、计算机语音设备实现人机之间的语音交互，用户可以通过电话等通信终端拨号呼叫互动语音应答平台，根据平台的语音提示进行操作，互动应答语音系统通过电话按键或用户语音识别来收集用户输入信息，使用预先录制或现场合成的语音文件向用户播放，从而完成交易、娱乐等业务。

许多电信运营企业都可以提供电话信息服务，如电信运营商或者部分社会信息服务企业都可以提供声讯信息服务。电话信息服务方式分为人工电话台信息服务和自动声讯信息服务两种类型。人工电话台信息服务是指由话务员为用户提供语音形式的信息咨询服务。用户拨通号码，话务员即可提供所需信息内容。自动声讯信息服务是指由计算机话务员为用户提供语音形式的信息咨询服务，例如用户拨通电信168+信息编码，168台就会自动播放用户查询的信息内容。

3.6.7 语音信箱业务

语音信箱业务是用户只需向电信部门租用一个专用电话信箱，当用户的亲朋好友及工作伙伴拨通用户的专用信箱号码时，可按语音操作提示给用户留言，用户则可以随时利用任何一台双音频电话提取信箱中留言的一种间接通信方式。用户可选择无应答转移至语音信箱、遇忙转移至语音信箱、无应答和遇忙转移至语音信箱三种方式之一。

业务特征如下。

1）当用户的来电遇忙或无人接听时，语音信箱业务自动将来话转入用户的电话信箱里，提示来电者留言。

2）用户可以不受时空限制，用任何电话拨通自己的信箱以听取留言。

3）语音信箱密码可根据用户的需要随时更改，信箱内的留言也可根据需要删除或保存。

4）对于共同使用一部电话的办公室和家庭用户，一个语音信箱号码下可附带 1~9 个分信箱（每个分信箱提供 10 条留言空间，每条 30 s）。每个分信箱有各自的分信箱号、问候语和密码，主信箱的问候语为分信箱的介绍语。

3.7 电话通信系统工程案例

本节将以某市本地 IP 电话网的规划与设计为例，介绍 IP 电话通信网的结构与功能。

1. 背景介绍

随着数据通信网络技术的飞速发展和 Internet 的普及，TCP/IP 协议已经成为占主导地位的网络技术。在 IP 网络的基础上提供各种类型的服务（包括传统的电信语音业务）也已成为当前通信网络发展的重要方面。由于价格和灵活性等方面的优势，在 IP 和分组网络上传输语音信息已对传统的电信业务提出了严峻的挑战，为其他的服务供应商提供了难得的商业机遇。在这样的背景下，全国各地电信局和互联网服务提供商建设 IP 电话网是非常及时、适当和必要的。

2. 本地 IP 电话网的重要结构与功能

（1）网络协议

IP 电话网络技术是一个不断发展的新兴网络技术，因此有关 IP 电话网络的技术及标准还处在不断变化的阶段。目前，关于 IP 电话的标准主要有简单网关控制协议（Simple Gateway Control Protocol，SGCP）和来自多媒体电视会议系统标准的 H. 323 协议。SGCP 是将来发展的一个方向，但它还在制订过程中，没有成熟，也没有实际的产品支持它。实际上，目前大多数 IP 电话采用的是 H. 323 体系结构，因此建议采用 H. 323 协议来组建 IP 电话网络。

（2）网络结构设计

该方案完全按照某市数据局 IP 电话试验网的要求进行设计。根据需要，在一类节点配置 4 个 E1 的网关，一共可以提供 60 路入中继、60 路出中继。在其余 4 个二类节点各配置 2 个 E1 的网关，分别提供 30 路入中继、30 路出中继。在三类节点各配置 1 个 E1 的网关，分别提供 15 路入中继、15 路出中继。网关与公共交换电话网络（Public Switched Telephone Network，PSTN）之间可以直接用中国 1 号信令相连。

（3）网关系统 CiscoAS5300

电话网关的功能在 CiscoAS5300 访问服务器上实现，它目前支持的最大端口数为 4 个 E1，同时支持 120 路 VIP 电话，另有 2 个以太网端口。各地的 5300 访问服务器通过以太网或者快速以太网和本地的 160 网络平台连接。CiscoAS5300 作为 IP 电话网关可以终结来自 PSTN 的呼叫，提供呼叫的计费信息。IP 电话网关还可以直接将呼叫转移到目的号码或者终结来自其他网关的呼叫并将它转到 PSTN 上。

（4）网关守护系统 Cisco2501

在该方案中选用了 Cisco2501 路由器。Cisco2501 路由器通过以太网端口连接到各地的 160 网络平台上。这样，各地的 5300 访问服务器之间可以通过 160 网络平台的 IP 网络系统传输语音信息。IP 电话网关守护系统可用来对 IP 电话网关提供呼叫控制服务。在不同的 IP 电话网区域里，可以存在一个或多个 IP 电话网关守护系统，并且它们之间可以互相通信。网关守护系统 Cisco2501 将负责和上级关守及其他 IP 电话区域关守的相互通信，保证 IP 电话业务的有效开展。

（5）RADIUS 系统

远程用户拨号认证（Remote Authentication Dial In User Service，RADIUS）系统实现 IP 电话用户的认证和漫游功能。IP 电话用户输入自己的 PIN 号码和密码，由用户认证系统进行认证。用户认证系统支持漫游功能。

（6）计费系统

IP 电话网计费系统的主要功能包括业务受理、账务管理、资费管理、计费管理、漫游结算、服务管理、计费数据的采集/传输等。IP 电话网计费系统需要提供一个完整的计费与客户管理解决方案。IP 电话网计费系统同传统电信计费系统相比，特有的要求主要是：实时的呼叫处理、实时计费和预付卡处理。实时计费引擎可以实现对 IP 电话的实时计费和实时呼叫处理，能够防止电话盗打、欠费等问题的出现。

（7）业务方式

IP 电话网可以开展的业务包括以下内容：

1）按月结算卡业务：此业务类似目前的固定电话业务，按主叫号码计费，无需用户身份验证。

2）可充值卡业务：此业务类似目前的 200 可充值卡，用户卡号不变，费用按卡号计，需要用户身份验证。

3）预付卡业务：此业务类似目前的 200 电话卡，用户卡号在面额用尽后即失效，需重新购买。

4）实时传真业务：遵从 G3 传真协议的传真机用户，可以通过 ITSP 实现传真到传真的用户访问。

以上业务同时适用于固定电话用户和 GSM 移动电话用户。

3.8 实训项目

3.8.1 实训项目 1：信号的采样与恢复

1. 实验目的

1）了解电信号的采样方法与过程及信号的恢复。

2）验证采样定理。

3.8.1 实训项目 1：信号的采样与恢复

2. 实验设备

1）THKSS-A/B/C/D/E 型信号与系统实验箱。

2）实验模块 SS15。

3）双踪示波器。

3.8.1 实训项目 1——实验模块 SS15

3. 实验内容

1）研究正弦信号的采样过程，并将采样后的离散化信号恢复为连续信号的波形。

2）用采样定理分析实验结果。

4. 实验原理

1）离散时间信号可以从离散信号源获得，也可以由连续时间信号经采样获得。采样信号

$f_s(t)$ 可以看成连续信号 $f(t)$ 和一组开关函数 $S(t)$ 的乘积。$S(t)$ 是一组周期性窄脉冲。对采样信号进行傅里叶级数分析可知，采样信号的频谱包含了原连续信号以及无限多个经过平移的原信号频谱。平移的频率等于采样频率 f_s 及其谐波频率 $2f_s$、$3f_s$、…。当采样后的信号是周期性窄脉冲时，平移后的信号频率幅度按 $(\sin x)/x$ 规律衰减。采样信号的频谱是原信号频谱的周期性延拓，它占有的频带要比原信号频谱宽得多。

2）采样信号在一定条件下可以恢复出原来的信号，只要用一截止频率等于原信号频谱中最高频率 f_n 的低通滤波器滤去信号中所有的高频分量，就能得到只包含原信号频谱的全部内容，即低通滤波器的输出为恢复后的原信号。

3）原信号得以恢复的条件是 $f_s > 2B$，其中，f_s 为采样频率，B 为原信号占有的频带宽度。$F_{min} = 2B$ 为最低采样频率。当 $f_s < 2B$ 时，采样信号的频谱会发生混叠，所以无法用低通滤波器获得原信号频谱的全部内容。在实际使用时，一般取 $f_s = (5 \sim 10)B$。

实验中选用 $f_s < 2B$、$f_s = 2B$、$f_s > 2B$ 三种采样频率对连续信号进行采样，以验证采样定理：要使信号采样后能不失真地还原，采样频率 f_s 必须远大于信号频率中最高频率的两倍。

4）用图 3-17 所示的框图表示对连续信号的采样过程和对采样信号的恢复过程。实验时，除选用足够高的采样频率外，还常采用前置低通滤波器来防止信号频谱过宽而造成采样后信号频谱的混叠。

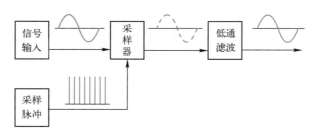

图 3-17　信号的采样与恢复原理框图

5. 实验步骤

1）打开 THKSS-A/B/C/D/E 型信号与系统实验箱，将实验模块 SS15 插入实验箱的固定孔中。

2）打开实验箱右侧的总电源开关，在"信号采样与恢复实验单元"的输入端输入频率为 100 Hz、V_{pp} 为 4 V 左右的正弦信号，然后调节方波发生器的输出频率到 1 kHz 左右，用双踪示波器分别观察采样输入信号与采样信号、输入信号与输出恢复信号，并进行分析。

3）将方波发生器的输出频率调至 2 kHz 左右，再用双踪示波器分别观察采样输入信号与采样信号、输入信号与输出恢复信号，并进行分析。

6. 实验报告

1）绘制原始连续信号、采样后信号以及恢复所得原始信号的波形。

2）分析实验结果，并做出总结。

3.8.2　实训项目 2：脉冲编译码实验

1. 实验目的

1）加深对 PCM 编码过程的理解。

2）掌握 PCM 编码和译码的时序关系。

3）熟悉 PCM 编码、译码芯片的使用方法。

4）了解 PCM 系统的工作过程。

2. 实验设备与仪器

3.8.2 实训项目 2——实验模块 SS16

1）THKSS-A/B/C/D/E 型信号与系统实验箱。

2）实验模块 SS16。

3）双踪示波器。

3. 实验内容

PCM 编码实验。

4. 实验原理

脉冲调制通信是把一个时间连续、取值连续的模拟信号变换成时间离散、取值离散的数字信号后在信道中进行传输，而脉冲编码调制就是先对模拟信号进行抽样，然后对抽样值的幅度进行量化、编码的过程。

抽样是对模拟信号进行周期性扫描，从而把时间上连续的信号变成时间上离散的信号。该模拟信号经过抽样后仍包含原信号中的所有信息，也就是说能无失真地恢复出原模拟信号。它的抽样速率下限是由抽样定理确定的。在该实验中，抽样速率采用 8 kbit/s。

量化是把经过抽样得到的瞬时值幅度离散，即将瞬时值用一组规定的电平中最接近的电平值来表示。

一个模拟信号经过抽样、量化后得到脉冲幅度调制信号，它仅为有限个数值。编码是用一组二进制码来表示每一个有固定电平的量化值。然而，量化实际上是在编码过程中同时完成的，故编码过程也称为模/数变换，可记作 A/D。

由此可见，脉冲编码调制方式就是一种传递模拟信号的数字通信方式。

脉冲编码调制的原理如图 3-18 所示。语音信号先经防混叠低通滤波器得到限带信号（300~3400 Hz），经脉冲抽样变成 8 kHz 重复频率的抽样信号（即离散的脉冲调幅信号），然后将幅度连续的该信号用"四舍五入"法量化为有限个幅度取值的信号，再经编码转换成二进制码。对于电话，国际电报电话咨询委员会（CCITT）规定抽样率为 8 kHz，每个抽样值编 8 位码，即共有 $2^8 = 256$ 个量化值，因而每话路编码后的标准数码率是 64 kbit/s。为解决均匀量化时小信号量化误差大、音质差的问题，在实际过程中采用不均匀选取量化间隔的非线性量化方法，即量化特性在小信号时分层密、量化间隔小，而在大信号时分层疏、量化间隔大。

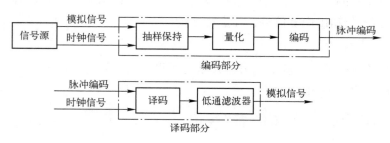

图 3-18 脉冲编码调制原理框图

5. 实验步骤

1）调节本实验箱中的函数信号发生器，使其输出频率为 500 Hz，幅度为 3 V 左右的正弦波。

2）将函数信号发生器的输出接到音频输入上，将编码输出接到编码输入上。

3）用双踪示波器观察音频输入、主时钟、同步时钟、解码输入及音频输出的波形。

6. 实验报告

1）绘制实验电路的实验方框图，并叙述其工作过程。

2）绘出实验过程中测试点的波形，注意对应的相位关系。

3）写下本次实验的心得体会。

本章小结

本章重点内容见表 3-2。

表 3-2 本章知识点

序 号	知 识 点	内 容
1	数字电话通信过程	第一部分是发送端的模/数变换，其中需经抽样、量化和编码过程；第二部分是信道，包括码型变换和再生中继；第三部分是接收端的数/模变换，主要指再生、解码和低通滤波平滑过程
2	抽样定理	要从样值序列无失真地恢复出原始连续信号，其抽样频率应大于等于被抽样信号最高频率的两倍
3	多路复用技术	为了提高线路利用率，使多个信号沿同一信道传输而互不干扰的通信方式，称为多路复用。多路复用主要包括频分多路复用、时分多路复用和波分多路复用
4	PCM30/32 系统	整个系统共分为 32 个路时隙，其中 30 个路时隙分别用来传送 30 路语音信号，一个路时隙用来传送帧同步码，一个路时隙用来传送信令码。我国采用 2.048 Mbit/s、30 个话路作为一次群
5	数字程控交换机	程控交换机由话路部分、控制部分组成。话路系统中主要是数字交换网络，T 接线器和 S 接线器分别可以实现不同时隙间、不同总线间的数字交换
6	信令系统及信令的分类	信令系统具有监视功能、选择功能和网络管理功能。信令按工作区域可分为用户线信令和局间信令；按信令信道可分为随路信令和公共信道信令；按信令功能可分为管理信令、线路信令和路由信令

习题

1. 简述多路复用、频分多路复用、时分多路复用和波分多路复用的概念及应用。

2. 简述时分多路复用的位同步、帧同步及其作用。

3. 简述 PCM 数字通信过程。

4. 简述 PCM30/32 系统的含义。

5. 分析和计算 PCM30/32 一次群速率。

6. 解释数字复接的概念。

7. 简述程控交换机的组成及各部分的功能。

8. 举例说明 T 接线器、S 接线器的工作原理。

9. 叙述数字程控交换机完成一次呼叫的接续过程。

10. 简述信令的基本概念及分类。

11. 简述我国 7 号信令系统的结构。

第4章 数据通信

数据通信是以"数据"为业务的通信系统，数据是预先约定好的具有某种含义的数字、字母或符号以及它们的组合。数据通信是 20 世纪 50 年代随着计算机技术和通信技术的迅速发展，以及两者之间的相互渗透与结合，而兴起的一种新的通信方式。数据通信实现了计算机与计算机之间、计算机与终端之间的信息传递。业务需求的变化及通信技术的发展使得数据通信经过了多个历程。本章将从数据通信系统的组成开始，介绍数据通信的编码、传输及交换过程，系统地概括数据通信的相关技术及应用，建立数据通信系统整体框架。

【学习要点】
- 数据通信系统的组成。
- 数据通信系统的主要质量指标。
- 不同数据交换方式的基本原理。
- 局域网的体系结构。
- Internet 的体系结构。

【素养目标】
- 了解数据通信的发展历程，培养关注社会热点和生活实际的能力。
- 学习数据通信的重点知识，注重自主、探究、合作及创新精神的培养。
- 通过实训项目，培养良好的动手能力，规范实操过程。

4.1 数据通信概述

数据通信是依照一定的通信协议、利用数据传输技术使不同地点的数据终端实现软、硬件和信息资源共享的一种通信方式和通信业务。数据通信系统是由计算机、远程终端、数据电路以及通信设备组成的一个完整系统。

通信传输的信息有多种形式：符号、文字、数值、语音、图形及图像等。对于数据通信来说，被传输的二进制代码称为"数据"。数据是信息的载体，是对事物的表示形式，信息是对数据所表示内容的解释。数据通信的任务就是传输二进制代码比特序列，而不需要解释代码所表示的内容。

4.1.1 数据通信的发展简史

在 20 世纪 50 年代初期，美国建立了半自动地面防空系统，将远程雷达和其他设备与计算机连接起来，创建了早期的数据通信系统。随后，数据通信系统取得飞速发展，经历了集中式系统、分布式系统和计算机网的演变过程。20 世纪 60 年代末期，出现了多个独立的计算机系统互连，形成了以资源共享为目的的计算机网。20 世纪 70 年代以后，数据交换由电路交换模式向分组交换模式演进，基于分组交换的数据通信很快遍地开花，进入商用化时代。从此，数据通信就迅速地发展了起来。

4.1.2 数据通信系统的组成

数据通信的基本目的是在接收方与发送方之间交换信息。数据通信系统可以用来产生和接收数据，对数据进行编码、转换，以便满足数据传输系统的传送要求。典型的数据通信系统模型如图4-1所示。

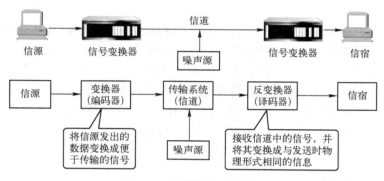

图4-1 数据通信系统模型

1. 信道

信道是信息在信号变换器之间传输的通道，如电话线路等模拟通信信道、专用数字通信信道、同轴电缆和光纤等。按传输介质不同，信道可分为有线信道和无线信道。有线信道传输介质如图4-2所示。

2. 信号变换器

信号变换器（即编码器和译码器）的功能是把信源提供的数据转换成适合通信信道的信号形式，或把信道中传来的信号转换成可供数据终端使用的数据，并要最大限度地保证传输质量。

在计算机网络的数据通信系统中，最常用的信号变换器是调制解调器（见图4-3）和光纤通信网中的光电转换器。信号变换器和其他的网络通信设备又统称为数据电路终端设备（Data Circuit-terminating Equipment，DCE）。DCE为用户设备提供入网的连接点。

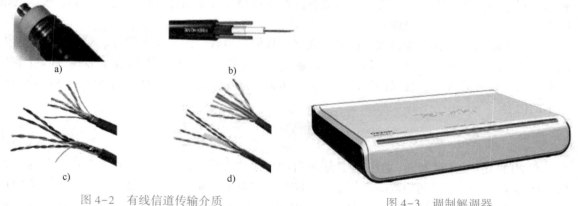

图4-2 有线信道传输介质
a）同轴电缆 b）光纤 c）屏蔽双绞线 d）非屏蔽双绞线

图4-3 调制解调器

4.1.3　数据通信系统的特点

数据通信系统的特点如下。

1）实现计算机之间或计算机与人之间的通信，需要定义严格的通信协议或标准。

2）数据传输的准确性和可靠性高。

3）误码率小于 10^{-9}，而语音和电视系统只有 10^{-3}。

4）传输速率高。

5）通信持续时间差异较大，传输流量具有突发性。

6）数据通信具有灵活的接口功能，以满足各式各样的计算机和终端间通信。

4.1.4　数据通信系统的主要质量指标

数据通信的指标是围绕传输的有效性和可靠性来制订的，主要如下。

1. 传输速率

1）信息速率 R_b：每秒钟传送的信息量，也称为传信率、比特率，单位为比特/秒（bit/s），在数字信道中，当传输速率较高时，常用 kbit/s、Mbit/s、Gbit/s 和 Tbit/s。

$$R_b = \frac{1}{T}\log_2 N$$

式中，T 为码元长度；N 为一个码元信号代表的有效状态数，为 2 的整数倍；$\log_2 N$ 为单位码元能表示的比特数。

2）码元速率 R_B：每秒钟传送码元的数目，又称传码率、符号传输速率、波特率，单位为波特（Baud，可简写为 B），1 波特＝1 码元/s。

各个码元都占有均等的时间间隔，这个时间间隔称为码元长度。码元长度为 T，则码元速率为

$$R_B = \frac{1}{T}$$

对于数字信号传输过程，波特率指线路上每秒传送的码元波形个数。例如，若 1 s 内传送 2400 个码元，则波特率为 2400 B。数字信号有多进制和二进制之分，但码元速率与进制数无关，只与传输的码元长度 T 有关。

每个码元或符号通常都含有一定比特数的信息量，因此码元速率和信息速率有确定的关系，即

$$R_b = R_B\log_2 N$$

式中，N 为码元的进制数。

例如，码元速率为 1200 B，采用八进制（$N=8$）时，信息速率为 3600 bit/s；采用二进制（$N=2$）时，信息速率为 1200 bit/s。可见，二进制的码元速率和信息速率在数值上相等。

2. 误码率

误码率指接收码元中错误码元数占传输总码元数的比例。

$$P_e = \frac{传错码元数}{传输码元总数}$$

误码率是个统计概念，目前电话线路系统的平均误码率是：

① 信息速率为 $300\sim2400\,\text{bit/s}$ 时，误码率是 $10^{-6}\sim10^{-2}$。

② 信息速率为 $4800\sim9600\,\text{bit/s}$ 时，误码率是 $10^{-4}\sim10^{-2}$。

③ 数据通信的平均误码率要求低于 10^{-9}。

【例 4-1】已知二进制数字信号在 2 min 内共传送了 72000 个码元。

1）其码元速率和信息速率各为多少？

2）码元宽度不变，但改为八进制数字信号，则其码元速率和信息速率各为多少？

解：1）在 $2\times60\,\text{s}$ 内传送了 72000 个码元，则

$$R_\text{B} = \frac{72000}{2\times60}\,\text{B} = 600\,\text{B}$$

$$R_\text{b} = R_\text{B} = 600\,\text{bit/s}$$

2）若改为八进制，则

$$R_\text{B} = \frac{72000}{2\times60}\,\text{B} = 600\,\text{B}$$

$$R_\text{b} = R_\text{B}\log_2 8 = 1800\,\text{bit/s}$$

【例 4-2】已知某八进制数字通信系统的信息速率为 $12000\,\text{bit/s}$，在接收端半小时内共测得 216 个错误码元，试求系统的码元速率和误码率。

解：

$$R_\text{b} = 12000\,\text{bit/s}$$

$$R_\text{B} = \frac{R_\text{b}}{\log_2 8}\,\text{B} = 4000\,\text{B}$$

$$P_\text{e} = \frac{216}{4000\times30\times60} = 3\times10^{-5}$$

3. 信道容量

信道容量表征一个信道传输数据的最大能力，单位为 bit/s。信道容量的计算方法如下。

1）无噪声情况下信道容量为

$$C = 2B\log_2 N$$

式中，B 为信道带宽，单位为 Hz；N 为一个码元信号代表的有效状态数。

2）有噪声情况下信道容量为

$$C = 2B\log_2\left(1+\frac{S}{N}\right)$$

式中，B 为信道带宽，单位为 Hz；S 为信号的功率；N 为噪声功率。

4. 带宽

带宽用于衡量通信系统的传输能力，它有两种含义。

带宽本来的意思是某个信号具有的频带宽度，或网络系统能够传输信号的最大频率 f_H 和最小频率 f_L 的差值，即 $B = f_\text{H} - f_\text{L}$，单位是赫兹（Hz）、千赫（kHz）、兆赫（MHz）等。

在数字信道中，带宽是指在信道上（或一段链路上）能够传送的数字信号的最大速率，即比特率。

4.2　数据交换

一个通信网的有效性、可靠性和经济性直接受其所采用交换方式的影响。数据交换经过了电路交换、报文交换、分组交换等多个阶段，目前常用的 ATM 交换、IP 交换、MPLS 交换等均属分组交换。

4.2.1　电路交换

电路交换（Circuit Switching）是最早出现的一种交换方式，它是在输入线与输出线之间建立一条物理通道。电路交换的原理是直接利用可切换的物理线路连接通信双方，如图 4-4 所示。

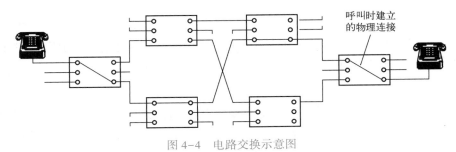

图 4-4　电路交换示意图

1. 电路交换的基本过程

电路交换基本过程包括电路建立、数据传输、电路拆除三个阶段。

1）电路建立：在传输任何数据之前，要先经过呼叫过程建立一条端到端的电路。如图 4-5 所示，若 H_1 要与 H_3 连接，典型的做法是，H_1 先向与其相连的 A 节点提出请求，然后 A 节点在通向 C 节点的路径中找到下一个支路。例如，A 节点选择经 B 节点的电路，在此电路上分配一个未用的通道，并告诉 B 它还要连接 C；B 再呼叫 C，建立电路 BC，最后，节点 C 完成到 H_3 的连接。这样 A 与 C 之间就有一条专用电路 ABC，用于 H_1 与 H_3 之间的数据传输。

2）数据传输：电路 ABC 建立以后，数据就可以从 A 发送到 B，再由 B 交换到 C；C 也可以经 B 向 A 发送数据。在整个数据传输过程中，建立的电路必须始终保持连接状态。

3）电路拆除：数据传输结束后，由某一方（A 或 C）发出拆除请求，然后逐步拆除到对方节点。

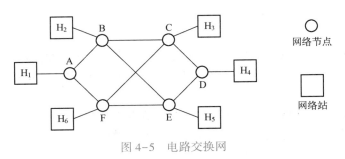

图 4-5　电路交换网

2. 电路交换技术的特点

在数据传送开始之前必须先设置一条专用的通路，在线路释放之前，该通路由一对用户完全占用。

（1）电路交换的优点

● 数据传输可靠、迅速。

● 数据不会丢失且保持原来的序列。

（2）电路交换的缺点

● 电路利用率低。

● 接续时间较长，通信效率低。

因此，它适用于传输信息量较大、实时性要求较高、通信对象比较确定的用户。

4.2.2 报文交换

当节点间交换的数据具有随机性和突发性时，采用电路交换会造成信道容量和有效时间的浪费，采用报文交换则不存在这些问题。

1. 报文交换原理

报文交换方式的数据传输单位是报文，报文就是通信终端要一次性发送的数据块，其长度不限且可变。发送报文时，通信终端将一个目的地址附加到报文上，网络节点根据该地址信息把报文发送到下一个节点，逐个节点地传送到目的节点。报文交换示意如图 4-6 所示。

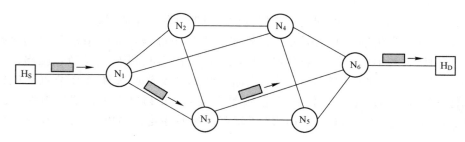

图 4-6　报文交换示意图

每个节点在收到整个报文并检查无误后，就暂存这个报文，然后利用路由信息找出下一个节点的地址，再把整个报文传送给下一个节点。因此，端与端之间无须先通过呼叫建立连接。一个报文在每个节点的延迟时间，等于接收报文所需的时间与向下一个节点转发所需的排队延迟时间之和。

2. 报文交换的特点

报文从源节点传送到目的地采用"存储-转发"方式，在传送报文时，某一时刻仅占用一段通道。报文在交换节点中需要缓冲存储和排队，故报文交换不能满足实时通信的要求。

（1）报文交换的优点

● 电路利用率高，许多报文可以分时共享两个节点之间的通道。

● 通信量大时仍然可以接收报文，不过传送延迟会增加。

● 报文交换系统可以把一个报文发送到多个目的地。

● 报文交换网络可以进行速率及代码的转换。

（2）报文交换的缺点

● 不利于实时通信。

● 报文可能丢失，不能按顺序到达。

4.2.3　分组交换

在报文交换电路中，长报文可能会超过节点的缓冲器容量，也可能使相邻节点间的线路被长时间占用，一个线路故障有可能导致整个报文丢失。因此，报文交换网络逐渐被更为高效的分组交换网络所取代。分组交换是报文交换的一种改进，它将报文分成若干组，每个分组的长度有一个上限，有限长度的分组使得每个节点所需的存储能力降低，分组可以存储到内存中，提高了交换速度。它适用于交互式通信，如终端与主机通信。分组交换是计算机网络中使用最广泛的一种交换技术。

1. 分组交换的原理

分组交换又称包交换。分组交换以分组为单位进行存储转发。源节点把报文分为若干个组，在中间节点存储转发，目的节点再按发端顺序把分组合成报文。在分组交换系统中，在每个分组前都要加上分组头，分组头中含有地址、分组号和控制信息等。这些分组可以在网络内沿不同的路径并行传输，如图 4-7 所示。

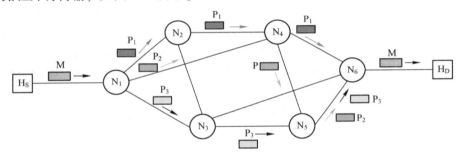

图 4-7　分组交换原理示意图

分组交换技术是在模拟线路环境下建立和发展起来的，规定了一套很强的检错、纠错、流量控制和拥塞控制机制，能够防止网络拥塞，但却使网络时延变大。

图 4-7　分组交换工作原理示意

如图 4-7 所示，假设起始点 H_S 站有一段报文 P 要传送到终点 H_D 站，在起始点首先将其分为 P_1、P_2、P_3 三组，一起发给 N_1 节点，N_1 节点必须为每个分组选择路由。收到 P_1 分组后，N_1 节点发现到 N_2 节点的分组队列短于到 N_3 和 N_4 节点的分组队列，于是它将 P_1 分组发送到 N_2 节点，即排入到 N_4 节点的队列。但是对于 P_2 分组，N_1 节点发现此时到 N_4 节点的队列最短，因此将 P_2 分组发送到 N_4 节点，即排入到 N_4 节点的队列。同样，P_3 分组也排入到 N_3 节点的队列。在以后通往 H_D 站路径的各节点上都做类似的处理。这样，每个分组虽然有同样的目的地址，但并不一定走同一条路径。另外，P_3 分组有可能先于 P_1、P_2 分组到达 H_D 站。因此，这些分组有可能以一种不同于它们发送时的顺序到达 H_D 站，需要重新排序。

分组交换技术中，每个终端没有固定的时隙分配，要根据用户实际需要动态分配线路资源。只有当用户有数据要传输时才为其分配线路资源，当用户暂停发送数据时，不予分配，线路的传输能力可以被其他用户使用，这种时分复用方式叫统计时分复用。

2. 分组交换采用的路由方式

分组交换采用的路由方式有数据报（Data gram）和虚电路（Virtual Circuit）。

（1）数据报

采用数据报方式，每个分组被独立地传输。这种方式允许路由策略考虑网络环境的实际变化，如果某条路径发生阻塞，它可以变更路由。图4-7就是数据报方式，即对每个分组进行单独处理，这种方式速度较慢。数据报分组头含有目的地址的完整信息，以便分组交换机进行路由选择。用户通信不需要经历呼叫建立和呼叫清除的阶段，适用于短报文消息传输。

（2）虚电路

为提高分组交换效率，借鉴电路交换的优势，形成了虚电路方式。虚电路方式是在发送分组前先建立一条逻辑连接（不独占线路），为用户提供一条虚拟的电路。虚电路方式的连接为逻辑连接。

如图4-8所示，假设A要将多个分组发送到B，它首先发送一个"呼叫请求"分组到1号节点，要求建立到B的连接。1号节点决定将该分组发到2号节点，2号节点又决定将其发送到4号节点，最终将"呼叫请求"分组发送到B。

在图4-8中，如果B准备接收这个连接的话，将发送一个"呼叫接收"分组，通过4号、2号、1号节点到达A，此时，A站和B站之间可以经由这条已建立的逻辑连接即虚电路（图4-8中的VC）来传输分组，交换数据。此后的每个分组都包括一个虚电路标识符，预先建立的这条路由上的每个节点，依据虚电路标识符就可以知道将分组发往何处。在分组交换机中，设置相应的路由对照表，指明分组传输的路径，不用像电路交换那样确定具体电路。

虚电路方式的一次通信具有呼叫建立、数据传输和呼叫释放三个阶段。数据分组按所建路径的顺序通过网络，目的节点收到的分组次序与发送方是一致的，不需要对分组进行重新排序，因此重装分组就更简单了，对数据量较大的通信传输效率较高。

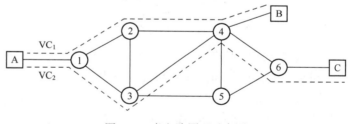

图4-8 虚电路原理示意图

3. 分组交换的特点

1）传输质量高。分组交换机之间传送的每个分组都要通过差错控制功能进行检验，当出现差错时，可以进行纠错或要求发送终端重发，因此分组内容出现差错的概率很低。

2）可靠性高。在分组交换方式中，即使网内的局部发生故障，网络也能保证高可靠性的服务。因为在分组交换网中，每一个交换机都至少与两个相邻的交换机相连，能够自动使用避开故障点的迂回路由传送。

3）可实现不同种类终端之间的通信。分组交换是存储交换方式，分组交换机把从发送终端送出的报文消息变换为接收终端能够接收的形式进行传送。因此在分组交换网中能够实现通信速率、编码方式、同步方式以及传输控制规程不同的终端之间的通信。

4）分组多路通信。由于在分组中既含有用户数据信息又含有用户地址信息，分组型终端只要通过一条用户线与分组交换机连接，就能同时与多台终端进行报文消息的相互传输。

5）技术实现复杂。分组交换机要对各种类型的分组进行分析处理，为其提供路由，为用户提供速率、代码和规程的变换，为网络的维护管理提供必要的报告信息等。分组交换要求交换机具有较高的处理能力。传统的 X.25 协议就是一种分组交换协议。

4. 电路交换、报文交换和分组交换的比较

电路交换、报文交换和分组交换这三种数据交换类型的比较见表 4-1。总的来说，电路交换适用于实时信息传送，在线路带宽比较低的情况下使用比较经济；报文交换适用于线路带宽比较高的情况，可靠、灵活，但延迟大；分组交换缩短了延迟，也能满足一般的实时信息传送，在高带宽的通信中更为经济、合理、可靠。

表 4-1　三种交换方式的比较

特　性	电　路　交　换	报　文　交　换	分　组　交　换
用户速率	取决于收发数据终端	100 bit/s 左右	2.4~64 kbit/s
时延	很短	长	较小
动态分配带宽	不支持	支持	支持
突发适应性	差	差	一般
电路利用率	差	报文短时差，长时好	一般
数据可靠性	一般	较好	高
媒体支持	语音、数据	报文数据	语音、数据
业务互连	差	差	好
服务类型	面向连接	无连接	面向连接或无连接
异种终端互通	不可以	可以	可以
实时性会话	适用	不适用	适用

4.2.4　帧中继技术

1. 帧中继的基本原理

由于光纤的大量使用，快速分组交换（Fast Packet Switching，FPS）应运而生，快速分组交换的目标是通过简化通信协议来减少中间节点对分组的处理，发展高速的分组交换机，以获得高的分组吞吐量和小的分组传输时延，适应高速传输的需要。

帧中继（Frame Relay，FR）是快速分组交换网的一种，它以 X.25 交换技术为基础，摒弃其中的烦琐过程，改造了原帧结构，从而获得了良好的性能。分组交换在源端到目的端的每一步都要进行复杂的处理，在每一个中间节点都要对分组进行存储，并检查数据是否存在错误。

采用帧中继方式的网络中各中间节点没有网络层，并且数据链路层也只有一般网络的一部分（但增加了路由功能），中间节点只进行差错检测，检测出的错误帧直接丢弃，无须回送确认帧。帧中继与分组交换的数据链路应答过程如图 4-9 所示。

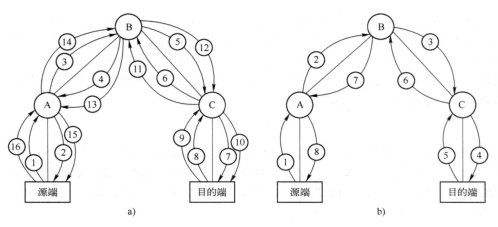

图 4-9 帧中继与分组交换的数据链路应答过程

a）分组交换 b）帧中继

2. 帧中继的特点

1）用户接入速率为 64 kbit/s～2 Mbit/s，可提供虚电路业务。

2）采用统计时分复用，动态分配带宽，充分利用网络资源。

3）适合突发性业务，提供一套管理带宽和防止拥塞的合理机制。

4）简化的 X. 25 协议，时延短、速率高。

5）数据以帧的形式传送，帧长度可变。

4.2.5 ATM 交换

在 ATM 技术产生之前，各类传统通信只能用于特定服务，如公用电话网不能用来传送 TV 信号，X. 25 不能用来传送高带宽的图像和对实时性要求较高的语音信号，一种网络的资源很难被其他网络所共享。随着通信业务的发展，用户对传送高质量图像和高速数据的要求越来越高，异步转移模式（Asynchronous Transfer Mode，ATM）由此产生。

ATM 技术以信元为信息传输、复接和交换的基本单位。它可以看作一种特殊的分组传输方式，建立在异步时分复用的基础上，使用不连续的数据块进行数据传输，并允许在单个物理接口上复用多条逻辑连接。

1. ATM 信元

根据统计，电话业务、数据业务、移动业务等对信元的最佳长度要求是不同的。ATM 所面临的挑战是建立一种物理网络，包容所有先前的网络功能和服务，还要能适应未来服务需求的改变而免遭淘汰。就像建造房屋那样，ATM 要有可以建造任何网络的网上砖瓦，这种砖瓦就是 ATM 的信元。

ATM 技术将数字化语音、数据及图像等所有的数字信息分割成固定长度的数据块，在每个数据块前加上一个包含地址等控制信息的信元头，从而构成一个信元（Cell），实际上它是固定长度的分组。每个信元包含 5 字节的信元头和 48 字节的信息段，即以 53 字节的等长信元为传输单位。

来自不同信息源（不同业务和不同发源地）的信元汇集到一起，在一个缓冲器内排队，队列中的信元逐个输出到传输线路，在传输线路上形成首尾相接的信元流。信元头中含有信息的标志（如图 4-10 中的 A 和 B），说明该信元去往的地址，网络根据信元头中的标志来转移信元。

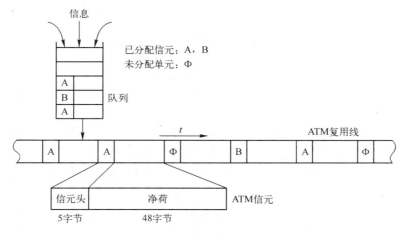

图 4-10　ATM 信元的异步转移方式

如果在某个时刻队列排空了，线路上就会出现未分配的信元（信元头中含有标志的信元）；如果在某个时刻传输线路上找不到可以传送信元的机会（信元都已排满），而队列已经充满缓冲区，后面来的信元就会丢失，从而导致业务质量的降低。

信息源产生信息是随机的，信元到达队列也是随机的，因此速率高的业务信元会十分频繁、集中，速率低的业务信元则很分散。这些信元都按先后顺序在队列中排队。队列中的信元按输出次序复用到传输线路上，具有同样标志的信元在传输线路上并不对应着某个固定的时间（时隙），也不是按周期出现的。

也就是说，信息和它在时域中的位置之间没有任何关系，信息只是按信元头中的标志来区分，这种复用方式是异步时分复用（Asynchronous Time Division Multiplex），又叫统计时分复用。

ATM 技术采用的是 ATM 交换方式，它既能像电路交换方式那样适用于电话业务，又能像分组交换方式那样适用于数据业务，并且还能适用于其他业务。ATM 的目标是要提供一种高速、低延迟的多路复用和交换网络，以支持用户所需进行的多种类型的业务传输，如声音、图像、视频、数据等。

2. ATM 的虚电路

ATM 方式的优点是可以灵活地在逻辑上将用户线路分割成速率不同的各个子信道，以适应不同的通信要求。这些子信道就是虚路径和虚通道。

（1）虚通道（Virtual Channel，VC）

虚通道是在两个或多个端点之间运送 ATM 信元的通信通路，由信元头中的虚信道标识符（VCI）来区分不同的虚通道。它可用于用户与用户、用户与网络以及网络与网络之间的信息传输。虚通道是一条单向 ATM 信元传输信道，有唯一的标识符。

（2）虚路径（Virtual Path，VP）

虚路径是一种链路端点之间虚信道的逻辑联系，在传输过程中将虚通道组合在一起构成虚路径。物理传输媒质和虚通道、虚路径的关系如图 4-11 所示。虚路径就是在给定的参考点上具有同一虚路径标识符的一组虚通道，虚路径标识符也在信元头中传送。虚路径是指一条单向

ATM 信元传输路径，含多条虚通道，有相同的虚路径标识符。

图 4-11 物理传输媒介和虚通道、虚路径的关系

在物理传输媒质中可开辟多个虚路径，每条虚路径分成多个虚通道，根据需要调整通道数，满足用户需求。ATM 面向连接的技术是通过建立虚电路进行数据传输。

在不同的时刻，用户的通信要求不同，虚路径和虚通道的使用也不同。当需要某一个虚电路时，ATM 交换机就可为该虚电路选择一个空闲的虚路径标识符和虚通道标识符，在通信过程中，这两个标识符始终表示该通信在进行，当虚电路使用完毕后，这两个标识符释放，就可以为其他通信所用了。这种通信过程就称为建立虚路径、虚通道和拆除虚路径、虚通道。

3. ATM 交换原理

ATM 交换分为虚路径交换和虚通道交换。对于交换型业务而言，虚通道在虚路径上进行集中，虚路径通过虚路径交换机和虚通道交换机进行交换。ATM 虚电路交换如图 4-12 所示。

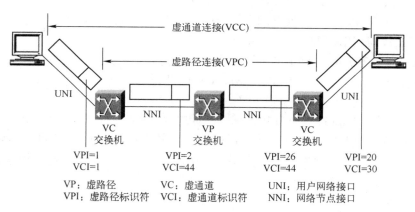

图 4-12 ATM 虚电路交换

1）虚路径交换是将一条虚路径上所有的虚通道链全部传送到另一条虚路径上去，而这些虚通道链的标识符都不改变，如图 4-13a 所示。VP 交换的实现比较简单，往往只是传输通道中某个等级数字复用线的交叉连接。

2）虚通道交换要和虚路径交换同时进行。当一条虚通道交换终止时，虚路径交换也就终止了，这个虚路径交换上的虚通道链可以各奔东西，加入不同方向的新的虚路径交换中去，如图 4-13b 所示。虚通道交换和虚路径交换合在一起才是真正的 ATM 交换。

ATM 是一种面向连接的网络技术，其特点是携带用户信息的全部信元的传输、复用、交换过程均在虚信道上进行。

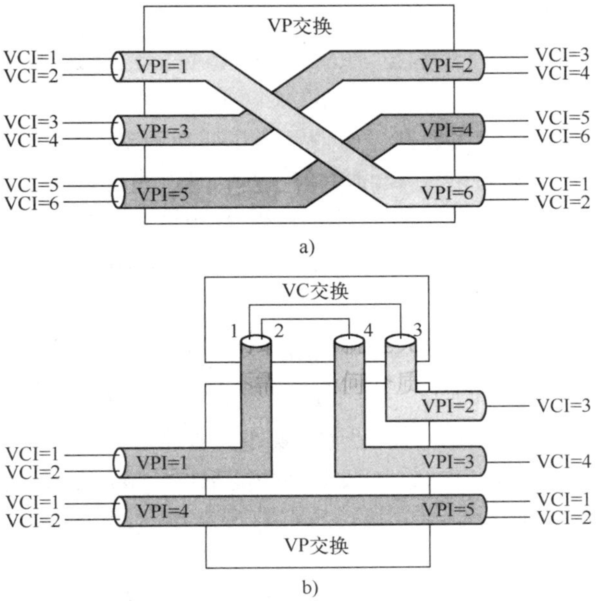

图 4-13　VP 和 VC 交换示意

a）VP 交换　b）VC 交换

4.2.6　IP 交换

1. IP 交换的基本概念

随着网络规模及多媒体业务需求的增长，要求互联网具有实时性、可扩展性和保证服务质量的能力。基于 IP 的网络已不堪重负，路由器日趋复杂，仍无法满足通信优先级的要求，IP 也无法应付呈指数增长的用户数以及多媒体通信对带宽的需求。因此，许多网络设备厂商致力于将 IP 的路由能力与 ATM 的交换能力结合到一起，使 IP 网络获得 ATM 性能上的优势，也可克服传统的 IP 网络关键部件路由器包转发速率太慢的问题，即在 ATM 网络上运行 IP。

IP 交换的核心思想就是对用户业务流进行分类：对持续时间长、业务量大、实时性要求较高的业务数据流直接进行交换传输，用 ATM 虚电路来传输；对持续时间短、业务量小、突发性强的业务数据流，使用传统的分组存储转发方式进行传输。

为了满足互联网规模快速增长和对实时多媒体业务的需求，需要将网络交换机（L2 层）的速度和路由器（L3 层）的灵活性结合起来，这就是 IP 交换，也称为第三层交换。IP 交换以及分类服务的保证，便于在 IP 网这种无连接的网络上提供端到端的连接，并能确保业务所需的 QoS。采用 IP 交换的设备可以使网络带宽达到 Tbit/s 级。

IP 交换机要检查数据链路层的信元头，以便在连接的两点之间建立一条路径，所有属于该路径的分组都由此发出。采用了交换方式后，可以专门分出一定量的带宽来处理诸如多媒体应用和视频会议之类的通信。

2. IP 交换的关键技术

IP 交换的基本思想是避免网络层转发的瓶颈，进行高速链路层交换。IP 交换问题可以认为是地址转换问题，其关键任务是将 IP 子网地址与链路层地址相结合，这样就可以通过短标志（如 ATM 中的 VPI/VCI）与交换系统相连进行转发。

IP 交换采用直接路由技术，即通路中第一个节点选择路径，该通路子序列的交换采用第一次交换所选的路径。IP 交换只对数据流的第一个数据包进行路由地址处理，按路由转发，随后按已经计算的路由直接传送，例如，在 ATM 网上建立虚通道，以后的数据包沿虚通道直接传送，不再经过路由器，从而将数据包的转发速度提高到第二层交换的速度。

IP 交换将资源信息加入路由协议中，各虚通道根据对资源的请求和网络中的可用资源进行路由选择。由于采用直接路由，提高了对 QoS 路由和带宽管理的可选择性，使得大的互联网服务提供商（ISP）和骨干网无须中断就可以灵活地转换路由计算。

3. IP 交换机的构成和特点

IP 交换机基本上是一个附有交换硬件的路由器，它能够在交换硬件中高速缓存路由策略。如图 4-14 所示，IP 交换机由 ATM 交换机和 IP 交换控制器组成。

由于 IP 交换机是在网络层中引入了交换的概念，因此它的最大特点就是引入了流（Flow）的概念。所谓流，就是一连串可以通过复杂选路功能采用相同方法处理的分组包，例如，流可以是从一点（单向或多向发送）发出并通过具有 QoS 功能的端口转发的一连串分组。

图 4-14 所示的交换机结构中，ATM 交换机硬件保留原状，ATM 信令适配的控制软件被标准的 IP 路由软件代替，并且采用一个流分类器来决定是否要交换一个流以及用一个驱动器来控制交换硬件。

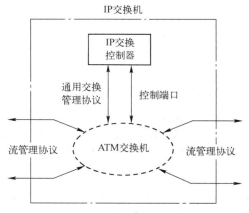

图 4-14　IP 交换机的构成

IP 交换机工作时首先就是将流进行分类，以便选择哪些流可以在 ATM 交换机上直接交换，哪些流需要通过路由器一个个地分组转发。显然，那些包括众多业务量的长流应尽可能地直接交换。无论长流还是短流，在到达 ATM 交换机时都需要贴上虚通道标志符的标签，以便识别虚通道，流上的每个分组经过 IP 交换机交换时都必须有此标签。IP 交换机在进行转发处理时，流标签只需要在 IP 交换网络中处理一次，而传统的路由器网络则需要在每个主机上都处理一次，这样就可大大提高网络传送速率，减少网络成本。

采用 IP 交换技术将交换机的速度和路由器的可扩展性融合在一起，是解决 Internet 网络规模和性能问题的关键技术。IP 交换技术大大推动了 Internet 的发展，受到通信界的重视。

4.2.7　MPLS

传统的 IP 数据转发是基于逐跳式的，每个转发数据的路由器都要根据 IP 包头的目的地址查找路由表来获得下一跳的出口，这种方式烦琐而低效，为了提高 IP 数据交换的效率，有人提出了多协议标签交换（Multi-Protocol Label Switch，MPLS）。

MPLS 技术是 IP 交换的一种。互联网工程任务组（IETF）结合了一些 IP 交换技术的特点，主要以标记包交换为基础成立了 MPLS 工作组，提出了网络层路由标记交换算法技术的标准。MPLS 可以充分利用目前 ATM 网络的各种资源，实现 IP 分组的快速转发交换。MPLS 已成为 IP 网络运营商提供增值业务的主要手段。

1. MPLS 网络的组成原理

（1）路由和交换概念

MPLS 网络由作为核心部分的标签交换路由器（Label Switched Router，LSR）和作为接入部分的标签边缘路由器（Label Edge Router，LER）组成。MPLS 技术的基本思想是在三层协议分组（如 IP 分组）前加上一个携带了标签的 MPLS 分组头，典型的 LSR 是运行了 MPLS 软件的路由器。在每台 LSR 上，MPLS 分组按照标签交换的方式被转发，而不是像传统的路由器那样，采用最长前缀匹配的方式转发分组。

在 MPLS 骨干网络边缘，LER 对进来的无标签分组（正常情况下）按其 IP 分组头端进行归类划分及转发判决，这样 IP 分组在 LER 上被打上相应的标签，并被传送至目的地址的下一跳。在后续的交换过程中，由 LER 产生的固定长度标签替代 IP 分组头端，大大简化了以后的节点处理操作。一般情况下，标签的值在每个 LSR 中交换后改变，这就是标签转发。

假如分组从 MPLS 的骨干网络中出来，出口 LER 发现它们的转发方向是一个无标签的接口（即属本地处理），就简单地移除分组中的标签。这种标签转发方式对于多种交换类型只需要唯一一种转发算法，因此可以用硬件来实现较高的转发速度。

（2）标签交换转发及控制

标签与分组的绑定有若干种方式。对一些网络可以将标签嵌入链路层的头端，也可以嵌入数据链路头端和数据链路协议数据单元之间（如位于第二层头端与第三层数据之间），称为"垫层"（Shim）。

在采用 ATM 的情况下，MPLS 分组的封装方式被称为"信元模式"，一般利用 ATM 信元头定义中的两个域 VPI 和 VCI 来携带 MPLS 标签。

在常见的以太网（Ethernet）和点对点协议（PPP）下，MPLS 分组一般采用称为"帧模式"的封装方式，此时 MPLS 分组需要在 L2 协议头和 L3 协议头中间加一个"垫层"，用来携带一些 MPLS 协议需要的控制信息。

在利用 MPLS 技术进行分组转发之前，先要运行一个标签分配协议（LDP）来确定转发等价类（Forwarding Equivalence Class，FEC）和 MPLS 标签的映射关系，进行标签的分配，建立标签交换路径（Label Switched Path，LSP）。

当数据包进入 LER 时，LER 先进行数据包头的分析，根据一定的规则和协议决定相应的传送级别和传送路径。根据 QoS 要求，决定给数据包加上一个本地标签交换路径标志符后，将数据包沿标签所标志的路径传送给相应的 LSR。后续的 LSR 节点只需沿着由标签所确定的 LSP 转发数据包即可，无须再做其他工作，从而显著提高网络性能。

2. MPLS 的标签交换过程

图 4-15 展示了一个从 A 发往 B 的 IP 分组在 MPLS 网络中是如何被转发的。

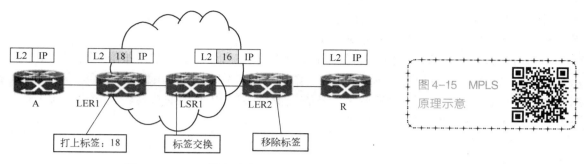

图 4-15　MPLS 原理示意

首先收到该 IP 分组的是 LERl，它对该 IP 分组的目的 IP 地址和前缀进行分类分析，将其匹配到某一 FEC，而根据标签分配协议协商的结果，属于该 FEC 的分组应该打上标签 18，并且通过 LERl 和 LSR1 相连的接口转发出去，于是该分组进行相应 MPLS 封装后被转发给了 LSR1。LSR1 收到的是一个 MPLS 分组，于是查看标签分配协议所建立的 MPLS 转发表，发现入标签 18 的 MPLS 分组对应的出标签是 16，并应该通过 LSR1 和 LER2 相连的接口进行转发。因此，LSR1 并不会将该分组交给自己的 IP 实体，而是在进行标签交换后将该分组转发给了 LER2。LER2 收到分组后通过查找自己的 MPLS 转发表，发现入标签为 16 的分组应该递交给自己，于是它将该分组的 MPLS 分组头移除，再将剩下的 IP 分组交给 IP 实体处理。

3. MPLS 的特点

1）MPLS 交换与传统 IP 路由不同，它是基于一种显式的路由交换，是源地址路由方式。MPLS 中使用的标签没有固定的格式，随着下层媒体的变化而变化。

2）MPLS 的路由控制是基于网络拓扑实现的，只有当整个网络拓扑发生变化时，MPLS 的路由转发表才会发生变化，而且不随网络中某个应用服务、某台工作站的变化而变化，其变化频率相对较低。

4.3　基础数据网

不同业务需求的变化及通信技术的发展使得数据通信经过了多个发展阶段。在 20 世纪 60 年代初，数据通信是在模拟网络环境下进行的，那时人们采用专线或用户电报进行异步低速数据通信。20 世纪 70 年代初，计算机网络技术和分布处理技术的进步及用户需求量的增加，推动了数据通信网络技术的发展，采用分组交换技术组建的数据通信网应用渐趋普及，提高了网络效率及线路利用率，具有传输速率高、传输质量好、接续速度快及可靠性高等优点，成为当时计算机通信广泛采用的网络技术。

到 20 世纪 70 年代末期，随着光纤技术应用的普及，一种利用数字通道提供半永久性连接电路的数字数据网络（DDN）出现，它具有安全性强、使用方便、可靠性高等优点，适合相对固定且信息量大的数据通信服务。

进入 20 世纪 80 年代，微型计算机、智能终端、个人计算机（PC）等的广泛采用，使局部范围内（办公大楼或校园等）计算机和终端的资源实现共享和相互通信，使得局域网（LAN）及其相关技术迅速发展。20 世纪 80 年代末，一种采用单一网络结构满足各类业务需求的概念，即综合业务数字网（ISDN）出现。它可将数据、语音、图像、传真等综合业务集中在同一网络中实现，以解决多种网络并存的局面。

20 世纪 90 年代，全球范围内局域网数量猛增，它们在广域网环境中互连，在高质量光纤传输及智能化终端条件下使网络技术得以简化，出现了帧中继（FR）这一快速分组交换技术。它具有速率高、吞吐能力强、时延短、能适应突发性业务等优点，在世界范围内受到广泛重视。后来又出现了 ATM 技术，使数据通信网适于多媒体通信，进一步提高了数据传输能力。20 世纪 90 年代，Internet 进入崭新发展时期，使数据通信网进入 IP 化的新阶段。

除目前主要采用的 ATM 网和 IP 数据网之外，我国在数据网络发展早期经历了中国公用分组交换数据网（CHINAPAC）、中国公用数字数据网（CHINADDN）、中国公用帧中继网（CHINAFRN）等多个基础数据网络的发展阶段。

4.3.1 分组交换数据网

分组交换数据网是为适应计算机通信而发展起来的，它构建在 CCITT X.25 基础上，可以满足不同速率、不同型号（不同厂家生产）的终端间以及局域网间的通信，实现信息资源共享。分组交换数据网络技术起源于 20 世纪 60 年代末，技术成熟、规程完备，在世界各国得到广泛应用。

1989 年，我国建成了第一个公用分组实验网 CNPAC，1993 年建成了具有层次结构的 CHINAPAC。CHINAPAC 骨干网于 1993 年 9 月正式开通业务，它是我国建立的第一个公用数据通信网络。骨干网建网初期端口容量有 5800 个，网络覆盖大部分省会城市和直辖市，随后各省相继建立了省内的分组交换数据通信网。该网业务发展速度迅猛，为满足日益增长的社会需求，原邮电部门对网络进行了多次扩容改造。CHINAPAC 与 23 个国家和地区的多个数据网相连，它曾在我国数据通信网中起着举足轻重的作用。

分组交换网是数据通信的基础网，利用其网络平台可以开发各种增值业务，如电子邮箱业务、电子数据交换、可视图文、传真存储转发和数据库检索等。

4.3.2 数字数据网

数字数据网（DDN）是一种半永久性连接电路的公共数据网，用户数据在传输率、到达地点等方面根据事先的约定进行传输而不能自行改变，它是面向所有专线或专网用户的基础电信网。

早期，DDN 线路主要应用于较大的公司及企事业单位：集团用户经常通过租用专线（如 DDN 线路）的方法来实现与国际互联网高速、稳定的连接；大中型集团用户的接入技术主要有拨号电话线和公用数据网的数据专线两种。当时的 DDN 主要适用于业务量较大、使用频繁、传输质量要求高和速度快的企事业单位，如银行、证券公司等。

CHINADDN 是利用数字传输通道（光纤、数字微波、卫星）和数字交叉复用节点组成的数字数据传输网，可以为用户提供各种速率的高质量数字专用电路和其他新业务。CHINADDN 骨干网于 1994 年 9 月开通业务，1995 年进行了二期扩容，各省市纷纷建立本地网。CHINADDN 为分组交换网、计算机互联网、传真存储转发网、多媒体通信网等提供了中继和接入电路，开通了数字数据专线业务、会议电视和局域网互联等业务。CHINADDN 骨干网和一些省网配备了帧中继模块，可以开通帧中继业务，各省的 DDN 可以作为 CHINAFRN 的接入网。

4.3.3　帧中继网

1997 年初，中国电信总局开始建设 CHINAFRN 的第一期工程，首先在多数省、直辖市引进了帧中继交换机和 ATM 交换机设备，采用 ATM 信元交换与帧中继交换。它标志着我国数据通信从低、中速网向高速、多业务网发展。CHINAFRN 可为高速数据用户（如局域网互联）提供高速中继传输，同时开放宽带多媒体通信业务，如远程医疗诊断、远程教学、视像点播（VOD）等。CHINAFRN 主要向用户提供永久虚电路连接（PVC），一个端口支持多条 PVC，能和不同区域的用户进行多点通信，能和不同入网速率的用户进行通信，带宽按需分配，特别适合局域网之间的互联。

帧中继网是在 X. 25 基础上发展起来的。它简化了差错控制、流量控制和路由选择功能，着眼于数据的快速传输以提高网络的吞吐量，为原 X. 25 用户提供性能更高、范围更广的业务。帧中继也可基于 DDN 等平台实现。

4.3.4　ATM 宽带网

中国公用多媒体 ATM 宽带网（CHINAATM）是以 ATM 技术为基础、向社会提供超高速综合信息传送服务的全国性网络。ATM 是一种采用统计时分复用技术"面向分组"的传送模式。在 ATM 中，信息流被组织成固定尺寸的块（称为"信元"）进行传送，信元长度为 53 字节。信元的传送是"面向连接"的，只有在已经建立好的虚连接（虚电路）上才能接收和发送。

ATM 宽带网有超高速的通信能力。ATM 交换机采用硬件交换，是区分传统 IP 网和分组交换网的重要特点。由于采用了定长的信元作为交换单元，使得硬件高速交换得以实现。目前 ATM 技术提供给用户可选择的通信速率范围从数百千比特/秒到高达 2.5 千兆比特/秒，并且正在随着技术进步而发展。

4.4　局域网

局域网是一个数据传输系统，它允许在有限地理范围内的许多独立设备之间直接进行通信，适用于诸如办公楼、仓库或校园等有限的地理范围，数据传输速率比通过电话网连接国际互联网高得多。局域网有以太网、令牌总线、令牌环网、光纤分布式数据接口（FDDI）4 种体系。以太网、令牌总线和令牌环网都是 IEEE 标准，光纤分布式数据接口则是 ANSI 标准。局域网常用的拓扑结构有星状网、网状网、复合网等，网络采取何种拓扑结构的关键在于如何仲裁其中多个节点对多条链路的使用权。

4.4.1　局域网的体系结构

在局域网的体系结构中，物理层即物理连接是必不可少的，也需要数据链路层处理和控制局域网传送的数据帧。从网络层所完成的功能来看，首先是路由选择，而局域网上任何两点都可以通过广播相互访问，至于寻址、排序、流量控制等其他功能，数据链路层就可以实现。因此，网络层的功能对于局域网是多余的。从局域网所连接的设备来看，网络层有存在的必要。一所大学内的几个学院各自连成局域网，有学院希望通过交换机等中转设备连接一个网络，那么如何定义和区分这几个不同的学院局域网？从某个设备节点的视角，它连接到可以与多个节点进行通信的网络，与之直接相连的是中转节点，通过这个中转节点，希望将数据信息发送到不同学院的不同节点，似乎需要网络层的功能。解决上述问题需要大量深入的研究，所幸的是有可以参照、借鉴的技术。

局域网有两个重要的特征：第一，它用带地址的数据帧来传送数据，局域网中的多个节点共享信道资源；第二，局域网是在有限范围运行的，一般可以有多个中转节点，在环形局域网中使用转发器，在基带局域网也可以使用中继器或桥接器，使得几个局域网合并在一起，成为一个局域网。原先的学院网络如果独立使用中转节点连接，可称为一个局域网中的不同网段。作为分隔不同网段的中转节点不包含路由选择功能，可以实现节点之间的数据传输。通过上述的局域网特性，虽然网络系统提供了物理层至网络层的三层数据信息通信服务，但是局域网工作在 OSI 的物理层和数据链路层，允许在 OSI 的两个层上实现这些服务。局域网体系结构的描述由 IEEE 802 委员会制定。

4.4.2　总线以太网与 IEEE 802.3 标准系列

IEEE 是电气和电子工程师协会（Institute of Electrical and Electronics Engineers）的简称，1980 年 2 月建立 802 项目组，为局域网研制了一套标准，使来自不同生产厂商的设备能够相互通信。IEEE 和 ISO 紧密合作，使得 IEEE 标准纳入 OSI 模型。IEEE 802 标准已被 ANSI（美国国家标准学会）接收为美国国家标准，被 NBS（美国国家标准局）接收为政府标准，并且被 ISO 定为国际标准（ISO 称之为 802）。同时，美国国家标准学会（American National Standard Institute，ANSI）X3T9.5 委员会也开发了局域网标准的 FDDI 标准。该项目规范了物理层、数据链路层以及一部分网络层的功能，使其能够处理局域网主要协议之间的互联。

IEEE 802.3 所支持的局域网标准是使用带碰撞检测的载波侦听多路访问（CSMA/CD）技术的总线型网络。这种技术的原始基带型是由 Xerox 公司开发的，并获得了专利。1981 年，Xerox、DEC 和 Intel 联合推出以太网标准。在此基础上，1985 年，IEEE 802 委员会颁布了802.3 标准。802.3 协议族描述了以太网的相关规范，定义了 CSMA/CD 标准的媒体访问控制MAC 和物理层规范。802.3u 定义 100M 的以太网技术标准，802.3z 定义 1000M 的以太网技术标准，均为 802.3 的扩展部分。

802.3 定义了基带和宽带两个类别，使用数字信号传输的局域网定义为基带局域网。数字信号以脉冲的形式加到链路上，网络媒体的整个频谱用于构成信号，因此不能采用频分多路复用技术。传输是双向的，媒体上任意一点加入的信号沿两个方向传输至端点后被接收。基带系统信号的衰减会引起脉冲模糊和信号减弱，以致无法实现更大距离上的通信。

在局域网范围内，宽带指的是采用模拟信号技术，可以采用频分多路复用技术，即把电缆的频谱分成多个信道或频段。这些信道可以分别支持数据通信、TV 或无线电信号等。宽带则可以传播较长的距离。宽带同基带一样，系统中的站通过接头接入电缆。然而与基带不同，宽带本质上是一种单方向的网络媒体，加到媒体上的信号只能沿一个方向传播。

IEEE 将基带类继续划分为多个不同的标准，诸如 10BASE5、10BASE2、10BASE-T、1BASE5、10BASE-T、100BASE-T 等。这些标准的开头数字 10 等指明了以 Mbit/s 为单位的数据传输速率；最后的数字或字母（5、2 或 T）指明了最大电缆长度或电缆的类别。IEEE 只定义了一个宽带类规范 10BROAD36，同样，第一个数字（10）表明数据传输速率，最后的数字表明最大电缆长度。然而，最大电缆长度的限制可以通过使用重发器、网桥等网络设备加以改变。

4.4.3　交换式以太网

交换式以太网是一种以交换式集线器或交换机为主要构成的一种星形拓扑结构网络。简单来说，就是以交换机为核心设备所建立起来的一种高速网络，这种网络近年来运用非常广泛。

交换式以太网技术的优点如下。

1）不需要改变网络其他硬件，包括电缆和用户的网卡，仅需要用交换式交换机改变共享式 HUB，节省网络升级的费用。

2）可在高速与低速网络间转换，实现不同网络的协同。大多数交换式以太网都具有 100 Mbit/s 的端口，通过与之相对应的 100 Mbit/s 网卡接入到服务器上，暂时解决了 10 Mbit/s 的瓶颈，成为网络局域网升级时首选的方案。

3）同时提供多个通道，比传统的共享式集线器提供更多的带宽。传统的共享式 10 Mbit/s/100 Mbit/s 以太网采用广播式通信方式，每次只能在一对用户间进行通信，如果发生碰撞还要重试，而交换式以太网允许在不同用户间进行通信，比如，一个 16 端口的以太网交换机允许 16 个站点在 8 条链路间通信。

4.4.4　无线局域网与 IEEE 802.11 标准系列

无线局域网（Wireless Local Area Network，WLAN）就是在互联的各主机及设备之间，不使用通信电缆或光缆等有线方式，而是采用无线通信方式。在无线网络中各节点之间的无线通信可以通过两种方式来实现，常用的方式类似于调幅或调频无线广播系统，当然具体采用的调制技术会不同。另一种方式是使用光来通信，类似于红外遥控器系统。目前无线局域网大都采用无线广播技术。

1990 年，IEEE 802 决定成立一个新的工作组 IEEE 802.11 来专门从事无线网的研究，由其开发一个 MAC 协议和物理媒体标准。802.11 工作组考虑了两种 MAC 算法：一种是分布式访问控制，就像以太网那样用载波侦听的方法把媒体方向的控制分布到每个站点；另一种是集中式访问控制，由一个中央的决策者来协调对媒体的访问。分布式访问控制对于那些有突发通信的无线网是有吸引力的，集中式访问控制则适用于几个无线站点的互联以及同有线主干网的连接，对于时间敏感或拥有高优先级的数据处理应用就更重要了。

802.11 称为分布式基础无线网介质访问控制 DFWMAC 协议，它提供了分布式访问控制机制，有一个在此基础之上的集中式控制选项，即 IEEE 802.11 协议结构。802.11 MAC 层的底层是分布式协调功能（DCF），使用一个多路访问算法竞争使用共享通道。普通的异步通信直接使用 DCF，点协调功能（PCF）是集中式 MAC 算法，用以提供无竞争的服务。PCF 建立在 DCF 的顶部，利用 DCF 的功能保证其用户对网络的访问。

IEEE 最初制定的一个无线局域网标准主要用于解决办公室局域网和校园网中用户与用户终端的无线接入，业务主要限于数据存取，速率最高只能达到 2 Mbit/s。它在速率和传输距离上都不能满足人们的需要，因此，IEEE 小组又相继推出了 802.11 系列标准。常用的标准如下。

- IEEE 802.11a：1999 年，物理层补充（54 Mbit/s，工作在 5 GHz）。
- IEEE 802.11b：1999 年，物理层补充（11 Mbit/s，工作在 2.4 GHz）。
- IEEE 802.11g：2003 年，物理层补充（54 Mbit/s，工作在 2.4 GHz）。
- IEEE 802.11n：2008 年上半年正式通过，传输速率由目前 802.11a 及 802.11g 提供的

54 Mbit/s、108 Mbit/s，提高到 300 Mbit/s 甚至 600 Mbit/s。

4.5　Internet

Internet 一词来源于英文 Interconnect networks，即"互联网"或"因特网"。20 世纪 60 年代，美国国防部所属的高级研究规划署（ARPA）开始致力于计算机网络和通信技术的研究。他们设计了一套用于网络互联的协议软件（TCP/IP），并建立了实验性军用计算机网络 ARPA-NET。ARPANET 的成功使很多机构都希望连入 ARPANET，但 ARPANET 是一个军用网络，因此无法满足他们的要求。

美国国家科学基金会认识到 Internet 的发展对社会的推动作用。于 1986 年建立了 NSFNET 主干网，从此 Internet 在美国迅速发展并获得巨大成功。之后连入 Internet 的用户飞速增长，形成了一个全世界范围的庞大网络。

20 世纪 90 年代，我国在公用电话网普及的基础上相继建立了 CHINAPAC、CHINADDN 和 CHINAFRN 等。以这些公用物理通信链路为基础，先后建成几大互联网络：CHINANET（中国公用计算机互联网）、CHINAGBN（中国金桥信息网）、CERNET（中国教育和科研计算机网）、CSTNET（中国科技网）、UNINET（中国联通通信网）、CNCNET（中国网络通信网）、CMNET（中国移动通信网）。其中，CERNET 和 CSTNET 是为科研、教育服务的非营利性 Internet，而 CHINANET 和 CHINAGBN 是为社会提供服务的经营性 Internet。

4.5.1　Internet 的体系结构

1. 因特网组织

因特网技术标准化、控制 TCP/IP 协议簇、定制新的标准以及其他类似的事项和技术，是由以下 4 个非营利性国际团体监督、协调及演化的。

1）因特网协会（Internet Society，ISOC）：为因特网的发展创造合法环境，通过维护并推进全局网络运行所必需的管理机制而负责国际活动的全局合作和协商。

2）因特网体系结构委员会（Internet Architecture Board，IAB）：这是因特网协会的技术咨询组，它的章程由 RFC1601 给出，负责因特网的长远规划、因特网标准的最终质量及 RFC 文档的编辑管理和发布。

3）因特网研究部（Internet Research Task Force，IRTF）：关注于长期研究项目，以便增加对网络、互联网和协议技术的理解；IRTF 归属于 IAB。

4）因特网工程部（Internet Engineering Task Force，IETF）：负责短期研究活动，开发最终成为因特网标准的规范。

2. 因特网协议

传输控制协议/互联网络协议（Transmission Control Protocol/Internet Protocol，TCP/IP），是因特网协议组的核心协议簇，是一组不同层次上的多个协议的组合。网络协议通常分不同层次进行开发，每一层分别负责不同的通信功能。协议向应用层隐蔽了为形成互联网而连接子网的数目、类型和布局，所提供的服务是端到端、不可靠和面向数据报的，并且引入了新的编址方式，使用 IP 的标识地址管理网络中的通信设备。

为了寻址，因特网中每个系统对于其物理连接的每个子网至少需要一个 IP 地址。因特网中设置了连接两个或多个子网并完成在子网间转发 IP 数据报的中继功能的系统，常用的设备就是路由器。IP 地址仅在因特网作用域内有效，由 IP 传送的每个数据报用其源 IP 地址和目的 IP 地址明确标识。IP 地址也可在内部网络或者私有网内部分配和使用。

互联网上的每个接口必须有一个唯一的 IP 地址，因此必须要有一个管理机构为接入互联网的网络分配 IP 地址。这个管理机构就是互联网络信息中心（Internet Network Information Centre），称作 InterNIC。InterNIC 只分配网络号，主机号的分配由系统管理员来负责。我国的 IP 地址和 DNS 域名管理由中国互联网络中心 http://www.cnnic.cn/负责。

3. TCP/IP 体系结构

在 20 世纪 60 年代后期，为了使计算机能够通过广域网对 ARPANET 进行普遍访问，人们开发出一种称为 NCP（网络控制协议）的网络协议，不同类型的 DEC 和 IBM 计算机可以通过该协议连接起来进行网络通信，并且可以在地理上分散的主机上通过网络运行应用程序。为了改进 NCP 的不足，人们组合了 TCP 和 IP。

TCP 是为同一个网络上的计算机之间进行点到点通信而设计的，而 IP 是为在不同网络或者广域网上计算机之间能够相互通信而设计的。在用于 DEC 的虚拟存储系统（VMS）和 IBM 的多重虚拟存储系统（MVS）这两个操作系统后不久，该协议又被集成到了广泛流行的 Berkeley UNIX 操作系统中，后来被广泛使用在全世界的网络上。通过 TCP/IP，成千上万个公共网络和商业网络连接到了 Internet 上。

TCP/IP 是先于 OSI 模型开发的，故并不符合 OSI/RM 标准。当今的 TCP/IP 已成为一个完整的协议簇，除了作为传输控制协议的 TCP 和网际协议 IP 之外，还包括多种其他协议。OSI 模型和 TCP/IP 模型的体系结构如图 4-16 所示。

TCP/IP 也是一种分层协议，这一点与 OSI 协议有些类似，但是并不完全相同。TCP/IP 协议簇中的核心协议有传输控制协议（TCP）、用户数据报协议（UDP）和网际协议（IP），支撑因特网的互联与通信。并且 TCP/IP 通过应用协议为高层用户提供丰富的网络应用服务，诸如文件传输协议（FTP）、远程登录协议（TELNET）、简单邮件传输协议（SMTP）、域名服务（DNS）、简单网络管理协议（SNMP）和远程网络监测（RMON）等。

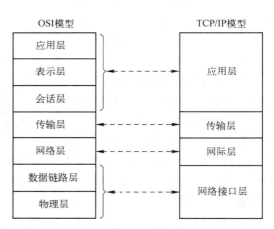

图 4-16　OSI 模型与 TCP/IP 模型的体系结构

4.5.2　Internet 的地址和域名

1. IP 地址

一个 IP 地址由 32 位二进制数组成，通常为 4 段，段与段之间以小数点分隔，每段 8 位（1 字节），通信时要用 IP 地址来指定目的地址。例如：11000000. 10101000. 00100010. 00010101。

为了便于表达和识别，IP 地址常以十进制数来表示。因为 1 字节所能表示的最大十进制数是 255，所以每段整数的范围是 0~255，上面用二进制表示的 IP 地址可用十进制表示为 192. 168. 10. 21。

IP 地址包括网络部分和主机部分，网络部分指出 IP 地址所属的网络，主机部分指出这台计算机在网络中的位置。这种结构在 Internet 上很容易进行寻址：先按照 IP 地址中的网络号找到网络，然后在该网络中按主机号找到主机。

IP 地址可分为 5 类：A 类地址、B 类地址、C 类地址、D 类地址和 E 类地址。

（1）A 类地址

A 类地址被分配给主要的服务提供商。IP 地址的前 8 位二进制数代表网络部分，取值范围为 00000000～01111111（十进制数 0～127），后 24 位代表主机部分。例如，61.111.10.3 属于 A 类地址。

（2）B 类地址

B 类地址分配给拥有大型网络的机构。IP 地址的前 16 位二进制数代表网络部分，其中前 8 位二进制数的取值范围为 10000000～10111111（十进制数 128～191）；后 16 位代表主机部分。例如，168.133.21.66 属于 B 类地址。

（3）C 类地址

C 类地址分配给小型网络。IP 地址的前 24 位二进制数代表网络部分，其中前 8 位二进制数的取值范围是 11000000～11011111（十进制数 192～223），每个网络中的主机数最多为 254。C 类地址共有 2097152 个。例如，200.118.24.8 属于 C 类地址。

（4）D 类地址

D 类地址是为多路广播保留的。其前 8 位二进制数的取值范围是 11100000～11101111（十进制数 224～239）。

（5）E 类地址

E 类是实验性地址，是保留未用的。其前 8 位二进制数的取值范围是 11110000～11110111（十进制数 240～247）。

2. 域名

由于 IP 地址是由一串数字组成的，不便于记忆，因此 Internet 上设计了一种字符型的主机命名系统（Domain Name System，DNS），也称域名系统。DNS 为主机提供一种层次型命名方案，就像家庭住址用城市、街道、门牌号表示一样。主机或机构有层次结构的名字在 Internet 中称为域名。

DNS 提供主机域名和 IP 地址之间的转换服务。例如，www.baidu.com 就是百度网的域名地址。域名的各部分之间也用“.”隔开。按从右到左的顺序，顶级域名在最右边，代表国家或地区以及机构的种类，最左边的是机器的主机名。域名长度不超过 255 个字符，由字母、数字或下画线组成，以字母开头，字母或数字结尾，英文字母不区分大小写。

4.5.3 网络互联协议

网络接口层对应 OSI 数据链路层和物理层，因此，采用 OSI 两个层次的协议来分析会更加清晰。为适应局域网技术的发展及其层次的丰富多样，TCP/IP 网络接口层细分为逻辑链路层和物理层接口层。逻辑链路层协议适配不同的子网特征，以便为高层提供统一的子网接口，其中存在着一些将 IP 映射为特殊网络类型的适配协议。为了在物理地址与 IP 地址之间进行转换，它采用了 ARP 和 RARP 两个协议。另外，还存在着一个独立于 IP 的专用于串行链路的适配协议，称为点到点协议（Point-to-Point Protocol，PPP）。PPP 是一个链路层协议，在点到点物理链路上双向传送多协议的数据报。

4.5.4 传输层协议

传输层协议通过增加功能来改进端到端的网络服务，诸如差错控制提供了可靠通信，多路分解可同时支持多个应用等传输层常用协议，包括传输控制协议（Transmission Control Protocol，TCP）、用户数据报协议（User Datagram Protocol，UDP）、通用消息事务协议（Versatile Message Transaction Protocol，VMTP）、网络块传送（Network Block Transfer，NETBLT）、多点播送传输协议（Multicast Transport Protocol，MTP）、可靠数据协议（Reliable Data Protocol，RDP）等。

4.5.5 路由协议

网络层是整个体系结构的关键部分，它的功能是使主机可以把分组发往任何网络，并且可能经由不同的物理网络，将分组独立地传向目的地。这些分组到达的顺序和发送的顺序可能不同，因此需要按顺序发送及接收时，高层必须对分组排序。

网络层的功能由一组协议提供，每个协议负责一项特定的工作，实现中继、差错报告、组管理、资源预留或路由选择等功能。包括网际协议（IP）、网际组管理协议（Internet Group Management Protocol，IGMP）、网际控制报文协议（Internet Control Message Protocol，ICMP）、资源预留协议（Resource ReSerVation Protocol，RSVP）、网际数据流协议版本 2（Internet Stream protocol version 2，ST2）、边界网关协议（Border Gateway Protocol，BGP）、开放最短路径优先（Open Shortest Path First，OSPF）协议、路由选择信息协议（Routing Information Protocol，RIP）等。

4.5.6 应用层协议

应用层使用适当的传输协议来支持基本的面向应用服务，包括自举协议（BOOTstrap Protocol，BOOTP）、动态主机配置协议（Dynamic Host Configuration Protocol，DHCP）、文件传送协议（File Transfer Protocol，FTP）、平常文件传送协议（Trivial File Transfer Protocol，TFTP）、远程通信网络（TELecommunications NETwork，TELNET）协议、简单网络管理协议（Simple Network Management Protocol，SNMP）、简单邮件传送协议（Simple Mail Transfer Protocol，SMTP）、域名系统（Domain Name System，DNS）协议等。

4.5.7 IPv6

从 20 世纪 90 年代中期开始，人们对 Internet 的兴趣呈爆炸性增长，IPv4 中 32 位地址段的局限暴露无遗。1990 年，Internet 工程任务组（IETF）就看到了这方面的问题，并且着手研制一个新的 IP 版本。改进的主要目标有：支持数十亿以上的主机地址空间，减少路由选择表的尺寸，简化协议允许路由器更快地处理分组，提供比现有 IP 更好的安全性，关注实时数据服务类型，通过允许指定范围来辅助多投点服务，允许主机移动地理位置而不用改变其 IP 地址，允许协议在未来进一步演变，允许新、旧协议在若干年内共存。

1992 年 6 月，IETF 公开征求对下一代 IP 的建议，1995 年 1 月发表了 RFCI752 "下一代 IP 建议书"，规定了 PDU 格式，突出了下一代 IP 在寻址、路由选择和保障安全等方面采用的方法。这个新一代的 IP 现在已正式称作 IPv6。有一系列的 Internet 文档用于描述 IPv6。虽然 IPv6 与 IPv4 不兼容，但是总的来说，它跟其他的所有 Internet 协议兼容，包括 TCP、UDP、

ICMP、IGMP、OSPF、BGP 和 DNS，只是在少数地方做了必要的修改。IPv6 相当好地满足了预定目标，它对 IPv4 进行了如下修改。

1）将 IP 地址从 32 位增加到 128 位。

2）简化了 IP 分组头，它包含 8 个段。这一改变使得路由器能够更快地处理分组，从而改善吞吐率。

3）通过增加一个作用域字段而改进了多点播送地址。

4）新的任意播送 IP 地址类型用于向组内任何成员发送包，通常是最近的组成员。用可选的扩展头部替代头部中的选项字段。

5）删除头部校验和字段。

6）删除所有分段处理使用的字段，所以仅执行端到端的分段。新的流标号字段可用来标识特定的用户数据流或通信量类型。扩展了对认证、数据一致性和数据保密等安全性的支持。

由于 IPv6 地址拥有 128 位，故采用了一种不同于 IPv4 点分十进制的文本表示法，通常写成 8 组，每组为 4 个十六进制数，通常由 "："分隔，例如 "1080：0000：0000：0000：0008：0800：D22E：6105"。如果几个连续段位的值都是 0，零压缩法可以用来缩减其长度，一组十六进制值 0 可简单压缩成 "：："，例如上述例子压缩为 "1080：：0008：0800：D22E：6105"。需要注意的是，只能简化连续段位的 0，其前后的 0 都要保留，比如 "1080" 中最后的这个 "0" 和 "0008" 前面的 "0" 不能被简化，而且零压缩法在一个地址串中只能出现一次。在 IPv6 格式中表示 IPv4 地址，有 IPv4 映像地址和 IPv4 兼容地址两种内嵌 IPv4 的方式。IPv4 映像地址是最后两个十六进制数，其间的 "·" 可用 IPv4 地址的点分十进制表示替代，例如 "：：FFFF：210.46.97.5"。

4.6　数据业务

数据业务包括数据传输、Internet 接入、互联网数据中心（Internet Data Center，IDC）、呼叫中心、虚拟专网、信息服务等。

4.6.1　IDC 业务

IDC 是数据业务的主要形式。电信运营商提供的基本 IDC 业务可分为资源类、增值类和应用类三大类。资源类业务主要有服务器托管、服务器租用、虚拟主机、机柜租用等；增值类业务主要是域名代注册、集团邮箱申请、存储空间租用及数据备份、容灾备份、网络安全服务、门户网站映像、网站广告、网络游戏、负载均衡等；应用类业务主要是企业网站设计及制作、企业移动办公系统研发、应用系统研发、电子商务等。

IDC 有两个重要特征：在网络中的位置和总的网络带宽容量。它构成了网络基础资源的一部分，就像骨干网、接入网一样，提供了一种高端的数据传输服务和高速接入服务。下面介绍几种主要的 IDC 业务。

（1）IDC 主机托管

拥有服务器的企业或政府单位将自己的主机托管给电信运营商进行管理，无须再建立自己的专门机房和铺设昂贵的通信线路，也无须聘请网络工程师。

IDC 主机托管的主要应用范围是网站发布、虚拟主机和电子商务等。例如网站发布，单位通过托管主机从电信运营商处分配到互联网静态 IP 地址后，即可发布自己的 www 站点，将自己的产品或服务通过互联网广泛宣传。

（2）虚拟主机及虚拟专用服务器

虚拟主机是企业将自己主机的服务资源出租，为其他客户提供虚拟主机服务，使自己成为 ICP 服务提供商。

虚拟专用服务器（VPS）是利用虚拟服务器软件技术在一台物理服务器上分割创建多个相互隔离、相互独立的小服务器，这些小服务器本身都可分配独立公网 IP 地址、独立操作系统、独立空间、独立内存、独立 CPU 资源、独立执行程序和独立系统设置等。它的运行管理与独立服务器完全相同。虚拟专用服务器确保所有资源为用户独享，让用户享受独立主机的服务品质。

（3）电子商务

IDC 是伴随着互联网不断发展的需求而迅速发展起来的，它为互联网内容提供商、企业、媒体和各类网站提供专业化服务器托管、空间租用、网络批发带宽，以及应用服务提供（ASP）、电子商务等业务。

电子商务是指企业在托管主机上建立自己的电子商务系统，通过这个商业平台来为供应商、批发商、经销商和最终用户提供完善的服务。

4.6.2　呼叫中心

通过数据网络，可以为企业提供呼叫中心（Call Center）客户服务，服务形式有企业自建的呼叫中心、租用已有呼叫中心的台席和企业客户服务外包等。

4.6.3　数据网业务服务平台

数据网络及其业务应用平台的迅速发展及成熟，使基于 IP 的数据业务、多媒体业务的提供方式、产生方式和服务方式发生了很大变化。目前电信运营商提供的传统数据业务有主机托管、VPS 主机、VPN、域名注册、虚拟主机、主页发布、国际、国内长途专线接入等功能，但随着人们对数据通信业务需求的个性化发展，这些统一制式的业务已不能满足用户的需要，为此，产生了数据网业务服务平台。

数据网业务服务平台可让用户享受到"快速、自主、定制"开发各类业务系统，自定义 Web 报表、多级数据上报等服务。用户可以根据自己的业务需求、管理思想和工作流程在线定制、维护、打造符合自身的应用系统。

根据不同客户的需求，基于业务服务平台实现不同的应用，如对政府机关、大型企业集团，在信息化建设过程中会产生多个数据库，面对分散的数据很难进行决策分析。此时可以以业务服务平台为数据集成总线，将这些数据库集成起来，方便从中抽取数据，制作各类 Web 报表，以供管理者分析决策，如集团报表平台、实时历史数据查询决策系统等。

总的看来，IP 业务和用户数量的发展速度之快、势头之猛远远超过了其他数据业务，并且随着新技术、新业务的不断涌现，IP 业务还将在未来多年内保持快速、稳定的发展势头。

4.7　电力数据通信网工程案例

本节以某省电力数据通信网的规划与设计为例，详细介绍建设一个电力数据通信网的基本步骤和要点。

4.7.1　背景介绍

随着电力营销、电力市场等业务越来越广泛地开展，信息系统已经融入到了电力企业经营的各个部分，为电力系统正常高效运行提供有力支撑。电力数据通信网是智能电网实现市场化、现代化网络运行管理的基石，也是电网调度自动化和电力控制系统正常运行的重要保证。因此，数据通信网是智能电网的基础，在电网智能化建设过程中起着决定性的作用。

4.7.2　电力数据通信网结构

某省电力综合数据通信网按分层体系设计，分为核心层、骨干层、汇聚层和接入层。其中骨干网包括核心层和骨干层，地区网由骨干节点、汇聚节点及接入节点组成，以千兆以太网路由器组网，采用 IP/MPLS 技术。根据《电力二次系统安全防护规定》，综合业务与调度业务之间需物理隔离，不同安全级别的综合业务需逻辑隔离，因此采用基于 BCP/MPL VPN 的技术，对不同综合业务划分不同的 VPN，在业务接入节点则用虚拟局域网（VLAN）技术实现逻辑隔离。

4.7.3　网络设计要点

（1）网络拓扑

设计地区电力城域网的网络拓扑时，主要考虑以下内容。

1）IP 数据流向。

2）传输链路。

3）节点的地理位置。

4）网络的可靠性和冗余性要求。

（2）路由协议设计

该省电力数据通信网对外呈现为一个统一、独立的自治域，各地市数据网为二级域，该地区网沿用省统一自治域号 64512。在自治域内，采用 I-SIS 协议作为自治系统内部的路由，而对于 MPLS VPN 的路由交换采用 BGP-4 协议，在接入层则采用静态路由协议。该地区网路由域分成 3 个区域，区域内的路由通过 Level-1 或 Level-2 路由器管理，区域间的路由通过 Level-3 路由器管理。路由器由 SYSID 来唯一标识，同一区域路由器的区域 ID 相同。为减少路由上的不必要开销，保证路由表的稳定，在各区域边界路由器（ARB）上进行路由汇总。

（3）IP 地址规划

主要对地区城域网中路由设备回环、城域网链路互连、交换机网管、VPN 业务等的 IP 地址进行规划。目前，该省电力数据通信网的 IP 地址选用 RFC1597 文档私有 A 类 IP 地址中的一个 B 类地址空间，并做 IP 地址保存。根据唯一性、连续性、可扩展性及灵活性等原则，对 IP 地址做出详细规划。每个地区分配的 IP 地址空间是 40 个 C 类地址。其中，8 个 C 类地址作为设备地址，32 个 C 类地址作为互联地址及业务地址（资料来源：https://max.book118.com/html/2022/0609/7126040162004130.shtm）。

4.8　实训项目：参观网络实训室

实训项目：参观校园内的网络实训室，了解局域网与互联网的连接设备及配置方式，观察学习校园网的组网方式。

实训目标：掌握局域网的设计方法，理解局域网的组成。

实训步骤：

1）参观网络实训室。

2）设计需要的网络设备，并用 CAD 软件画出组网图。

3）尝试数据网络安装调试。

本章小结

本章重点内容见表4-2。

表 4-2　本章知识点

序　号	知　识　点	内　　容
1	数据通信的指标	数据通信的指标是围绕传输的有效性和可靠性来制订的，包括传输速率、误码率、信道容量及带宽
2	数据交换方式	数据交换方式可分为电路交换、报文交换和分组交换。电路交换适用于实时信息传送；报文交换的线路利用率高，可靠灵活，但延迟大；分组交换缩短了延迟，也能满足一般的实时信息传送
3	快速分组交换技术	帧中继将差错控制、流量控制等留给智能终端去完成，因此比分组交换简单；ATM 是使用信元交换的快速分组交换，是建立在异步时分复用基础上以信元为单位的传输模式；IP 交换的基本思想是避免网络层转发的瓶颈，进行高速链路层交换；为了更好地将 IP 与 ATM 的高速交换技术结合起来，产生了多协议标签交换（MPLS）技术
4	局域网	局域网是一个数据传输系统，它允许在有限地理范围内的许多独立设备相互之间直接进行通信。局域网有以太网、令牌总线、令牌环网、光纤分布式数据接口4 种体系
5	因特网协议	TCP/IP 是传输控制协议，是因特网协议组的核心协议簇，是一组不同层次上的多个协议的组合。TCP/IP 模型包括物理层、链路层、网络层、传输层、应用层

习题

1. 简述数据通信系统的组成。

2. 局域网有哪些特征？局域网由哪些部分组成？

3. 简述电路交换、报文交换与分组交换的工作原理。

4. 试比较数据通信网各种交换方式的异同。

5. 试分析帧中继网的特点。

6. 简述 MPLS 交换的原理。

7. 什么是 IP 地址？了解其组成和常用的表示形式。

8. 什么是 Internet？了解其起源及发展过程，包括在我国的发展情况。

9. Internet 通信中主要使用何种网络协议？

第 5 章　无线通信

近些年的通信领域中，发展最快、应用最广的就是无线通信技术。无线通信是指用电磁波来携带数据进行通信的方式，因为电磁波不需要任何介质来传导，所以人们把这种通信方式称为无线通信。

【学习要点】

- 理解无线传播的基本特性。
- 掌握天线及无线信道的基本概念。
- 认识无线通信的关键技术。
- 认识微波通信技术及其应用。
- 认识卫星通信技术及其应用。
- 了解无线接入技术及其应用。

【素养目标】

- 树立创新意识。
- 抢占先机，科技是第一生产力。
- 培养学生细心观察、全面思考的良好习惯。

5.1　无线通信概述

无线通信主要包括微波通信和卫星通信。微波是一种无线电波，它传送的距离一般只有几十千米，但微波的频带很宽，通信容量很大。为了远距离传输，微波通信每隔几十千米要建一个微波中继站。卫星通信是指利用通信卫星作为中继站在地面上多个地球站之间或移动体之间建立微波通信联系。有线与无线两种通信方式相比较，前者具有可靠性高、成本低、适用于近距离固定通信等特点；后者则具有灵活、不受地域限制、通信范围广等优点，但也存在易受干扰、保密性差等不足。

5.1.1　无线通信的发展

世界上第一次无线电话对话出现在 1880 年，当时使用的是光电话，由亚历山大·格拉汉姆·贝尔及查尔斯·萨姆纳·天特发明，并且申请专利。光电话借由调变的光束来传递语音信号。在那个年代，还没有设备可以提供电力，光电话的发明在当时看来并没有实用价值，而且通话的效果还会受到阳光及天气的限制。光电话和自由空间光通信系统一样，在传送器及发射器之间不能有阻隔光束的物体。数十年后，光电话才应用到了军事通信领域。

戴维·E. 休斯在 1878 年利用发射器传送无线电达数百米远。当时马克士威的电磁理论还不为世人周知，因而当代的科学家将此发明视为感应的结果。1885 年汤玛斯·爱迪生利用振动器磁铁作为感应的传输，1888 年部署了哈伊谷铁路的信号传输系统，在 1891 年获得使用电感的无线电专利。1888 年，海因里希·赫兹展示了电磁波的存在，这成了后来大部分无线科技的基础。赫兹证明了电磁波在空间中会沿直线前进，可以被实验设备所接收。贾格迪什·钱德拉·博斯当时开发了一个早期的无线电侦测设备，也有助于了解波长在数厘米内的电磁波特性。

"无线"一开始是指无线电的接收器，或称为收发器（可以同时作为传送及接收用途的设备），早在无线电报时代就已应用过类似设备。现在"无线"一词主要是指无线通信，例如蜂窝式网络以及无线宽频通信。"无线"一词也泛指任何一种不需要电线即可进行的应用，例如"无线遥控""无线能量转换"，而不去区分实际应用的技术是无线电、红外线，还是超声波。古列尔莫·马可尼因发明无线电报、卡尔·布劳恩因对无线电报的改进，以及他们在无线电通信上的贡献，获得 1909 年度诺贝尔物理学奖。

5.1.2 无线传播的基本特性

对于无线通信来说，一个重要的特点是无线电波只能携带模拟信号，所以若想用无线电波来运载数字数据，必须先通过调制将数字数据转化为模拟信号。然而，有线通信则不同，它既可以使用模拟信号来运载数据，也可以使用数字信号来运载数据。

5.1.2 无线传播的基本特性

无线通信特殊的地方在于其信道传输特性，无线信道的基本特征如下。

1）带宽有限。带宽取决于可使用的频率资源和信道的传播特性。

2）干扰和噪声影响大。由无线通信工作的电磁波特性决定。

3）在移动通信中存在多径衰落。在移动环境下，接收信号有起伏变化。

1. 电波的自由空间传播

自由空间指理想的空间，电磁波传播不发生反射、折射、绕射、散射和吸收现象，只存在电磁波能量扩散而引起的传播损耗。电波在自由空间中的传播速度与光速相同，约为 3×10^8 m/s。同时接收信号的功率与距离的二次方及频率的二次方成反比。

自由空间中的传播路径损耗可由如下公式计算：

$$L(\text{dB}) = 32.45 + 20\lg f + 20\lg d$$

式中，f 为工作频率（单位为 MHz），d 为收发天线距离（单位为 km）。

自由空间不吸收电磁能量的介质，因此自由空间的传播损耗是指球面波在传播过程中，随着传播距离的增大，电磁能量在扩散中引起的球面波扩散损耗。在频率低于 27 MHz 时，无线电波的损耗极小。

2. 电磁信号在无线信道中传播的基本传播方式

在实际无线传播环境中，反射、绕射及散射是无线信号的三种主要传播方式。

1）反射。当电磁波波长远小于遇到的物体时会发生反射，反射会产生多径衰落。

2）绕射。当电磁波传播路径被尖刺的边缘阻挡时会发生绕射。

3）散射。当电磁波穿行的介质中存在小于波长的物体并且单位体积内阻挡体的个数非常巨大时，发生散射。

3. 电波的地面传播

电波的地面传播与自由空间传播明显的区别在于：地面传播的范围常常受到地平面的限

制，信号从地球本身反射回来，且传播路径上存在各种各样的障碍物。电波的地面传播如图 5-1 所示。

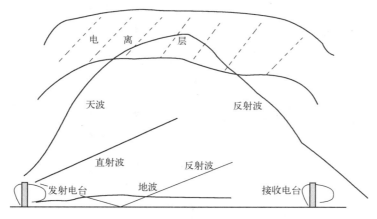

图 5-1　电波的地面传播

（1）视距传播

视距传播是指在发射天线和接收天线间能相互"看见"的距离内，电波直接从发射点传播到接收点（一般要包括地面的反射波）的一种传播方式，其距离同地面上人的视线能及距离相仿，一般为 20~50 km，主要用于超短波及微波通信。视距传播的实际通信距离受到地面曲率的限制。

（2）多径传播

发射电波后由于传播信道上多种障碍物影响，接收到的信号是由多条不同路径的信号叠加而成的，因此多径传播是指无线信号从发射天线到接收天线的传播路径不只一条，这些信号到达接收天线的强度不同，到达时间也不同。电波的多径传播如图 5-2 所示。

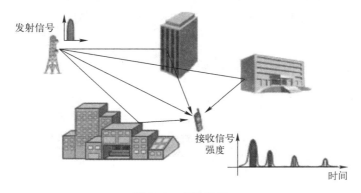

图 5-2　多径传播

（3）移动环境

在实际应用中，发射机和接收机常处于移动中，使得电波传播条件恶化，接收机接收到多条不同路径的信号也在随时变化，同时当一方或多方运动时，接收机接收到的信号频率会发生频移，即多普勒效应。

4. 电波的衰落

无线电波在传播过程中会受到大尺度衰落和小尺度衰落的影响，如图 5-3 所示。

（1）大尺度衰落

大尺度衰落描述的是发射机与接收机之间长距离上的场强变化，也称为慢衰落。由图5-3可知，大尺度衰落的信号衰落缓慢，主要包括路径损耗和阴影衰落。路径损耗主要是由收发天线间距、传播信号载频和地形因素导致的。阴影衰落主要是由于建筑物或地形遮挡而导致某些区域接收信号突然下降，如图5-4所示。

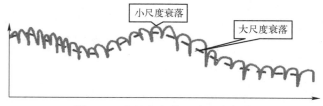

图5-3　大尺度衰落和小尺度衰落

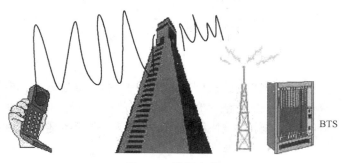

图5-4　阴影衰落

（2）小尺度衰落

小尺度衰落也称为快衰落，描述的是信号在小尺度区间传播过程中的幅度、相位和场强瞬时值快速变化特性，主要由多径传播和多普勒频移引起。多径传播由于从多条路径过来的接收电波到达时间不同，信道条件随时间变化，会造成多径衰落。从时间域来看，接收信号的波形被展宽。

5.1.3　无线通信的频率资源

无线通信部分频率资源的划分及应用见表5-1。

表5-1　无线通信部分频率资源的划分及应用

频率范围	波　长	符　号	传输媒质	用　　途
3 Hz~30 kHz	$10^4~10^8$ m	基低频（VLF）	有线线对 长波无线电	音频、电话、数据终端长距离导航、时标
30~300 kHz	$10^3~10^4$ m	低频（LF）	有线线对 长波无线电	导航、信标、电力线通信
300 kHz~3 MHz	$10^2~10^3$ m	中频（MF）	同轴电缆 短波无线电	调幅广播、移动陆地通信、业余无线电
30~30 MHz	$10~10^2$ m	高频（HF）	同轴电缆 短波无线电	移动无线电话、短波广播、定点军用通信、业余无线电
30~300 MHz	1~10 m	甚高频（VH）	同轴电缆 米波无线电	电视、调频广播、空中管制、车辆、通信、导航
300 MHz~3 GHz	10~100 cm	特高频（UHF）	波导 分米波无线电	微波接力、卫星和空间通信、雷达

（续）

频率范围	波长	符号	传输媒质	用途
3~30 GHz	1~10 cm	超高频（SHF）	波导厘米波无线电	微波接力、卫星和空间通信、雷达
30~300 GHz	1~10 mm	极高频（EHF）	波导毫米波无线电	雷达、微波接力、射电天文学
$10^7 \sim 10^8$ GHz	$3 \times 10^{-5} \sim 3 \times 10^{-4}$ cm	紫外线、可见光、红外线	光纤，激光空间传播	光通信

5.1.4　天线技术

无线通信系统中，需要天线来完成射频电信号和电磁波之间的转换。天线分为发射天线和接收天线，发射天线在通信系统模型中接调制器输出端，接收天线接解调器输入端。

1. 天线的作用

在发射端通过发射天线将射频电信号转换成电磁波在自由空间中进行传输，相应地在接收端通过接收天线将电磁波转换回射频电信号。

（1）发射天线

负责将调制器发来的电信号转换为电磁波发射出去，其功能示意如图 5-5 所示。

图 5-5　发射天线功能示意图

（2）接收天线

负责将接收到的电磁波转换回电信号发送给解调器，如图 5-6 所示。

图 5-6　接收天线功能示意图

利用无线电波可以形成点对点的通信系统，或利用多址方式形成多点到多点的通信系统。

2. 天线的特性

天线的类型、位置及参数选择设置不当，会直接影响通信质量。

（1）天线方向性

发射天线除了将电信号转换为电磁波的功能外，还具有向所需方向辐射的功能，即天线的方向性。天线根据其方向性可分为全向天线和定向天线。

（2）天线增益

天线增益是指在输入功率相等的条件下，实际天线与理想的球形辐射单元在空间同一处所产生信号的功率密度比，其定量描述一个天线将输入功率集中辐射的程度，如图 5-7 所示。

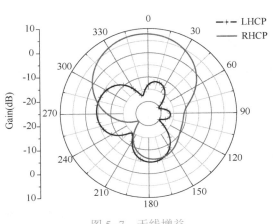

图 5-7　天线增益

5.2 无线通信的关键技术

在无线通信系统中，为了充分利用信道，在多点之间实现互不干扰的多边通信，常采用不同的多址技术，如时分多址、频分多址、码分多址、空分多址等。同时还采用了先进的调制技术，如扩频技术、正交频分复用（OFDM）等。

5.2.1 多址技术

由于信道资源有限，一个信道往往需要同时传送多路信号至多个用户，这种多用户共用一套资源的方法就是多路复用和多址技术。在第2章学习了多路复用技术，本质上来说，多址是在多路复用的基础上实现的，原理和多路复用相同，但它们的对象不同，复用针对的是资源，多址针对的是用户。

多址技术指点对多点的通信中，信道资源动态分配至多个用户，用户仅仅暂时性占用信道，所占信道由系统进行分配，如手机和基站间的通信。当分别传输信号的载波频率不同，存在时间不同、码型不同和所占空间不同来区分信道建立多址接入（多用户）时，分别称为频分多址（FDMA）、时分多址（TDMA）、码分多址（CDMA）及空分多址（SDMA）。

1. 频分多址

频分多址系统是基于频率划分信道的，为每一个用户指定了特定的信道，按要求分配给请求服务的用户，在呼叫过程中，其他用户不能共享这个频段。

其原理是在FDM的基础上，将子频带（信道）固定分配给用户，各用户信号同时传送，接收端按频带提取，实现多址通信，如图5-8所示。

频分多址是最使用最早的多址技术，技术较为成熟，应用广泛。目前仍在有线电视、无线电广播、卫星通信等系统中应用。在第一代模拟移动通信系统中，采用频分多址是唯一的选择，而在数字移动通信系统中，很少采用纯频分的方式。

2. 时分多址

时分多址允许多个用户在不同的时间片（时隙）使用相同的频率。用户迅速传输，一个接一个，每个用户使用他们自己的时间片，允许多用户共享同样的无线电频率，如图5-9所示。

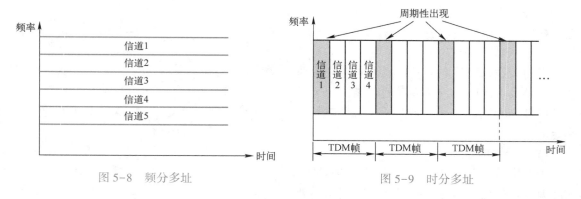

图5-8　频分多址　　　　　图5-9　时分多址

时分多址无保护频带，占用频带窄，效率高，传输质量高，保密较好。但同步要求严格，必须有精准的定时和同步，技术上较复杂。

时分多址适用于多数计算机网、固定电话网的脉冲编码调制复用（PCM）技术、同步数字体系（SDH）技术、时分多址的 GSM 制式数字移动通信技术等。

3. 码分多址

码分多址是指利用码序列相关性实现的多址通信。码分多址的基本思想是靠不同的地址码来区分的地址。每个配有不同的地址码，用户所发射的载波（为同一载波）既受基带数字信号调制，又受地址码调制，如图 5-10 所示。

接收时，只有确知其配给地址码的接收机，才能解调出相应的基带信号，而其他接收机因地址码不同，而无法解调出信号。划分是根据码型结构不同来实现和识别的。

一般选择伪随机码（PN 码）作为地址码。由于 PN 码的码元宽度远小于 PCM 信号码元宽度（通常为整数倍），使得加了伪随机码的信号频谱远大于原基带信号的频谱，因此，码分多址也称为扩频多址。码分多址是无线通信中主要的多址手段，适用于数字蜂窝移动通信、卫星通信、微波通信、微蜂窝系统、一点多址微波通信和无线接入网等领域。

4. 空分多址

空分多址也称为多光束频率复用，通过标记不同方位相同频率的天线光束来进行频率的复用。空分多址基于空间角度分隔信道，频率、时间、码字共享，利用定向天线或窄波束天线占用不同空间的传输媒质来分割构成不同信道，如图 5-11 所示。在电磁波作用范围以外的空间可以使用相同的频率，实现频率的重复使用，充分利用频率资源。例如一颗卫星上使用多个天线，各个天线的波束射向地球表面的不同区域，用电缆中的不同线对或一根光缆中的不同光纤都可以构成互不干扰的通信信道。

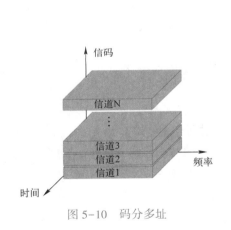

图 5-10　码分多址

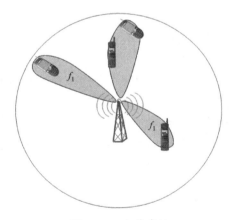

图 5-11　空分多址

在移动通信中，由于充分运用了空分多址方式，才能用有限的频谱构成大容量的通信系统，该频率复用技术也是蜂窝移动通信系统的一项关键技术。同时智能天线利用空间定向波束，高效利用用户信号，删除或抑制干扰信号。

5.2.2　扩频技术

扩频是无线通信中一种将窄带频谱（低码片速率）扩展为宽带频谱（高码片速率）的技术，是与码分多址相辅相成的数字处理技术，也是一种调制技术。

1. 扩频技术概念

扩频通信技术在发送端以扩频编码进行扩频调制，在接收端以相关解调技术接收信息，这一过程使其具有诸多优良特性。扩频通信技术是一种信息传输方式，其信号所占有的频带宽度远大于所传信息必需的最小带宽，频带的扩展通过一个独立的码序列来完成，用编码及调制的方法来实现，与所传信息无关，在接收端则用同样的码进行相关同步接收、解扩及恢复所传信息。

2. 扩频方法

一般采用 PN 序列作为扩频序列，扩频操作就是使用扩频序列来代替原数据序列中的"1"，用取反的扩频序列来代替原数据序列中的"0"。

常用的扩频技术主要有直序扩频、跳频扩频、跳时扩频，但是在实际使用过程中，常采用它们的混合方法。

（1）直序扩频

直序扩频（DS-SS）通过将伪噪声序列（PN 序列）直接与基带脉冲数据相乘来扩展基带数据，伪噪声序列由伪噪声生成器产生。其等价于数字调制的处理过程，码分多址系统中就使用了这项技术。

（2）跳频扩频

跳频扩频（FH-SS）是载波频率按一个编码序列产生的图形以离散增量变动，即用数字信号与一个不断变换频率的载波相乘，所有可能的载波频率的集合称为跳频集。其等价于模拟调制，主要用于 GSM 和蓝牙。

跳频信号可以视为一系列数据调制数据的突发，它具有时变、伪随机的载频。跳频发生在若干个信道的频带上，数据以发射机载波频率跳变的方式发送到随机的信道中，而只有相应的接收机才能接收。

跳频扩频可分为快跳频和慢跳频。快跳频是指跳频发生的速率比消息比特率高的跳频。慢跳频是指跳频发生的速率比消息比特率低的跳频。

（3）跳时扩频系统

跳时扩频（TH-SS）用伪码序列来启闭信号的发射时刻和持续时间，发射信号的"有""无"同伪码序列一样是伪随机的。在这种方式中，将传输时间划分成一帧，每个帧的时间段再划分成时隙。在每帧内，一个时隙调制一个信息。帧的所有信息比特累积发送。

跳时扩频技术一般与跳频结合起来使用，可以构成一种称为"时频跳变"的系统。

3. 扩频作用

扩频技术主要有以下三个作用。

1）可以在物理层实现所有信号的码片速率一致性。

2）传输信息安全，可以使用户数据变成伪随机，让数据破解变得困难。

3）可以用作扰码来区分同一频谱上的不同信号，此时可以由多个用户使用相同的频带。

4. 解扩

解扩是将接收到的扩频信号与其同步时钟信号通过相关处理来完成的。

解扩的方式与扩频的方式相对应，可以完全恢复出原来的信号，实现了还原。从能量的角度看，扩频后信号的能量被分散了，解扩后信号的能量再次集中。

5.2.3　正交频分复用技术

正交频分复用技术（OFDM）作为一种多载波传输技术，主要应用于数字视频广播系统、多信道多点分布服务（MMDS）和 WLAN 服务，以及下一代陆地移动通信系统。应用 OFDM 来克服码间串扰和邻频干扰的技术可以追溯到 20 世纪 60 年代中期。然而，长久以来 OFDM 的实际应用受限于快速傅里叶变换器的速度和效率。如今，高性能可编程逻辑器件（PLD）技术的成熟造就了 OFDM 现阶段的应用。

1. OFDM 的概念

OFDM 是多载波数字调制技术，它将数据编码后调制为射频信号。不同于常规的单载波技术调幅/调频（AM/FM）等在某一时刻只用单一频率发送单一信号，OFDM 在经过特别计算的正交频率上同时发送多路高速信号。

传统的 FDM 理论将带宽分成几个子信道，中间用保护频带来降低干扰，它们同时发送数据，例如有线电视系统和模拟无线广播等，接收机必须调谐到相应的台站。

OFDM 系统比传统的 FDM 系统要求的带宽要少得多。由于使用无干扰正交载波技术，单个载波间无须保护频带，这样使得可用频谱的使用效率更高。另外，OFDM 技术可动态分配子信道上的数据，为获得最大的数据吞吐量，可以智能地分配更多数据到噪声小的子信道上。

2. OFDM 的应用

在 20 世纪 90 年代，OFDM 广泛用于各种数字传输和通信中，如移动无线 FM 信道，高比特率数字用户线系统（HDSL）、不对称数字用户线系统（ADSL）、甚高比特率数字用户线系统（VDSI）、数字音频广播（DAB）系统、数字视频广播（DVB）和 HDTV 地面传播系统。

OFDM 在欧洲无线通信中被采用，如 ETSI 标准的数字音频广播、陆地数字视频广播（DVB-T）。在美国，OFDM 应用于 MMDS。WLAN 应用标准 IEEE802.11a 和 ETSI（欧洲通信标准委员会）的 HiperLAN/2 标准同样采用 OFDM 作为调制方式。有线应用也同样采用了基于 OFDM 的系统，如在 xDSL 的离散多音频系统和有线调制器中的应用。

在物理层采用 OFDM 的优势在于对窄带信道简化均等，具有高的系统吞吐量和良好的噪声抑制。

3. OFDM 的结构

OFDM 的结构可根据 OFDM 数据处理流程分为发送部分的前向纠错编码器、交错器、星座图映射、串并转换器及接收部分的反向快速傅里叶变换器、并串转换器、循环前缀插入、整形有限激励响应过滤器、数/模转换等模块。

4. OFDM 的优点

1）在窄带带宽下也能发出大量的数据。OFDM 能同时分开至少 1000 个数字信号，而且其在干扰信号周围安全运行的能力优于 CDMA 技术。正是由于具有了这种特殊的信号"穿透能力"，才使得 OFDM 技术深受欧洲通信营运商以及手机生产商的欢迎，例如纽约弗拉林（Flari-on）工学院以及朗讯工学院、加拿大 Wi-LAN 工学院都开始使用这项技术。

2）OFDM 能够持续不断地监控传输介质上通信特性的突然变化，由于通信路径传送数据的能力会随时间发生变化，所以 OFDM 能动态地与之相适应，并且接通和切断相应的载波以保证持续进行成功的通信。

3）该技术可以自动检测到传输介质下哪一个特定的载波存在高的信号衰减或干扰脉冲，

然后采取合适的调制措施来使指定频率下的载波进行成功通信。

4）OFDM 特别适合使用在高层建筑物、居民密集和地理上突出的地方以及将信号散播的地区。高速的数据传播及数字语音广播都希望降低多径效应对信号的影响。

5）OFDM 的最大优点是能对抗频率选择性衰落或窄带干扰。在单载波系统中，单个衰落或干扰能够导致整个通信链路失败，但是在多载波系统中，仅有很小一部分载波会受干扰。对这些子信道还可以采用纠错码来进行纠错。

6）可以有效对抗信号波形间的干扰，适用于多径环境和衰落信道中的高速数据传输。当信道中因为多径传输而出现频率选择性衰落时，只有落在频带凹陷处的子载波及其携带的信息受影响，其他的子载波不受损害，因此系统总的误码率性能要好得多。

7）通过各个子载波的联合编码，具有很强的抗衰落能力。OFDM 本身已经利用了信道的频率分集，如果衰落不是特别严重，就没有必要再加时域均衡器。通过将各个信道联合编码，可以使系统性能得到提高。

8）抗窄带干扰性很强，因为这些干扰仅仅影响到很小一部分子信道。

9）可以选用基于快速傅里叶变换（IFFT/FFT）的 OFDM 实现方法。

10）信道利用率很高，这一点在频谱资源有限的无线环境中尤为重要。当子载波个数很大时，系统的频谱利用率趋于 2Baud/Hz。

5. OFDM 的缺点

1）对频率偏移和相位噪声很敏感。

2）峰值与均值功率比相对较大，这个比值的增加会降低射频放大器的功率效率。在具体设备的设计制造中，各厂商采取了不同的措施来抵消其影响。

近年来，随着 DSP 芯片技术的发展，傅里叶变换/反变换、高速 Modem 采用的 64/128/256QAM 技术、栅格编码技术、软判决技术、信道自适应技术、插入保护时段、减少均衡计算量等成熟技术的逐步引入，OFDM 作为一种可以有效对抗信号波形间干扰的高速传输技术，将更广泛地应用于宽带移动通信领域。

5.3 微波通信

随着我国通信技术现代化建设的发展，通信技术中的数字化以及信息化建设越来越广泛，数字微波通信技术的研究也取得了新的成就。在现代通信技术中，微波通信有非常重要的作用。近年来，微波通信在许多领域都得到了广泛的应用，如移动通信、卫星通信等。微波的频率非常高，凡是处于 300 MHz ~ 3000 GHz 频段内的通信，都可称之为微波通信。

5.3.1 微波通信概述

微波通信指的是波长在 0.1 ~ 1 m 的电磁波，其对应频率范围为 300 MHz ~ 3000 GHz。使用微波作为载波携带信息进行中继通信的方式称为微波通信。

微波通信于 20 世纪中期开始应用于实际生活当中，能够实现大容量通信，且建设速度较快、质量较高、通信过程稳定、维护便捷，使其成为目前应用极为频繁的传输方式。相比光纤通信以及卫星通信，微波通信的通信网更易建立，即使处于山区、农村等较为偏僻的地区，也可以实现微波通信。

5.3.1 微波通信概述

微波按波长不同可分为分米波、厘米波、毫米波及亚毫米波，分别对应特高频（UHF，0.3～3 GHz）、超高频（SHF，3～30 GHz）、极高频中（EHF，30～300 GHz）及至高频（THF，300 GHz～3 THz）。微波中部分频段常用字母表示，如表 5-2 中是一些常用的符号表示。

表 5-2　微波中部分频段的代号

代　号	频段/GHz	波长/cm
L	1～2	30～15
S	2～4	15～7.5
C	4～8	7.5～3.75
X	8～13	3.75～2.31
Ku	13～18	2.31～1.67
K	18～28	1.67～1.07
Ka	28～40	1.07～0.75

其中，L 频段主要用于移动通信，S～Ku 频段适用于以地球为基站表面的通信，以 C 频段运用最为普遍。K 和 Ka 频段主要用于空间站与地球表面的远距离通信。60GHz 的电波在大气中衰减较大，适宜于近距离地面间的保密通信。94GHz 的电波在大气中衰减很少，适合于地球站与空间站之间的远距离通信。

5.3.2　微波中继通信概念及组成

与同轴电缆通信、光纤通信和卫星通信等现代通信网传输方式不同的是，微波通信是直接使用微波作为介质进行的通信，不需要固体介质，当两点间直线距离内无障碍时就可以使用微波传送。利用微波进行通信具有容量大、质量好并可传至很远距离的特点，因此是一种重要的通信手段，也普遍适用于各种专用通信网。

1. 微波中继通信的概念

由于微波的频率极高，波长又很短，其在空中的传播特性与光波相近，也就是直线前进，遇到阻挡就被反射或阻断，因此微波通信的主要方式是视距通信，超过视距以后需要中继转发。同时由于地球曲面的影响以及空间传输的损耗，每隔 50 km 左右就需要设置中继站，将电波放大转发而延伸，如图 5-12 所示。这种通信方式也称为微波中继通信或微波接力通信。长距离微波通信干线可以经过几十次中继而传至数千千米仍保持很高的通信质量。

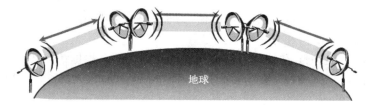

地球

图 5-12　微波中继通信

2. 微波中继通信系统组成

微波中继通信系统由发信机、收信机、天馈线系统、用户终端设备和多路复用设备等组成。其中，发信机由调制器、上变频器、高功率放大器组成；收信机由低噪声放大器、下变频器、解调器组成；天馈线系统由馈线、双工器及天线组成。用户终端设备把各种信息变换成电信号。多路复用设备则把多个用户的电信号构成共享一个传输信道的基带信号。在发信机中调制器把基带信号调制到中频再经上变频变至射频，也可直接调制到射频。

发信机中的高功率放大器用于把发送的射频信号提高到足够的电平，以满足经信道传输后的接收场强。收信机中的低噪声放大器用于提高收信机的灵敏度；下变频器用于中频信号与微波信号之间的变换，以实现固定中频的高增益稳定放大；解调器的功能是进行调制的逆变换。

微波通信天线一般为强方向性、高效率、高增益的反射面天线，如为了使信号更集中，采用抛物面天线，即外观像碗一样的天线。这与5G采用的Massive MIMO不同，微波通信是利用抛物面天线的汇聚作用，而Massive MIMO则是利用波束赋形技术，但是两者目的一样，就是让信号可以汇聚在一起并指向某个方向，来获得最佳的使用效果。

馈线主要采用波导或同轴电缆。

在地面接力和卫星通信系统中，还需以中继站或卫星转发器等作为中继转发装置。

在微波传输过程中，有不同类型的微波站。

1）终端站：只有1个传输方向的微波站。

2）中继站：具有2个传输方向，为解决微波视通问题需要增加的微波站。分为有源中继站和无源中继站两种。

3）枢纽站：具有3个或3个以上传输方向，对不同方向的传输通道进行转接的微波站，或称为HUB站。

4）分路站：具有2个传输方向，因传输业务上下的需要而设立的微波站。

3. 微波中继通信关键技术

微波通信不但总的频段宽、传输容量大，而且其通信设备的通频带也可以做得很宽。例如，一个4000 MHz的设备，其通频带按1%估算，可达40 MHz。模拟微波的960路电话总频谱约为4 MHz带宽。可见，一套微波收发信设备可传输的话路数是相当多的，所以数字微波通信设备在选择适当的调制方式后，可传输的话路容量仍然是相当多的。

数字微波通信常采用时分复用技术，早期系统使用准同步数字序列（PDH）定义的等级进行逐级复接，正交幅度调制技术（如16QAM、64QAM、256QAM等）的应用，使数字微波通信系统的传输效率大大提高。1990年后，出现了容量更大的数字微波中继通信系统（采用更多路复用的512QAM、1024QAM等），并出现了基于同步数字系列（SDH）的系统。

微波传输也会受到很多外界因素的干扰而衰落，如空间的吸收衰落、散射衰落、多径产生的K型衰落等，需要使用抗衰落技术降低信号的失真，如自适应均衡、自动发信功率控制（ATPC）、前向纠错（FEC）和分集接收技术等。

自适应调制编码（AMC）在移动通信中得到了广泛应用，根据信道质量对编码速率予以调整，以此来获取较高的吞吐量。当无线通信速率比较低的时候，信道估计相对准确，AMC的应用效果较好。

5.3.3 微波通信业务应用

由于微波具有频率高、频带宽、信息量大的特点，所以被广泛应用于各种通信业务，包括微波多路通信、微波中继通信、移动通信和卫星通信。目前数字微波在通信系统中的主要应用场合如下。

（1）干线光纤传输的备份及补充

如点对点的 SDH 微波、PDH 微波等。主要用于干线光纤传输系统在遇到自然灾害时的紧急修复，以及由于种种原因不适合使用光纤的地段和场合。

（2）城市内的短距离支线连接

如移动通信基站之间、基站控制器与基站之间的互连，局域网之间的无线联网等。既可使用中小容量点对点微波，也可使用无须申请频率的微波数字扩频系统。如微波扩频通信目前在国内的重要应用领域之一是企事业单位组建内联网（Intranet）并接入 ISP。一般接入速率为 64 kbit/s～2 Mbit/s，使用频段为 2.4～2.4835 GHz，该频段属于工业自由辐射频段，也是国内目前唯一不需要国家无线电管理委员会批准的自由频段。

（3）无线宽带业务接入

无线宽带业务接入以无线传播手段来替代接入网的局部甚至全部，从而达到降低成本、改善系统灵活性和扩展传输的目的。

多点分配业务（MDS）是一种固定无线接入技术，包括多信道多点分配业务（MMDS）和本地多点分配业务（LMDS）。

5.4 卫星通信

卫星通信系统实际上也是一种微波通信，它以卫星作为中继站转发微波信号，在多个地面站之间通信，卫星通信的主要目的是实现对地面的"无缝隙"覆盖，卫星工作于几百、几千、甚至上万千米的轨道上，覆盖范围远大于一般的移动通信系统。因此卫星通信能够解决地面通信覆盖不足等问题，具有广阔的市场需求。此外，卫星通信对灾难应急通信、军事国防作用重大，发展卫星通信拥有极其重要的战略意义。

5.4.1 卫星通信概述

卫星通信是指利用人造地球卫星作为中继站来转发无线电波，从而实现两个或多个地球站之间的通信。

人造地球卫星根据对无线电信号有无放大、转发功能，可分为有源人造地球卫星和无源人造地球卫星。但无源人造地球卫星反射下来的信号太弱而无实用价值，因此研究具有放大、变频转发功能的有源人造地球卫星（通信卫星）来实现卫星通信更具价值。其中绕地球赤道运行的周期与地球自转周期相等的同步卫星具有优越性能，利用同步卫星进行通信已成为主要的卫星通信方式。不在地球同步轨道上运行的低轨卫星多应用在卫星移动通信中。

1. 卫星通信系统组成

卫星通信系统包括通信和保障通信的全部设备，一般由跟踪遥测及指令分系统、监控管理分系统、空间分系统、通信地球站分系统四部分组成，如图 5-13 所示。

（1）跟踪遥测及指令分系统

跟踪遥测及指令分系统负责对卫星进行

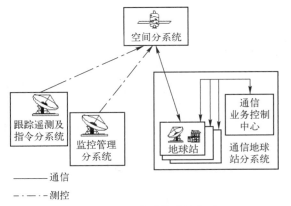

图 5-13　卫星通信系统组成

跟踪测量，控制其准确进入静止轨道上的指定位置。待卫星正常运行后，要定期对卫星进行轨道位置修正和姿态保持。

（2）监控管理分系统

监控管理分系统负责对定点卫星在业务开通前后进行通信性能的检测和控制，例如卫星转发器功率、卫星天线增益以及各地球站发射功率、射频频率和带宽等基本通信参数，以保证正常通信。

（3）空间分系统

空间分系统（通信卫星）主要包括通信系统、遥测指令装置、控制系统和电源装置（包括太阳能电池和蓄电池）等几个部分。

通信系统是通信卫星上的主体，它主要包括一个或多个转发器，每个转发器能同时接收和转发多个地球站的信号，从而起到中继站的作用。

（4）通信地球站分系统

通信地球站分系统是微波无线电收、发信站，用户通过它接入卫星线路进行通信。

2. 卫星通信系统分类

1）按照通信范围区分，卫星通信系统可以分为国际通信卫星、区域性通信卫星、国内通信卫星。

2）按照用途区分，卫星通信系统可以分为综合业务通信卫星、军事通信卫星、海事通信卫星、电视直播卫星等。

3）按照转发能力区分，卫星通信系统可以分为无星上处理能力卫星、有星上处理能力卫星。

3. 卫星通信特点

不同于其他通信方式，卫星通信具有其独有的特点。

（1）下行广播，覆盖范围广

对地面的情况如高山、海洋等不敏感，适用于在业务量比较稀少的地区，能提供大范围的覆盖，在覆盖区内的任意点均可以进行通信，而且成本与距离无关。

（2）工作频带宽

可用频段从 150 MHz 到 30 GHz。目前已经开始开发 O、V 波段（40~50 GHz）。KA 波段甚至可以支持 155 Mbit/s 的数据业务。

（3）通信质量好

卫星通信中的电磁波主要在大气层以外传播，电波传播非常稳定。虽然在大气层内的传播会受到天气的影响，但仍然是一种可靠性很高的通信系统。

（4）网络建设速度快、成本低

除建地面站外，无需地面施工；运行维护费用低。

（5）信号传输时延大

高轨道卫星的双向传输时延达到秒级，用于语音业务时会有非常明显的中断。

（6）控制复杂

卫星通信系统中所有链路均是无线链路，而且卫星的位置还可能处于不断变化中，因此控制系统也较为复杂。控制方式有星间协商和地面集中控制两种。

5.4.2　卫星运动轨道

按照工作轨道区分，卫星通信系统一般分为低轨道卫星通信系统（LEO）、中轨道卫星通信系统（MEO）及高轨道卫星通信系统（GEO）三类，如图 5-14 所示。

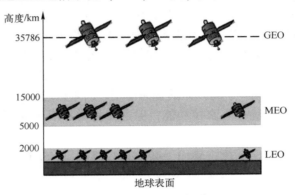

图 5-14　卫星运动轨道

1. 低轨道卫星通信系统

低轨道卫星距地面 500~2000 km，传输时延和功耗都比较小，但每颗星的覆盖范围也比较小，典型系统有摩托罗拉公司（Motorola）的铱星系统。低轨道卫星通信系统由于卫星轨道低，信号传播时延短，所以可支持多条通信；其链路损耗小，可以降低对卫星和用户终端的要求，可以采用微型/小型卫星和手持用户终端。但是低轨道卫星通信系统也为这些优势付出了较大的代价。由于轨道低，每颗卫星所能覆盖的范围比较小，要构成全球系统则需要数十颗卫星，如铱星系统有 66 颗卫星、全球星系统（Globalstar）有 48 颗卫星、卫星通信网络系统（Teledisc）有 288 颗卫星。同时，由于低轨道卫星的运动速度快，对于单一用户来说，卫星从地平线升起到再次落到地平线以下的时间较短，所以卫星间或载波间切换频繁。因此，该类系统的系统构成和控制复杂、技术风险大，建设成本也相对较高。

2. 中轨道卫星通信系统

中轨道卫星距地面 2000~20000 km，传输时延要大于低轨道卫星，但覆盖范围也更大，典型系统是国际海事卫星系统。中轨道卫星通信系统可以说是同步卫星通信系统和低轨道卫星通信系统的折中，兼有这两种方案的优点，同时又在一定程度上克服了这两种方案的不足之处。中轨道卫星的链路损耗和传播时延都比较小，仍然可采用简单的小型卫星。如果中轨道和低轨道卫星系统均采用星际链路，当用户进行远距离通信时，中轨道系统信息通过卫星星际链路子网的时延将比低轨道系统低。而且由于其轨道比低轨道卫星高得多，每颗卫星所能覆盖的范围要大得多，当轨道高度为 10000 km 时，每颗卫星可以覆盖地球表面的 23.5%，因而只要几颗卫星就可以覆盖全球，若有十几颗卫星就可以提供对全球大部分地区的双重覆盖，这样可以利用分集接收来提高系统的可靠性，同时系统投资要低于低轨道系统。因此，从一定意义上来说，中轨道系统可能是建立全球或区域性卫星移动通信系统较为优越的方案。当然，如果需要为地面终端提供宽带业务，中轨道系统将存在一定困难，而利用低轨道系统作为高速多媒体卫星通信系统的性能要优于中轨道卫星通信系统。

3. 高轨道卫星通信系统

距地面 35800 km，即同步静止轨道。理论上，用三颗高轨道卫星即可实现全球覆盖。传统的同步轨道卫星通信系统技术最为成熟，自从同步卫星被用于通信业务以来，用同步卫星来建立全球卫星通信系统已经成为建立卫星通信系统的传统模式。但是，同步卫星有一个不可克服的障碍，就是较长的传播时延和较大的链路损耗，严重影响到它在某些通信领域的应用，特别是在卫星移动通信方面的应用。首先，同步卫星轨道高，链路损耗大，对用户终端接收机性能要求较高。这种系统难于支持手持机直接通过卫星进行通信，或者需要采用 12m 以上的星载天线（L 波段），这就对卫星星载通信有效载荷提出了较高的要求，不利于小卫星技术在移动通信中的使用。其次，由于链路距离长，传播时延大，单跳的传播时延就会达到数百毫秒，加上语音编码器等的处理时间则单跳时延将进一步增加，当移动用户通过卫星进行双跳通信时，时延甚至将达到秒级，这是用户、特别是话音通信用户所难以忍受的。为了避免这种双跳通信就必须采用星上处理使得卫星具有交换功能，但这必将增加卫星的复杂度，不但增加系统成本，也有一定的技术风险。

目前，同步轨道卫星通信系统主要用于甚小口径终端（VSAT）系统、电视信号转发等，较少用于个人通信。

5.4.3　卫星通信的多址连接

卫星通信的多址连接指同一个卫星转发器可以连接多个地球站，多址技术是根据信号的特征来分割信号和识别信号，信号通常具有频率、时间、空间等特征。卫星通信常用的多址连接方式有频分多址连接（FDMA）、时分多址连接（TDMA）、码分多址连接（CDMA）和空分多址连接（SDMA），另外频率再用技术也是一种多址方式。

在微波频带，整个通信卫星的工作频带宽度约为 500 MHz，为了便于放大、发射信号及减少变调干扰，一般在卫星上设置若干个转发器，每个转发器的工作频带宽度为 36 MHz 或 72 MHz。卫星通信多采用频分多址技术，不同的地球站占用不同的频率，即采用不同的载波。它适合点对点大容量的通信。

现已逐渐采用时分多址技术，即每一地球站占用同一频带，但占用不同的时隙。相较于频分多址，时分多址不会产生互调干扰，不需要用上下变频把各地球站信号分开，适合数字通信，可根据业务量的变化按需分配，可采用数字语音插空等新技术，使容量增加 5 倍。

码分多址即不同的地球站占用同一频率和同一时间，但由不同的随机码来区分不同的地址。它采用了扩展频谱通信技术，具有抗干扰能力强、较好的保密通信能力、可灵活调度话路等优点。其缺点是频谱利用率较低。它比较适合容量小、分布广、有一定保密要求的系统。

5.4.4　卫星通信业务应用

卫星通信业务广泛，同时对灾难应急通信、军事国防作用重大，发展卫星通信拥有极其重要的战略意义。除此之外，海洋作业及科学考察、航空宽带等场景的通信需求只能通过卫星网络来满足。我国卫星通信的应用如下。

（1）固定业务

1972 年，我国开始建设第一个卫星通信地球站，1984 年成功地发射了第一颗试验通信卫星，1985 年先后建设了北京、拉萨、乌鲁木齐、呼和浩特、广州 5 个公用网地球站，正式传送中央电视台节目。此后又建成了北京、上海、广州国际出口站，开通了约 2.5 万条国际卫星直达线路；建设了以北京为中心，以拉萨、乌鲁木齐、呼和浩特、广州、西安、成都、青岛等为各区域中心的多个地球站，国内线路达 10000 条以上。

专用网建设发展非常迅速，金融、交通、能源、经贸、气象以及国防、公安等部门已建立了多个卫星通信网，卫星通信地球站（特别是 VSAT）已达万座。

（2）卫星电视广播业务

1984 年，"东方红二号"试验通信卫星发射成功，开启了我国利用本国通信卫星进行卫星通信的历史。这是我国第一颗静止轨道同步通信卫星，是用于国内远距离电视传输的主要卫星。目前，我国省级电视台节目基本都已实现卫星传送，卫星电视专收站（TVRO）数十万个。近几年间，中国广播电视网络集团有限公司（简称中国广电）强调，将充分发挥"有线+5G"的传播优势，打造"电视+宽带+5G+直播卫星+X"的全融合业务体系，构建以"5G+卫星+广播电视+宽带"为一体的新型广电网络基础设施，推动"有线+5G+卫星"的协同多渠道传播网，推动 5G+直播卫星试点，增强广播电视覆盖，丰富广电服务业态，升级广播电视服务，发展融合业务用户。

（3）卫星移动通信业务

卫星移动通信主要解决陆地、海上和空中各类目标相互之间及与地面公用网的通信任务。我国作为国际海事卫星组织（INMARSAT）成员国，北京建有岸站，可为太平洋、印度洋和亚太地区提供通信服务。另外，我国逐步开展机载卫星移动通信服务。石油、地质、新闻、水利、外交、海关、体育、抢险救灾、银行、安全、军事和国防等部门均配备了相应的业务终端。现我国已进入 INMARSAT 的 M 站和 C 站，有近 5000 部机载、船载和陆地终端。

（4）未来展望

卫星通信具有重大的战略及经济意义，由于频谱及地球低轨资源十分有限，国外抢占布局较早，发展中国"星链"必要且紧急。当前星网集团动作频繁，中国"星链"处在爆发前期，上游率先受益于产业爆发，通信卫星制造相关产业的市场前景广阔。

2021 年 5 月，在 5G/6G 专题会议上，工信部代表要求 IMT-2030（6G）推进组要进一步提前谋划推动 6G 发展。2021 年 6 月，IMT-2030（6G）推进组正式发布《6G 总体愿景与潜在关键技术》白皮书。据白皮书指引，未来 6G 业务形成沉浸式云 XR、全域覆盖等八大业务应用。其中，全域覆盖业务借助 6G 所构建的全球无缝覆盖空天地一体化网络，使得地球上再无任何移动通信覆盖盲点，6G 业务将提供更加普遍的服务能力，助力人类的可持续发展。

当前卫星宽带（互联网）业务占比较小。根据罗兰贝格的数据，全球卫星通信行业 2018 年收入高达 1265 亿美元，其中约 81% 收入源于卫星消费通信。在卫星消费通信中，卫星电视直播收入占比达到 92%；而卫星宽带（互联网）业务占比较小，仅为 2%。未来随着全球星网逐渐覆盖及成本下降，卫星通信应用迎来普及，卫星互联网业务增长潜力巨大。

在"星链"的推动下，到 2030 年全球卫星互联网市场规模预计将突破 400 亿美元。美国太空探索技术公司（Space X）的"星链"计划大大刺激了全球卫星互联网业务的发展，2022 年其卫星发射数量已超过 2800 颗，服务覆盖 36 个国家。

过去，我国低轨道通信卫星事业发展缓慢，仅有几颗试验卫星发射。但进入 2020 年之后，我国"星链"事业进入加速阶段。2020 年国家首次将卫星互联网纳入通信网络基础设施的范围，大力支持卫星互联网事业发展。同年，"GW"计划曝光，中国将发射约 1.3 万颗低轨道通信卫星。2021 年，注册资本 100 亿元的中国卫星网络集团有限公司（中国星网）在雄安成立。2022 年，中国星网启动卫星通信地面网络建设，同时筹备商业火箭发射基地，我国低轨道卫星产业进入实质性加速阶段，我国"星链"处在爆发前期。

5.5 无线接入

无线接入技术是通过无线介质将用户终端与网络节点连接起来，以实现用户与网络间的信息传递。

5.5.1 无线接入概述

无线接入技术（也称空中接口）是无线通信的关键问题。它是指通过无线介质将用户终端与网络节点连接起来，以实现用户与网络间的信息传递。无线信道传输的信号应遵循一定的协议，这些协议即构成无线接入技术的主要内容。无线接入技术与有线接入技术的一个重要区别是可以向用户提供移动接入业务。

无线接入网是指部分或全部采用无线电波这一传输媒质连接用户与交换中心的一种接入技术。在通信网中，无线接入系统的定位是本地通信网的一部分，是本地有线通信网的延伸、补充和临时应急系统。

无线接入技术分为固定接入技术和移动接入技术两大类。固定无线接入（FWA）主要为卫星固定位置的用户（或小范围移动）提供通信服务，其用户终端包括电话机、仿真机或计算机等。移动接入技术的用户终端具有较大范围的移动性，主要提供移动用户和固定用户之间，以及移动用户之间的通信服务。移动用户终端主要包括手机、平板电脑等可移动的计算机端。

5.5.2 WiFi 技术

无线保真（Wireless Fidelity，WiFi）是一个国际无线局域网（WLAN）标准，又称 IEEE 802.11b 标准。WiFi 最早基于 IEEE 802.11 协议，发表于 1997 年，定义了 WLAN 的 MAC 层和物理层标准。继 IEEE 802.11 协议之后，相继有众多版本被推出，最典型的是 IEEE 802.11a、IEEE 802.11b、IEEE 802.11g、IEEE 802.11n、IEEE 802.11ac、IEEE 802.11ax，见表 5-3。

5.5.2 WiFi 技术

表 5-3 WiFi 典型协议

IEEE 802.11 协议	发布时间	频宽/GHz	最大传输速率（理论）	调制模式
IEEE 802.11	1997.6	2.4~2.485	2 Mbit/s	DSSS（直接序列扩频）
IEEE 802.11a	1999.9	5.1~5.8	54 Mbit/s	OFDM（正交频分复用技术）
IEEE 802.11b	1999.9	2.4~2.485	11 Mbit/s	DSSS
IEEE 802.11g	2003.6	2.4~2.485	54 Mbit/s	DSSS 或 OFDM
IEEE 802.11n	2009.10	2.4~2.485 或 5.1~5.8	450 Mbit/s	OFDM
IEEE 802.11ac	2014.1	5.1~5.8	866.7 Mbit/s	OFDM
IEEE 802.11ax	2019.9	2.4~2.485 或 5.1~5.8	2.4 Gbit/s	OFDMA

无线网络上网可以简单地理解为无线上网，几乎所有智能手机、平板电脑和便携式计算机都支持，是当今使用最广的一种无线网络传输技术。其实质就是把有线网络信号转换成无线信

号，如使用无线路由器供支持其技术的计算机、手机、平板等接收。手机的 WiFi 功能支持有 WiFi 无线信号时不通过移动、联通的网络上网，省掉了流量费。

目前 WiFi 技术传输的无线通信质量相对较好，但其数据安全性能比蓝牙差一些，传输质量也有待改进，但传输速度非常快，可以达到 54 Mbit/s，符合个人和社会信息化的需求。WiFi 最主要的优势在于不需要布线，可以不受布线条件的限制，因此非常适合移动办公用户，并且由于发射信号功率低于 100 MW，低于手机发射功率，所以 WiFi 上网相对也是比较安全的。其实 WiFi 信号也是由有线网提供的，比如家里的宽带等，只要接一个无线路由器就可以把有线信号转换成 WiFi 信号。

1. WiFi 系统组成

一般架设无线网络的基本配备就是无线网卡及一个访问接入点（Access Point，AP），便能以无线的模式配合既有的有线架构来分享网络资源，架设费用和复杂程度远远低于传统的有线网络。如果只是几台计算机的对等网，也可不要 AP，只需要每台计算机配备无线网卡。AP 主要在媒体存取控制（MAC）层中扮演无线工作站及有线局域网络的桥梁。有了 AP，就像有线网络的 HUB 一样，无线工作站就可以快速且轻易地与网络相连。特别是对于宽带的使用，WiFi 更显优势，有线宽带网络（ADSL、小区 LAN 等）到户后，连接到一个 AP，然后在计算机中安装一块无线网卡即可。普通的家庭有一个 AP 已经足够，甚至用户的邻里得到授权后也无须增加端口，就能以共享的方式上网。

1）基于 AP 组建的基础无线网络拓扑结构如图 5-15 所示。

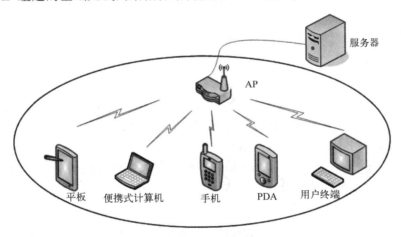

图 5-15　基础无线网络拓扑结构

2）自组网即仅由两个及两个以上站点组成，网络中不存在 AP，其拓扑结构如图 5-16 所示。

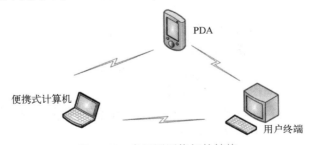

图 5-16　自组网网络拓扑结构

2. 协议架构

WiFi 的协议架构分为 5 层，由底层到高层分别为物理层、数据链路层、网络层、传输层、应用层。其中，数据链路层分为逻辑链路控制（LLC）子层及介质访问控制（MAC）子层。物理层及数据链路层协议架构由硬件实现，网络层、传输层及应用层由软件实现，如图 5-17 所示。

3. WiFi 信道

随着最新的 IEEE 802.11ax 标准发布，新的 WiFi 标准名称被定义为 WiFi6，因为当前的 IEEE 802.11ax 是第六代 WiFi 标准，WiFi 联盟从这个标准起将原来的 IEEE 802.11a/b/g/n/ac 之后的 ax 标准定义为 WiFi6，因此也可以将之前的 IEEE 802.11a/b/g/n/ac 依次追加为 WiFi 1/2/3/4/5。

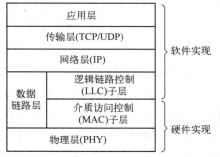

图 5-17 WiFi 协议架构

WiFi 有两个频段，2.4 GHz 和 5 GHz 频段。2.4 GHz 频段支持 IEEE 802.11b/g/n/ax 标准，5 GHz 频段支持 IEEE 802.11a/n/ac/ax 标准，可见，IEEE 802.11n/ax 可同时工作在 2.4 GHz 和 5 GHz 频段，因此这两个标准可兼容双频工作。2.4 GHz 频段由于使用 ISM（工业、科学、医学）频段，干扰较多。

目前很多 WiFi 设备开始支持使用 5.8 GHz 附近（5.725~5.850 GHz）的频带，可用带宽为 125 MHz。该频段共划分为 5 个信道，每个信道宽度为 20 MHz，每个信道与相邻信道都不发生重叠，因而干扰较小。其缺点是 5.8 GHz 频率较高，在空间传输时衰减较为严重。如果距离稍远，性能会严重降低。

4. WiFi 安全机制

WiFi 网络安全机制与有线网络不同，理论上无线电波范围内的任何一个站点都可以监听并登录无线网络，所以所有发送或接收的数据都有可能被截取。为了使授权站点可以访问网络而非法用户无法截取网络通信，无线网络安全就显得至关重要。

安全性主要包括两大部分：一部分为访问控制，即保证只有授权用户才能访问敏感数据；另一部分为加密，只有正确的接收方才能理解数据。

5. 安全防范措施

WiFi 的安全性能较低，使用 WiFi 需要树立安全意识，注意防范。

1）谨慎使用公共场合的 WiFi 热点。官方机构提供的有验证机制的 WiFi，可以找工作人员确认后连接使用。其他可以直接连接且不需要验证或密码的公共 WiFi 风险较高，尽量不使用。

2）使用公共场合的 WiFi 热点时，尽量不要进行网络购物和网银的操作，避免重要的个人敏感信息遭到泄露，甚至被黑客银行转账。

3）养成良好的 WiFi 使用习惯。手机会把使用过的 WiFi 热点都记录下来，如果 WiFi 开关处于打开状态，手机就会不断向周边进行搜寻，一旦遇到同名的热点就会自动进行连接，存在钓鱼风险。因此当我们进入公共区域后，尽量不要打开 WiFi 开关，或者把 WiFi 调成锁屏后不再自动连接，避免在自己不知道的情况下连上恶意 WiFi。

4）家中路由器管理后台的登录密码不要使用默认值，可改为字母、符号加数字的高强度密码；设置的 WiFi 密码选择 WPA2 加密认证方式，相对复杂的密码可大大提高黑客破解的难度。

5）不管在手机端还是计算机端都应安装安全软件。对于黑客常用的钓鱼网站等攻击手法，安全软件可以及时拦截提醒。

5.5.3 蓝牙技术

蓝牙（Bluetooth）技术是一种无线数据和语音通信开放的全球规范，它是基于低成本的近距离无线连接，为固定和移动设备建立通信环境的一种特殊的近距离无线技术连接。蓝牙使当前的一些便携移动设备和计算机设备能够不需要电缆就可以连接到互联网，即无线接入互联网。

1. 蓝牙技术概述

蓝牙技术支持设备短距离通信（一般在 10m 内）的无线电技术，能在包括移动电话、PDA、无线耳机、便携式计算机、相关外设等众多设备之间进行无线信息交换。利用蓝牙技术能够有效地简化移动通信终端设备之间的通信，也能够简化设备与互联网之间的通信，是一种无线通信技术，使数据传输变得更加迅速高效。

蓝牙技术是一种无线数据与语音通信的开放性全球规范，它以低成本的近距离无线连接为基础，为固定与移动设备通信环境建立一个特别连接。其实质是为固定设备或移动设备之间的通信环境建立通用的无线电空中接口（Radio Air Interface），将通信技术与计算机技术进一步结合起来，使各种设备在没有电线或电缆相互连接的情况下，能在近距离范围内实现相互通信或操作。简单地说，蓝牙技术是一种利用低功率无线电在各种设备间传输数据的技术。蓝牙工作在全球通用的 2.4GHz ISM 频段，使用 IEEE 802.15 协议。

2. 蓝牙技术规范

蓝牙技术规范由 1999 年的 v1.1 演进至 2023 年的 v5.4，也称为蓝牙 5.4 版本。

每个规范版本按通信距离可再分为 Class1 和 Class2。

1）Class1：传输功率高、传输距离远，但成本高、耗电量大，不适合作为个人通信产品，多用于部分商业特殊应用场合，通信距离大约在 80~100m 之间。

2）Class2：目前最流行的制式，通信距离为 8~30m，视产品的设计而定，多用于手机、蓝牙耳机、蓝牙适配器等个人通信产品，耗电量小，体积较小，方便携带。

蓝牙技术联盟于 2023 年 1 月 31 日批准了蓝牙核心规范 v5.4 版本（以下简称蓝牙 5.4 版本），并已正式公开发布，如图 5-18 所示。

相较于此前的技术规范，5.4 版本新增了广播数字加密、广播编码选择、带响应的周期性广播及 LE GATT 安全级别特征四个特性。

蓝牙 5.4 版本的新增特性进一步增强了蓝牙无线通信技术的安全性，有助于提升蓝牙 Mesh 网络及基于 GATT 的各类蓝牙应用的用户体验，并将在新特性的基础上开发全新蓝牙应用规范。

图 5-18 蓝牙 5.4 版本

3. 蓝牙技术关键

蓝牙的主/从设备通常采用点对点的配对连接方式，主动提出通信要求的设备是主设备

（主机），被动进行通信的设备为从设备（从机）。

蓝牙设备有两种主要状态，分别为蓝牙设备待机和连接，处于连接状态的蓝牙设备可有激活、保持、呼吸和休眠四种状态。

蓝牙设备在规定的范围和数量限制下可以自动建立相互之间的联系，即对等网络 Ad-hoc。由于网络中的每台设备在物理上都是完全相同的，因此又称为对等网。

蓝牙采用跳频扩频技术，只有匹配接收机知道发射机的跳频方式，可以有效排除噪声和其他干扰信号，正确地接收数据。

由于蓝牙采用跳频扩频技术，跳频频率为 1600 跳/s，即每个跳频点上停留的时间为 625 μs，这 625 μs 就是蓝牙的一个时隙。蓝牙时钟是蓝牙设备内部的系统时钟。

4. 蓝牙协议架构

蓝牙协议采用分层结构，遵循开放系统互联（Open System Interconnection，OSI），其参考模型如图 5-19 所示。

5. 蓝牙优势

1）全球范围使用。蓝牙工作在 2.4GHz 的 ISM 频段，全球大多数国家 ISM 频段的范围都是 2.4～2.4835 GHz，使用该频段无须向各国申请许可。

2）同时可传输语音和数据。蓝牙采用电路交换和分组交换技术，支持异步数据信道、三路语音信道以及异步数据与同步语音同时传输的信道。每个语音信道数据速率为 64 kbit/s，语音信道编码采用脉冲编码调制（PCM）或连续可变斜率增量调制（CVSD）方法。当采用非对称信道传输数据

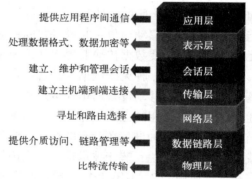

图 5-19 蓝牙协议架构参考模型

时，速率最高为 721 kbit/s，反向为 57.6 kbit/s，当采用对称信道传输数据时，速率最高为 342.6 kbit/s。

3）可以建立临时性的对等连接。根据蓝牙设备在网络中的角色，可分为主设备（master）与从设备（slave）。主设备是组网连接主动发起连接请求的蓝牙设备，几个蓝牙设备连接成一个皮网（piconet）时，其中只有一个主设备，其余的为从设备。皮网是蓝牙最基本的一种网络形式，最简单的皮网是一个主设备和一个从设备组成的点对点通信连接。

4）具有很好的抗干扰能力。工作在 ISM 频段的无线电设备有很多，如家用微波炉。为了很好地抵抗来自这些设备的干扰，蓝牙采用的调频方式扩展频谱将 2.402～2.48 GHz 频段分成 79 个频点。相邻频点间隔 1MHz，蓝牙设备在某个频点发送数据后再跳到另一个频点发送，频点的排列顺序则是伪随机的，每秒钟频率改变 1600 次，每个频率持续 625 μs。

5）体积小。蓝牙模块体积很小，便于集成。

6）低功耗。蓝牙设备在通信连接状态下有四种工作模式：激活模式（active）、呼吸模式（sniff）、保持模式（hold）及休眠模式（park）。active 模式是正常的工作状态，另外三种模式是为了节能规定的低功耗模式。

7）开发的接口标准。SIG 为了推广蓝牙技术的使用，将蓝牙的技术标准全部公开，全世界范围内的任何单位和个人都可以进行蓝牙产品的开发，只要最终通过 SIG 的蓝牙产品兼容性测试，就可以推向市场。

8）成本低。

5.5.4　ZigBee 技术

蓝牙可以实现短距离无线通信，但是其协议较复杂、功耗高、成本高等特点不太适用于要求低成本、低功耗的工业控制和家庭网络，而 ZigBee 更适合运用在此类场景。

ZigBee，也称紫蜂，是一种低速短距离传输的无线网上协议，底层是采用 IEEE 802.15.4 标准规范的媒体访问层与物理层，主要特色有低速、低耗电、低成本、支持大量网上节点、支持多种网上拓扑、低复杂度、快速、可靠、安全，目标是实现类似于蜂群的低功耗、低复杂度、低速率、自组织短距无线通信网络，为个人或者家庭范围内不同设备之间的低速互连提供统一标准。

1. ZigBee 的技术特点

1）低功耗。ZigBee 的传输速率低，发射功率仅为 1mW，而且采用了休眠模式，功耗低。实际运用中 ZigBee 设备仅靠两节 5 号电池就可以维持长达 6 个月到 2 年的使用时间。

2）低成本。ZigBee 模块的初始成本在 6 美元左右，估计很快就能降到 1.5~2.5 美元。同时 ZigBee 协议是免专利费的。

3）时延小。典型的搜索设备时延为 30 ms，休眠激活的时延是 15 ms，活动设备信道接入的时延为 15 ms，适用于对时延要求苛刻的无线控制（如工业控制场合等）应用。

4）网络容量大。一个星型结构的 ZigBee 网络最多可以容纳 254 个从设备和一个主设备，一个区域内可以同时存在最多 100 个 ZigBee 网络。

5）可靠。支持冲突避免的载波多路侦听技术（CSMA-CA），MAC 层采用了完全确认的数据传输模式，每个发送的数据包都必须等待接收方的确认信息。

6）安全。基于循环冗余校验（CRC）的数据包完整性检查，支持鉴权和认证，采用了 AES-128 的加密算法，各个应用可以灵活确定其安全属性。

2. ZigBee 的协议结构

ZigBee 协议属于高级通信协议，基于 IEEE 协会制定的 802 协议，主要约束了网络的无线协议、通信协议、安全协议和应用需求等方面的标准，其有效传播速率可以达到 300 kbit/s。和计算机通信的模式类似，ZigBee 的网络协议是分层结构，自下而上主要由四层构成，分别是物理层、MAC 层、网络/安全层和应用/支持层。

其中，应用/支持层与网络/安全层由 ZigBee 联盟定义，而 MAC 层和物理层由 IEEE 802.15.4 协议定义。以下为各层在 ZigBee 结构中的作用。

1）物理层。作为 ZigBee 协议结构的最底层，提供了最基础的服务，为上一层 MAC 层提供了服务，如数据的接口等。同时也起到了与现实（物理）世界交互的作用。

2）MAC 层。负责不同设备之间无线数据链路的建立、维护、结束及确认的数据传送和接收功能。

3）网络/安全层。保证了数据的传输完整性，同时可对数据进行加密。

4）应用/支持层。根据设计目的和需求使多个设备之间进行通信。

3. ZigBee 应用

（1）智能抄表

智能抄表工程应用如图 5-20 和图 5-21 所示。

1）每楼层的水、电、燃气三表通过 RS-485 总线连接数据采集器，再连接到 ZigBee 远端节点。

2）每幢单元楼设置一个 ZigBee 远端节点，负责数据收发或作为路由器。

3）ZigBee 远端节点上传到 ZigBee 中心节点。

4）采用网状网络结构，保证数据传输的可靠性。

5）每幢单元楼设置一个 ZigBee 远端节点。

6）一个小区设置一个 ZigBee 中心节点。

7）ZigBee 中心节点数据通过 GPRS/CDMA 或 ADSL 上传到集抄中心。

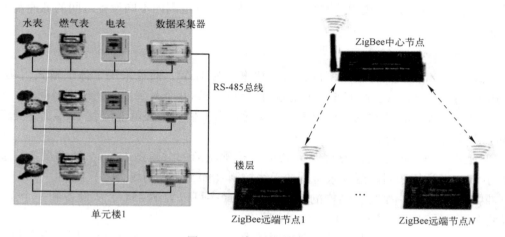

图 5-20　单元楼网络拓扑

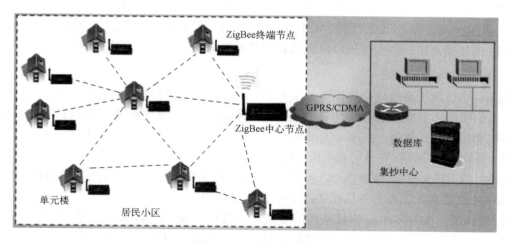

图 5-21　小区网络拓扑

（2）家庭自动化组网

各类家电通过网关接入 Internet，可通过手机进行智能控制。家庭家电组网如图 5-22 所示。

此外，还有其他无线接入技术被广泛使用，如 NB-IoT 技术、LoRa/LoRa WAN 技术及 Link WAN 平台等，这些技术使得人们的生活更便捷且更具体验性，同时也带动了许多领域的发展，如交通领域的共享单车、车联网；生活相关的智能家居；医疗领域的智慧医疗等。

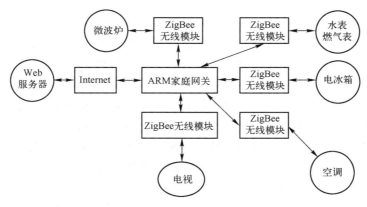

图 5-22 家庭家电组网

5.6 铁路公安无线通信案例

该案例为数字无线通信系统在铁路公安中的应用。

5.6.1 项目背景

铁路公安是铁路系统的重要部门之一,主要负责铁路系统的治安、保卫等,实施警察职能的单位。模拟常规通信系统的应用,提高了铁路公安的工作效率与应对突发事件的能力。但随着无线通信系统的多元化发展,模拟系统技术落后、覆盖范围小、干扰严重等问题日益凸显,严重制约了铁路公安的日常工作,尤其对于西部区域,地域广阔、活动频繁,对铁路的管理指挥能力提出了更为严峻的挑战。因此,构建一套大型、综合的数字无线通信指挥系统对铁路公安工作的顺利开展具有重要意义。

5.6.2 需求分析

某铁路公安局下辖 4 个直属铁路公安处,40 余个铁路沿线车站派出所,覆盖范围广、通信盲区多、语音不清晰、无法做到统一调度指挥等多重问题,一直阻碍着铁路公安的顺畅运作与发展。构建低投入、管辖范围全覆盖并成功实现梯度调度指挥的综合系统,是实现该局铁路公安综合调度、密保性管理、时效性强工作需求的有力举措。

(1)多区域无线覆盖

需要完成铁路工作区域的全覆盖;实现 1 个局中心、4 个直属铁路公安处、40 个车站派出所的系统分级调度管理;实现全网互联互通。

(2)沿线巡线干警通信的互联

实现各铁路干线执勤巡视人员与直属铁路公安处调度中心的互通互联。

(3)应急事件处理

实现一对一、一对多、强插等呼叫功能,实现应急信息的及时、准确传递。

(4)GPS 定位

精准定位呼叫信息并在调度中心显示,实现每个终端用户瞬时响应的准确定位与追踪。

5.6.3 解决方案

根据用户通信现状及未来的发展目标，综合铁路公安覆盖、联网、语音、定位等多方面要求，为其搭建了多基站多信道数字无线通信系统，以中央控制交换服务器为核心，综合调度管理功能强大。

系统由中央交换控制服务器、数字基站、有线调度台和数据服务器组成，通过铁路公安局和4个铁路公安处分别设置调度指挥系统、铁路公安管理部门区域分别建设数字通信基站、40个派出所分别建设数字通信基站，完成铁路公安工作区域的无线通信覆盖、实现对讲机在全局各基站信号覆盖范围内的自动漫游并解决无线通信覆盖范围内的其他干扰问题。

（1）解决无线通信覆盖问题

在铁路公安局设置一个系统控制中心，配置中央交换控制服务器，通过铁路公安 IP 网络与各数字基站互联，对系统网络信息进行集中交换、控制管理，并对系统内的终端用户进行集中管理和监控。

（2）在铁路公安管理区域和40个沿线派出所新建数字基站

根据业务量不同可分别配置2、4或6信道，完成各自区域的无线信号覆盖。各数字基站通过铁路公安 IP 网络与中央交换控制服务器互联，实现整个铁路公安数字无线通信系统的互联互通。

（3）提供数字化的语音通信服务

除单呼、组呼、全呼、限时通话等基本语音呼叫功能外，还可提供全网同播、站内组呼、跨基站组呼、多站组呼、系统全呼等补充语音呼叫功能；特有紧急呼叫与 GPS 定位功能，保障紧急时刻报警应急的需求。

（4）全面提高无线通信的使用及管理水平

在铁路公安各调度管理部门分别配备有线调度台，完成全局无线通信调度指挥网的建设，达到全局、全处铁路公安的统一调度、统一指挥。

5.6.4 项目优势

该案例优势如下。

1）系统数据服务器采用专业的工业控制计算机，通过网络接入系统实现铁路全网覆盖的同时，实时存储系统语音、数据、状态及铁路移动性管理等信息，便于铁路案件追踪与数据查询。

2）对系统网络信息进行集中交换、控制管理，并对系统内的终端用户进行集中管理、监控与准确定位。

3）系统数字终端可采用对讲系统任意型号的终端，无须进行任何改装即可加入系统使用，充分利用现有设备低投资完成升级。

4）系统可根据分级调度需要将用户分成不同的呼叫小组，可实现组内的一呼百应、组间的独立通信，或使用数字全呼功能实现全网用户的一呼百应，满足铁路公安私密性、紧急性、即时性的行业特点应用。

5）系统采用 IPv4 架构，预留网络接口，具备平滑的扩容能力，能够满足系统未来扩容和发展的需要。

5.6.5 项目成效

系统的组网模式和技术解决了目前模拟常规和数字常规的诸多问题，能够有效扩大无线通信覆盖率，增加用户容量，提供集中交换、控制的功能应用，完全兼容用户方现有数字产品设备，系统组网简单，可以灵活、方便地组建临时基站和延伸基站，全面提高铁路公安数字无线通信系统的管理和调度能力。

5.7　实训项目：智能家居组网

实训项目：完成一套三室两厅、面积 150 平方米（格局自定）的智能家居组网方案。

实训目标：

1）根据无线技术特点及搜索产品特性补充完整所涉及智能设备的网络接入技术，如图 5-23 所示。

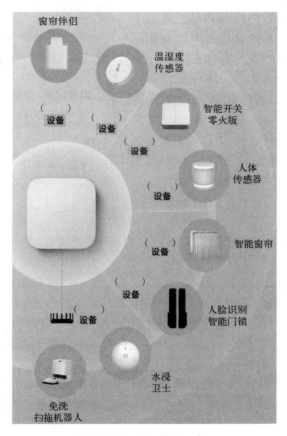

窗帘伴侣

温湿度传感器

（　　）设备　　　（　　）设备

（　　）设备

智能开关零火版

设备

人体传感器

（　　）设备

智能窗帘

设备

（　　）设备

人脸识别智能门锁

免洗扫拖机器人

水浸卫士

图 5-23　无线接入设备

2）查找相关的智能产品（包括组网产品及智能家居产品），了解产品特性，尽可能多地选择合适的智能家居产品进行组网。

3）组网方案符合实际，保证每一个智能产品能正常入网。确定组网方案（全覆盖可使用 AC+AP 组网，也可使用具有多设备 Mesh 组网的路由器），实现家庭每一个用网位置 WiFi 信号强覆盖，能详细说明组网方案。

4）使用 CAD 软件绘制房屋组网拓扑结构。

5）尽可能设置场景，结合生活实际，说明智能家居联动场景。

实施过程：

（1）寻找案例

可以通过网络寻找相关案例，搜索购物平台了解产品及产品特性，选择合适产品（不限品牌），结合无线接入技术特点，保证组网方案最优且经济可行。

（2）分析案例

1）确定房子格局，说明房间面积，了解路由器、网关等入网设备（相关产品参数及详情说明）的覆盖范围，为确保信号覆盖全，查找实际组网方案，确定网络接入设备合适的布网位置。

2）根据房间特性及实际使用，为每一个房间尽可能多且实用地添加智能设备产品，通过了解产品详情及参数，保证其能成功入网（在组网方案拓扑结构里说明接入技术，若接入 WiFi，需特别说明使用 5G 频段的产品），并分析生活实际，图文描述多产品、多场景的联动效果，如图 5-24 所示（参考）。

3）提交组网 CAD 图样，按以上要求撰写实验报告，详细并切合实际地说明智能家居组网方案。

图 5-24　智能客厅场景联动

本章小结

本章知识点见表 5-4。

表 5-4　本章知识点

序　号	知　识　点	内　　容
1	无线通信	无线通信主要包括微波通信和卫星通信。微波是一种无线电波，它传送的距离一般只有几十千米，但微波的频带很宽，通信容量很大。卫星通信是指利用通信卫星作为中继站在地面上多个地球站之间或移动体之间建立微波通信联系
2	自由空间的传播损耗	自由空间的传播损耗是指球面波在传播过程中，随着传播距离的增大，电磁能量在扩散中引起的球面波扩散损耗。在频率低于 27 MHz 时，无线电波的损耗极小
3	无线传播基本传播方式	反射、绕射及散射是无线信号的三种主要传播方式
4	视距传播	视距传播是指在发射天线和接收天线间能相互"看见"的距离内，电波直接从发射点传播到接收点的一种传播方式
5	多径传播	多径传播是指无线信号从发射天线到接收天线的传播路径不只一条，这些信号到达接收天线的强度不同、时间不同
6	电波衰落	无线电波在传播过程中会受到大尺度衰落和小尺度衰落的影响。大尺度衰落描述的是发射机与接收机之间长距离上的场强变化，主要包括路径损耗和阴影衰落；小尺度衰落也称为快衰落，描述的是信号在小尺度区间的传播过程中，信号幅度、相位和场强瞬时值的快速变化特性，主要由多径传播和多普勒频移引起
7	天线技术	天线的作用是在通信系统中完成射频电信号和电磁波之间的转换。天线分为发射天线和接收天线，发射天线在通信系统模型中接调制器输出端，接收天线接解调器输入端

（续）

序 号	知 识 点	内 容
8	多址技术	由于信道资源有限，一个信道往往需要同时传送多路信号，传送至多个用户，这种多用户共用一套资源的方法就是多路复用和多址技术。当分别以传输信号的载波频率不同、存在时间不同、码型不同和所占空间不同来区分信道建立多址接入（多用户）时，分别称为频分多址（FDMA）、时分多址（TDMA）、码分多址（CDMA）及空分多址（SDMA）
9	扩频技术	扩频是无线通信中一种将窄带频谱（低码片速率）扩展为宽带频谱（高码片速率）的技术，是与 CDMA 相辅相成的数字处理技术，也是一种调制技术。常用的扩频技术主要有直序扩频、跳频扩频、跳时扩频及线性调制。但是在实际使用过程中，常采用它们的混合方法
10	正交频分复用技术	正交频分复用（OFDM）技术作为一种多载波传输技术，主要应用于数字视频广播系统、多信道多点分布服务（MMDS）和 WLAN 服务，以及下一代陆地移动通信系统
11	微波中继通信	由于微波的频率极高，波长又很短，其在空中的传播特性与光波相近，也就是直线前进，遇到阻挡就被反射或阻断，因此微波通信的主要方式是视距通信，超过视距以后需要中继转发。同时由于地球曲面的影响以及空间传输的损耗，每隔 50 km 左右就需要设置中继站，将电波放大转发而延伸。这种通信方式也称为微波中继通信（或称微波接力通信）
12	微波通信系统	微波通信系统由发信机、收信机、天馈线系统、多路复用设备及用户终端设备等组成
13	卫星通信	卫星通信是指利用人造地球卫星作为中继站来转发无线电波，从而实现多个地球站之间的通信。卫星通信系统实际上也是一种微波通信，它以卫星作为中继站转发微波信号，在多个地面站之间通信
14	卫星通信系统	卫星通信系统包括通信和保障通信的全部设备。一般由空间分系统、通信地球站分系统、跟踪遥测及指令分系统、监控管理分系统四部分组成
15	卫星运动轨道	按照工作轨道区分，卫星通信系统一般分为低轨道卫星通信系统（LEO）、中轨道卫星通信系统（MEO）及高轨道卫星通信系统（GEO）三类
16	多址连接	卫星通信常用的多址连接方式有频分多址连接（FDMA）、时分多址连接（TDMA）、码分多址连接（CDMA）和空分多址连接（SDMA），另外频率再用技术也是一种多址方式
17	无线接入技术	无线接入技术通过无线介质将用户终端与网络节点连接起来，以实现用户与网络间的信息传递。目前常用的无线接入技术有 WiFi、蓝牙、ZigBee 及 NB-IoT 技术等

习题

1. 简述无线信道的基本特征。
2. 简述微波通信的基本概念。
3. 简述卫星通信系统组成。
4. 简述无线接入的基本概念。
5. 简述蓝牙技术和 ZigBee 技术的优缺点。

第6章　移动通信

当今社会已经进入一个信息化通信时代，随着信息技术的发展和互联网的普及，以各种通信技术为核心构建的各种通信系统都在发生着日新月异的变化，这些变化又使人们日常信息的获取方式有了更大的选择空间。

20世纪80年代以后，从模拟到数字通信，从2G、3G、4G到5G，移动通信技术发展极其迅速。全球手机用户及流量增长迅速，移动通信和移动互联网的快速发展，正为人们的工作和生活方式带来深刻变化。随着移动互联网的发展，宽带移动通信技术已经渗透到百姓生活的方方面面，奠定了移动互联的信息社会基础。

【学习要点】

- 移动通信的概念及系统组成。
- 移动通信的基础技术。
- 第二代移动通信系统。
- 第三代移动通信系统。
- 第四代移动通信系统。
- 第五代移动通信系统。

【素养目标】

学习移动通信的基础知识，初步掌握移动通信2G、3G、4G及5G的关键技术及知识，增强移动通信理论学习意识，为后续通信实践打下坚实的基础。

6.1　移动通信概述

移动电话通常称为手机，早期还有"大哥大"的俗称，是可以在较广范围内使用的便携式电话。手机是人类科学技术的重大发明，对人类社会影响深远。迄今为止，4G移动通信已使用多年，5G移动通信正在大规模发展中，且6G移动通信已在研发中。

6.1.1　移动通信发展简史

现代移动通信技术大致经历了五个发展阶段，具体过程如下。

1. 第一阶段为20世纪20年代至40年代，为早期发展阶段

在这期间，首先在短波几个频段上开发出专用移动通信系统，其代表是美国底特律市警察使用的车载无线电系统。该系统工作频率为2 MHz，到40年代提高到30~40 MHz，可以认为这个阶段是现代移动通信的起步阶段，特点是专用系统开发、工作频率较低。

2. 第二阶段为 20 世纪 40 年代中期至 60 年代初期

在此期间，公用移动通信业务开始问世。1946 年，根据美国联邦通信委员会（FCC）的计划，贝尔系统在圣路易斯城建立了世界上第一个公用汽车电话网，称为"城市系统"。当时使用三个频道，间隔为 120 kHz，通信方式为单工，随后，西德（1950 年）、法国（1956 年）、英国（1959 年）等相继研制了公用移动电话系统。美国贝尔实验室完成了人工交换系统的接续问题。这一阶段的特点是从专用移动网向公用移动网过渡，接续方式为人工，网络容量较小。

3. 第三阶段为 20 世纪 60 年代中期至 70 年代中期

在此期间，美国推出了改进型移动电话系统（IMTS），使用 150 MHz 和 450 MHz 频段，采用大区制、中小容量，实现了无线频道自动选择，并能够自动接续到公用电话网。可以说，这一阶段是移动通信系统改进与完善的阶段，其特点是采用大区制、中小容量，使用 450 MHz 频段，实现了自动选频与自动接续。

4. 第四阶段为 20 世纪 70 年代中期至 80 年代中期

这是移动通信蓬勃发展时期。1978 年底，美国贝尔实验室研制成功先进移动电话系统（AMPS），建成了蜂窝状移动通信网，大大提高了系统容量，1983 年首次在芝加哥投入商用，同年 12 月在华盛顿也开始启用，之后服务区域在美国逐渐扩大，到 1985 年 3 月已扩展到 47 个地区，约 10 万移动用户。其他工业化国家也相继开发出蜂窝式公用移动通信网。日本于 1979 年推出 800 MHz 汽车电话系统（HAMTS），在东京、神户等地投入商用。

这一阶段的特点是蜂窝状移动通信网成为实用系统，并在世界各地迅速发展。移动通信大发展的原因，除了用户要求迅猛增加这一主要推动力之外，还有几方面技术进展所提供的条件。首先，微电子技术在这一时期得到长足发展，这使得通信设备的小型化、微型化有了可能性，各种轻便电台不断推出。

5. 第五阶段为 20 世纪 80 年代中期开始至今

这是数字移动通信系统的发展和成熟时期，移动通信从模拟通信的 1G 发展到至今的数字通信 5G，传输速率快速增长。

第一代移动通信也称为 1G，出现于 20 世纪 80 年代，典型代表有美国的 AMPS、欧洲的 TACS 等，它们的共同特征是采用 FDMA，也就是频分多址技术，模拟调制语音信号。第一代移动通信在商业上取得巨大成功，但是也有频谱利用率低、业务种类有限、保密性差等不完善之处。

第二代移动通信也称为 2G，保密性明显比第一代要高，系统容量也在增加，而且手机可以上网，比 1G 多了数据传输服务，数据传输速率为 9.6 ~ 14.4 kbit/s。2G 时代也是移动通信争夺开始的标志，GSM 脱颖而出，称为最广泛的移动通信制式。

第三代移动通信也称为 3G。3G 最早由 ITU 提出，当时叫 FPLMTS，全称是未来公众陆地移动系统，1996 年更名为 IMT-2000，最高的业务速率可以达到 2000 kbit/s。3G 时代，因为有了高频宽和稳定的速度，影像电话和大数据传送更为普遍，出现了多样化的应用。因此，3G 被视为开启移动通信新纪元的重要里程碑。

第四代移动通信也称为 4G，4G 也是被人们广泛熟知的。4G 的重点是增加数据和语音容量，提高了整体的体验感。而且 4G 推出了全 IP 系统，彻底取消了电路交换技术。

第五代移动通信也称为 5G。在 5G 系统中，增强型移动带宽 eMBB、物联网 mMTC 和超可靠低时延 uRLLC 能满足不同场景的需求，带来全新的人、物体验。

6.1.2 移动通信的概念及特点

1. 移动通信的概念

移动通信是指通信双方或至少一方可以在运动中进行信息交换的通信方式。固定点与移动体（车辆、船舶、飞机）之间、移动体之间、移动的人之间的通信，都属于移动通信的范畴。

移动通信系统包括无绳电话、无线寻呼、陆地移动通信、卫星移动通信等。其中，陆地移动通信系统应用最为广泛，主要是蜂窝移动通信系统。

2. 移动通信的特点

移动通信与其他通信方式相比，主要有以下特点。

（1）无线电波传播复杂

移动通信的频率范围为高频（VHF，30～300 MHz）和特高频（UHF，300～3000 MHz）。这个频段的特点是：

- 传播距离在视距范围内，通常为几十千米。
- 天线短，抗干扰能力强。
- 以地面波、电离层反射波、直射波和散射波等方式传播，受地形、地物影响很大。
- 传播的途径不同，到达接收点时的幅度和相位都不一样，移动台在行进途中接收信号的电平起伏不定，可能严重影响通话质量。在移动通信系统设计时，必须具有一定的抗衰落能力和储备。
- 电磁波在传输过程中受到建筑物的阻挡时，信号只有少部分传送到接收地点，使接收信号的电平起伏变化，即产生阴影效应。

（2）移动通信具有多普勒效应

由于移动台的不断运动，当达到一定速度时（如超音速飞机），固定点接收的载波频率将随运动速度的不同产生不同的频移，即产生多普勒效应，使接收点的信号场强振幅、相位随时间、地点而不断变化。在移动台高速移动时，多普勒效应会导致快衰落，速度越快，衰落变换频率越高，衰落深度越大。

为防止多普勒效应对通信系统的影响，对地面设备的接收机采用锁相技术（VCO），其具有频率跟踪和低门限性能，可以使信号不丢失。

（3）移动通信在强干扰情况下工作

移动通信通信质量的优劣，不仅取决于设备本身的性能，还与外界的噪声和干扰有密切的关系。发射机的发射功率再高，当噪声和干扰很大时，移动通信也不能正常工作。

移动通信的主要干扰有互调干扰、邻道干扰和同频干扰等。

互调干扰主要是多个信号作用在通信设备的非线性器件上时，产生同有用信号频率相近的组合频率，从而构成干扰。因此，移动通信设备必须具有良好的选择性。

邻道干扰是相邻或邻近的信道（或频道）之间，由于一个强信号串扰弱信号而造成的干扰。因此，要求移动设备中使用自动功率控制（APC）电路。

同频干扰是相同载频电台之间的干扰，它是蜂窝移动通信系统所特有的，在组网时应充分重视频率配置，减少同频干扰。

（4）对移动台的要求高，用户经常性地移动

由于是移动通信，所以通信的双方（或一方）的位置会因实际需要而不断移动，与发射机无固定联系，因此，要求移动通信采用跟踪交换技术、位置登记、越区切换、漫游等技术。

6.1.3 移动通信系统的分类

移动通信网从不同角度进行分类，具体如下。

1）按使用对象可分为民用设备和军用设备。

2）按使用环境可分为陆地通信、海上通信和空中通信。

3）按多址方式可分为频分多址、时分多址和码分多址等。

4）按覆盖范围可分为宽域网和局域网。

5）按业务类型可分为语音网、数据网和综合业务网等。

6）按工作方式可分为单工、半双工和全双工。

7）按服务范围可分为专用移动通信网和公用移动通信网。

8）按信号形式可分为模拟网和数字网。

6.1.4 移动通信系统的组成

移动通信系统有很多种形式，其成本、复杂度、性能和服务类型有很大的差别。例如，小型调度系统可以只由一个控制台和若干个移动台组成。而公众移动通信系统一般由移动台（MS）、基地站（BS）、移动交换中心（MSC）以及与市话网相连接的中继线等组成，如图 6-1 所示。

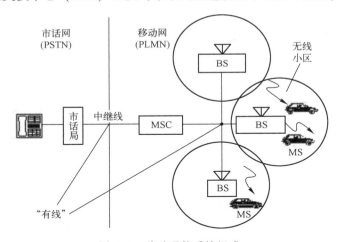

图 6-1　移动通信系统组成

MS 是在不确定的地点并在移动中使用的终端，它可以是便携的手机，也可以是安装在车辆等移动体上的设备。BS 是移动无线系统中的固定站台，用来和 MS 进行无线通信，它包含无线信道和架在高建筑物上的发射、接收天线。每个 BS 都有一个可靠的无线小区服务范围，其大小主要由发射功率和基站天线的高度决定。MSC 是在大范围服务区域中协调呼叫路由的交换中心，其功能主要是处理信息的交换和对整个系统进行集中控制管理。

大容量移动电话系统可以由多个具有一定服务小区的 BS 构成一个移动通信网，通过 BS、MSC 就可以实现在整个服务区内任意两个移动用户之间的通信；也可以通过中继线与市话局连接，实现移动用户与市话用户之间的通信，从而构成一个有线、无线综合的移动通信系统。

6.1.5 移动通信的工作频段

移动通信系统所用频段要综合考虑覆盖效果和容量。根据电磁波波段的划分（详见表1-3），目前移动通信系统主要是使用甚高频（VHF）和特高频（UHF），其中，VHF主要用在2G、3G及4G移动通信系统，UHF主要用在5G移动通信系统。我国移动通信的频段划分见表6-1。

表6-1 我国移动通信的频段划分

运营商	上行频率（UL）/MHz	下行频率（DL）/MHz	频宽/MHz	系统	制式	备注
中国移动	885~909	930~954	24	GSM800	2G	
	1710~1725	1805~1820	15	GSM1800	2G	
	2010~2025	2010~2025	15	TD-SCDMA	3G	
	1880~1890	1880~1890	60	TD-LTE	4G	
	2320~2370	2320~2370				
	2515~2675	2515~2675	160	TD-LTE/NR	4G/5G	
	4800~4900	4800~4900	100	NR	5G	
中国联通	909~915	954~960	6	GSM800	2G	
	1745~1755	1840~1850	10	GSM1800	2G	
	1940~1955	2130~2145	15	WCDMA	3G	
	2300~2320	2300~2320	40	TD-LTE	4G	
	2555~2575	2555~2575				
	1755~1765	1850~1860	10	FDD-LTE	4G	
	3500~3600	3500~3600	100	NR	5G	
	3300~3400	3300~3400	100	NR	5G	电信、广电公用
中国电信	825~840	870~885	15	CDMA	2G	
	1920~1935	2110~2125	15	CDMA2000	3G	
	2370~2390	2370~2390	40	TD-LTE	4G	
	2635~2655	2635~2655				
	1765~1780	1860~1875	15	FDD-LTE	4G	
	3400~3500	3400~3500	100	NR	5G	
	3300~3400	3300~3400	100	NR	5G	电信、广电公用
中国广电	703~733	758~788	30	FDD-LTE/NR	4G/5G	
	4900~4960	4900~4960	60	NR	5G	
	3300~3400	3300~3400	100	NR	5G	电信、广电公用

表6-1中使用频段归属VHF和UHF的范畴，其在覆盖效果和容量之间平衡得比较好，因此广泛应用于手机等终端的移动通信领域。当然，随着人们对移动通信的需求越来越多，需要的容量越来越大，移动通信系统必然要向高频段发展。

6.2 移动通信基础技术

移动通信技术是以无线电波形式为通信用户提供实时信息传输的技术，以实现在保障覆盖区或服务区内顺畅的个体移动通信。本节主要讲解移动通信的工作方式、多址方式、服务区体制、位置管理与越区切换技术等。

6.2.1 移动通信的工作方式

按照通话的状态和频率的使用方法，可将移动通信的工作方式分成单向通信方式和双向通信方式两大类别。双向通信方式分为单工通信方式、双工通信方式和半双工通信方式三种。

1. 单工通信

通信双方电台交替进行收信和发信。常用的对讲机就采用这种通信方式，分为同频单工和异频单工。单工通信常用于点到点通信，如图 6-2 所示。

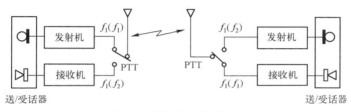

图 6-2 异频单工通信方式

由于使用收发频率有一定保护间隔的异频工作，提高了抗干扰能力，从而可用于组建有几个频道同时工作的通信网。

2. 双工通信

通信双方均同时进行收发工作，即任一方讲话时，可以听到对方的语音，与普通市内电话的使用情况类似，如图 6-3 所示。

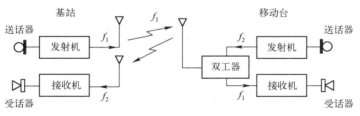

图 6-3 全双工通信方式

但是，采用这种通信方式时，在使用过程中不管是否通话，发射机都处于工作状态，故耗电较大，这一点对使用电池供电的移动台是十分不利的。因此，在某些系统中，移动通信的发射机仅在做业务时才工作，而移动台的接收机总是时刻在工作，通常称这种系统为准双工系统，它可以和双工系统兼容。

3. 半双工通信

通信双方中，一方使用双频双工方式，即收、发信机同时工作；另一方使用双频单工方式，即收、发信机交替工作，即通信允许信号在两个方向上传输，但某一时刻只允许信号在一个信道上单向传输。

6.2.2 移动通信的多址方式

由于无线通信具有大面积无线电波覆盖和开放信道的特点，网内一个用户发射的信号其他用户均可接收，那么如何才能使网内用户从播发的信号中识别出发送给本用户地址的信号就成为建立连接的首要问题，即用户应采用何种多址通信方式。

6.2.2　移动通信的多址方式

在移动通信系统中采用的多址方式主要有三种：频分多址、时分多址和码分多址，如图 6-4 所示。

1. 频分多址

频分多址（FDMA）是把通信系统的总频段划分为多个等间隔且互不重叠的频道（预留保护间隔），并分配给不用用户使用。每个频道的宽度都能传输一路语音信息，在相邻频道间无明显的串扰。

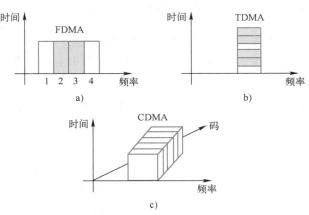

图 6-4　三种多址方式

a）频分多址　b）时分多址　c）码分多址

频分多址的特点如下。

1）信道每一时刻只载有一条电话线路。

2）若信道不在使用中，则处于空闲状态，不能被其他用户使用，因而无法增加或共享系统容量。这无疑是一种资源的浪费。

3）在指定音频信道后，基站和移动用户可以同时连续发信。

4）信道的带宽非常窄（30 kHz），因为每个信道对一个载波只支持一条线路。为了具有足够多的信道，通常用窄带系统实现。

5）字符时间比平均时延扩展大得多，这意味着码间干扰比较小，因此对其窄带系统几乎不需要均衡。

6）系统的复杂性比时分多址系统的复杂性要低。

7）由于它是连续发射方式，所以可用于系统内务操作（如同步比特和组帧比特）。

8）由于发射机和接收机在同一时间工作，所以移动装置必须使用双工器，这将增加用户装置和基站的成本。

为了使相邻信道干扰最小，频分多址需要进行精确的无线电频率滤波。

2. 时分多址

时分多址（TDMA）是指在一个无线频道上按时间分割为若干个时隙，每个信道占用一个时隙，在规定的时隙内收发信号。时分多址只传数字信息，信息需经压缩和缓冲存储的过程，突出优点是频率利用率高，抗干扰能力强，在实际使用时常与频分多址组合使用。

时分多址的特点如下。

1）可使多个用户共享同一载波频率，其中每个用户使用无重叠的时隙，每个用户的时隙数取决于调制方法、可利用的带宽等因素。

2）系统各用户的数据发射不是连续的，而是突发的。这就使得电池消耗小，因为当用户的发射机不使用时（大多数时间属于这种状况）可以关机。

3）使用不同的时隙进行发射和接收，因此不需要双工器。即使使用频分双工，在用户装置中也不需要双工器，只需使用一个开关即可对发射机和接收机进行开启和断开。

4）由于其发射速率一般比频分多址高很多，所以通常需要自适应均衡。

5）保护时间应该最小。若为了缩短保护时间而将时隙边缘的发射信号加以明显抑制，则发射信号的频谱将扩展，并会引起对相邻信道的干扰。

6）由于发射是时隙式的，具有突发性，就要求接收机必须与每个数据组保持同步，因此用于同步的系统内务操作将占用不少时间。此外，为了将不同用户分开，还需要设立保护时隙，这又会造成时间资源的浪费。

7）它有一个优点，即能够将每帧数目不等的时隙分配给不同的用户。因此，可以根据不同用户的需求，通过优先顺序连接时隙，以便提供不同的时间宽度。

3. 码分多址

码分多址（CDMA）是指采用扩频通信技术，每个用户具有特定的地址码（相当于扩频中的 PN 码），利用地址码相互之间的正交性（或准正交性）完成信道分离的任务。

码分多址的特点如下。

1）系统中的许多用户共享相同的频率，它既可以使用时分双工，也可以使用频分双工。

2）与前两种方式不同，它存在一软容量限制。增加其系统的用户数目会以一种线性形式抬高噪声门限，因此，其中的用户个数也不是无限制的。

3）自干扰是该系统中的一个重要问题。自干扰主要是由于系统中使用了不完全正交的扩频码，因此在某个特定伪噪声码的解扩中，系统中其他用户的发射就有可能对期望用户的接收机产生影响。

4）系统中存在"远–近"效应问题，即当非期望用户距离接收机很近时，会产生与扩频码无关的干扰。

5）系统可以利用扩频码良好的相关特性来很好地抵抗多径效应。

6.2.3 移动通信服务区体制

根据无线覆盖区的范围，移动通信网的服务区体制分为小容量的大区制和大容量的小区制两大类。

6.2.3 移动通信服务区体制

1. 大区制

大区制是指用一个基站覆盖整个服务区，由基站负责移动台的控制和联络。在大区制中，服务区范围的半径通常为 20～50 km。为了覆盖这样大的一个服务区，基站发射机的发射功率较大（100～200 W），基站天线要架设得很高（几十米以上），以保证大区中的移动台能正常接收基站发出的信号。然而移动台的发射功率较小，通常在一个大区中需要在不同地点设立若干个接收机，接收附近的移动台发射的信号，再通过有线或微波接力将信号传输至基站。

在一个大区中，同一时间每一无线信道通常包括一对收、发频率，只能被一个移动台使用，否则将产生严重的同频干扰。因此大区制组网的频谱利用率低，能容纳的用户数量少。大区制的优点是组网简单，投资少，见效快，适用于用户较少的地区。

2. 小区制

小区制是将整个移动通信服务区划分为许多小区，在每个小区设置一个基站，负责与小区中移动台的无线连接。各基站统一接到一个移动交换中心，由移动交换中心统一控制各基站协调工作，并与有线网相连接，使移动用户进入有线网。移动用户只要在服务区内，不管处于哪个小区，都能正常通信。

在 UHF 和 VHF 频段，无线电波传播损耗随距离增大而增大，因此在小区制中可以应用频率复用技术，即在相邻小区中分配频率不同的信道，而在相隔一定距离的非相邻小区中分配相同频率的信道。由于相距较远，同时使用相同频率的信道也不会产生明显的同频干扰。分配相同频率的小区间距离取决于具体移动通信系统采用的调制（编码）方式所允许的最低信号/干扰比。这个比值越低，允许的复用距离越短。每一小区中的用户数或移动通信业务量取决于分配给小区的信道数目，因此采用频率复用技术后，在相同的频段范围中将大大增加通信容量。小区分得越小，即小区数目越多，整个通信系统的通信容量越大。小区制组网灵活，例如可以对不同用户量的小区分配不同数目的信道；又如当原来的小区容量不够时，可以进行小区分裂，以满足更大的用户量需求。此外，由于小区半径小，移动台发射功率可减少，为移动台小型化创造了条件。

小区制组网比大区制组网复杂得多，移动交换中心要随时知道每个移动台正处于哪个小区中才能进行通信联络，因此必须对每个移动台进行位置登记，移动台从一个小区进入另一小区时要进行越区切换。移动交换中心要与服务区中每个小区的基站相连接，传送控制信号和通信业务。因此采用小区制设备复杂、投资大。

小区范围也不宜过小，小区范围过小，一方面基站数目太多，使建网成本增大；另一方面，移动台快速移动时（例如汽车中的移动台），要频繁进行越区切换，掉话的可能性增大，会降低通信质量。模拟移动通信系统中，控制系统进行越区切换操作的速度较慢，小区半径一般限制在 2 km 以上。数字移动通信系统中越区切换的速度较快，小区半径可减小到 500 m 以下。

3. 服务区形状

每个移动通信网都有一定的服务区域，无线电波辐射必须覆盖整个区域。如果网络的服务范围很大，或者地形复杂，则需要几个小区才能覆盖整个服务区。按服务区形状来划分，可分为面状服务区和线状服务区。

（1）面状服务区

面状服务区有正三角形、正方形、正六边形等形状，如图 6-5 所示。用正六边形无线小区邻接构成整个面状服务区是最好的，称为蜂窝移动网，因此，在现代移动通信网中得到了广泛的应用。它能从根本上解决日益增长的用户数量与通信信道不足的矛盾，可以有效利用频率资源，是一种十分灵活、方便、最有发展前景的移动通信网络结构。

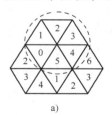 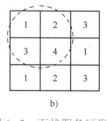 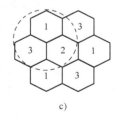

a) b) c)

图 6-5 面状服务区形状
a）正三角形 b）正方形 c）正六边形

（2）线状服务区

对于沿着海岸线或距离海岸数十千米的海面，以及连接大城市铁路、高速、国道等的服务区都是线状服务区。在这种情况下，往往采用并排多个小区，而且每几个小区重复使用同一频率，这种小区的结构较为简单。

6.2.4 位置管理与越区切换技术

1. 位置管理

移动通信网络中位置管理的实质就是通过移动通信网络的具体操作来实现对移动用户的定位。具体来说，就是确保有外来呼叫时，移动用户能有效且及时地被移动通信网络"找"到，也即当移动用户变换自己位置时，移动通信网络能及时地进行跟踪，当呼叫到达时，能够及时、准确地传递到移动用户当前的位置。

位置管理使得移动通信网络能够跟踪移动终端的位置。移动终端可以在无线覆盖区域内任意移动，因此移动通信网络只能保持该移动终端的近似位置信息。当有外来呼叫时，移动通信网络需要确定该移动终端所在的具体蜂窝，即确定该移动终端的精确区位置。

位置管理分为两部分：位置更新（Location Update）和寻呼（Paging），如图 6-6 所示。

（1）位置更新

为了减少位置的不确定性，移动终端需要不时地向移动通信系统报告其当前所在位置，这便是位置更新的过程。在位置更新过程中，移动终端首先通过上行控制信道发送更新消息，然后执行更新数据库的信令过程。在位置更新阶段，移动终端把它的新接入点通知网络，使网络能对其进行鉴权，并修改数据库中移动终端的位置档案和在新的数据库中进行登记。

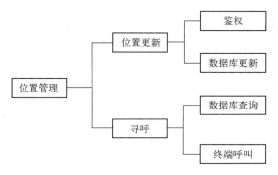

图 6-6 位置管理功能框图

（2）寻呼

寻呼则是搜索并确定移动终端所在具体蜂窝位置的过程。寻呼又包括查询移动终端的位置档案以及找到该移动终端当前位置两方面内容。

2. 越区切换技术

越区切换是指移动台在通话过程中从一个基站覆盖区移动到另一个基站覆盖区，或是由于外界干扰而切换到另一条信道上的过程。

在蜂窝移动通信网中，切换是为了保证移动用户在移动状态下实现不间断通信；切换也是为了在移动台与网络之间保持一个可以接受的通信质量，防止通信中断，这是适应移动衰落信道特性必不可少的措施。特别是由网络发起的切换，是平衡服务区内各小区的业务量，降低高用户量小区呼损率的有力措施。切换可以优化无线资源（频率、时隙、码）的使用，还可以及时减小移动台的功率消耗和对全局干扰电平的限制。

常见的切换方式有硬切换、软切换和更软切换。

1）硬切换：指不同基站覆盖小区之间的信道切换。移动用户在与新的基站建立连接前必须断掉与原有基站的连接。

2）软切换：是指移动用户从一个小区移动到另一个小区时，可以同时与多个小区建立连接进行通信。在切换过程中，终端在与新基站建立连接前不必断掉与原有基站的连接，没有通信中断的现象。这种切换发生在载波频率相同基站覆盖小区之间的信道切换。

3）更软切换：指在同一小区的不同扇区之间发生的切换。

6.2.5 同频复用

由于移动频率资源的稀缺性及移动覆盖范围的有限性，为实现大范围内移动覆盖，需要采用移动频率重复利用的方式，即同频复用技术。

实现蜂窝移动通信的关键是通过同频复用技术可以充分利用频率资源。通过一定的复用距离，相隔较远的小区可重复设置频率，不会产生同频干扰，如图6-7所示。

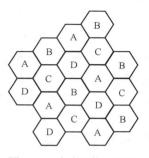

图6-7　移动通信的同频复用示意图

同频小区间的复用距离取决于同频干扰，同频干扰又取决于语音质量要求的信噪比。为了提高频率利用率，在满足移动通信质量的条件下，允许使用相同载频小区之间的最小距离称为同频复用的最小安全距离，简称为同频复用距离。

6.3　第二代移动通信系统

随着第一代模拟移动通信系统的没落，之后广泛使用的移动通信系统为第二代移动通信系统，具有代表性的是 GSM（Global System for Mobile communication）和 CDMA（Code Division Multiple Access）。

6.3　第二代移动通信系统

6.3.1　GSM 系统

数字蜂窝移动通信系统（GSM）是由欧洲主要电信运营商和制造厂家组成的标准化委员会设计出来的，它是在蜂窝系统的基础上发展而成的，经过不断地改进和完善，基本形成了现今的两个主要规范：GSM900 和 GSM1800。

1. GSM 的网络结构

GSM 主要由移动台（MS）、基站子系统（BSS）、交换网络子系统（NSS）和操作支持子系统（OSS）四部分组成，如图6-8所示。

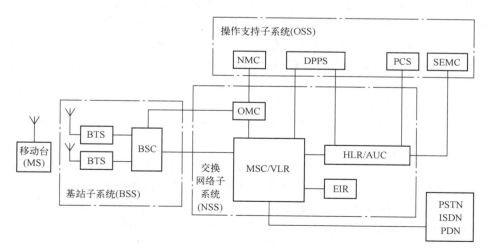

图6-8　GSM 结构

具体可分为移动台（MS）、基站收发信台（BTS）、基站控制器（BSC）、网络管理中心（NMC）、数据后处理系统（DPP）、安全性管理中心（SEMC）、用户识别卡个人化中心（PCS）、设备识别寄存器（EIR）、移动交换中心（MSC）、拜访位置寄存器（VLR）、归属位置寄存器（HLR）、鉴权中心（AUC）、操作维护中心（OMC）、公用电话网（PSTN）、综合业务数字网（ISDN）、公用数据网（PDN）。

（1）移动台

移动台是整个系统中直接由用户使用的设备，可分为手持型、车载型、便携型三类。它由两部分组成，即移动终端（MS）和用户识别卡（SIM）。

移动终端可完成语音编码、信道编码、信息加密、信息调制和解调、信息发射和接收。

用户识别卡就是"身份卡"，存有认证用户身份所需的所有信息，并能执行一些与安全保密有关的重要指令，以防止非法用户进入网络。

（2）基站子系统

基站子系统是在一定的无线覆盖区中由移动交换中心控制，与移动台进行通信的系统设备，它主要负责完成无线发送、接收和无线资源管理等功能。功能实体可分为基站控制器和基站收发信台。

基站控制器具有对一个或多个基站收发信台是进行控制的功能，它主要负责无线网络资源的管理、小区配置数据管理、功率控制、定位和切换等，是个很强的业务控制点。

基站收发信台是无线接口设备，它完全由基站控制器控制，主要负责无线传输，完成无线与有线的转换、无线分集、无线信道加密、跳频等功能。

（3）交换网络子系统

交换网络子系统主要完成交换功能，以及数据管理、移动性管理、安全性管理所需的数据库功能。它由一系列功能实体所构成，各功能实体介绍如下。

1）移动交换中心。它是 GSM 的核心，是对位于它所覆盖区域中的移动台进行控制和完成话路交换的功能实体，也是移动通信系统与其他公用通信网之间的接口。它可完成网络接口、公共信道信令系统和计费等功能，还可完成基站子系统、移动交换中心之间的切换和辅助性的无线资源管理、移动性管理等。另外，为了建立至移动台的呼叫路由，每个移动台还应能完成查询位置信息的功能。

2）拜访位置寄存器。拜访位置寄存器是一个数据库，存储移动交换中心为了处理所辖区域中移动台（统称拜访用户）的来话、去话呼叫所需检索的信息（例如用户的号码），所处位置区域的识别信息，向用户提供的服务等参数。

3）归属位置寄存器。归属位置寄存器也是一个数据库，存储管理部门用于管理移动用户的数据。每个移动用户都应在其归属位置寄存器内注册登记。它主要存储两类信息：一是有关用户的参数；二是有关用户目前所处位置的信息，以便建立至移动台的呼叫路由，例如移动交换中心、拜访位置寄存器地址等。

4）鉴权中心。鉴权中心是用于产生为确定移动用户的身份和对呼叫保密所需鉴权、加密的三个参数（随机号码 RAND、符合响应 SRES、密钥 KC）的功能实体。

5）设备识别寄存器。设备识别寄存器也是一个数据库，存储有关移动台的设备参数，主要完成对移动设备的识别、监视、闭锁等功能，以防止非法移动台的使用。

（4）操作支持子系统

它是 GSM 的操作维护部分，GSM 的所有功能单元都可以通过各自的网络连接到 OSS，通过操作支持子系统可以实现 GSM 网络各单元的监视、状态报告和故障诊断等功能。

2. GSM 的信令

在通信系统中，把协调不同实体所需的信息称为信令。信令负责通话的建立。GSM 的信令包括传输（TX）、无线资源管理（RR）、移动管理（MM）、呼叫管理（CM）以及操作、管理和维护（OAM）等功能部分。GSM 的信令系统特点如下。

1）统一的接口定义，可适应多厂商环境，特别是统一的 A 接口，可以使运营公司选用不同厂商生产的移动交换中心和基站子系统。

2）信令系统严格分层，支持业务开放和系统互连。在网络侧，即移动交换中心、归属位置寄存器、拜访位置寄存器、设备识别寄存器之间均采用和 OSI 七层结构一致的 7 号信令系统。在用户接入侧，即移动交换中心和基站间及空中接口均采用和 ISDN 用户网络接口（UNI）一致的三层结构。

3）网络侧信令着眼于系统互连。由 7 号信令支持的统一的 MAP 信令使 GSM 可以很容易地实现广域联网和国际漫游；灵活的智能网结构便于系统引入智能业务，实现快速增值服务。

4）用户侧信令着眼于业务综合接入，便于未来各类 ISDN 业务的引入，为向个人通信发展奠定基础。

3. GSM 的接续和管理

蜂窝移动通信技术的发展，使移动通信技术从大区制到小区制，但移动通信的移动性管理越来越困难，成为制约移动通信发展的一大难题，而 GSM 移动通信系统很好地解决了移动性管理的问题。

（1）硬切换

硬切换是指不同小区间采用先断开、后连接的方式进行切换，是 GSM 网络移动性管理的基本算法。其在不同频率的基站或覆盖小区之间完成切换。这种切换过程是移动台（手机）先暂时断开通话，在与原基站联系的信道上传送切换的信令，移动台自动向新的频率调谐，与新的基站联系，建立新的信道，从而完成切换过程。

（2）位置更新

移动用户的位置常处于变动状态，为了处理呼叫业务、短消息业务、补充业务等便于获取移动用户的位置信息，提高无线资源的利用率，要求对移动用户在网络中进行位置信息登记和报告激活状态，即发起位置更新业务。

位置更新分为一般位置更新、周期性位置更新和国际移动用户识别码（IMSI）附着/分离三类。

1）一般位置更新指不同基站（BTS）间的位置更新。

2）周期性位置更新指移动台定期向网络进行位置登记，范围为 $0\sim225$。若为 0，则该小区不采用周期性位置更新；若为 1，则要求移动台每过一定时间登记一次。但如果用户长时间无操作，拜访位置寄存器将自动删除该用户数据，并通知归属位置寄存器。

3）IMSI 附着指用户开机时的位置更新；IMSI 分离指用户关机或者取出 SIM 卡时的位置更新。

6.3.2　CDMA 系统

码分多址（CDMA）技术，其基本思想是系统中各移动台占用同一频带，但各用户使用彼此正交的用户码，从而使基站和移动台通过相关检测能区分用户之间的信息。它由扩频、多址接入、蜂窝组网和频率复用等技术结合而成。

1. CDMA 系统的网络结构

CDMA 系统的网络结构如图 6-9 所示。

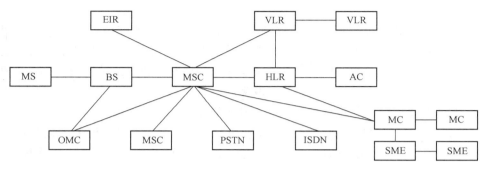

图 6-9　CDMA 系统的网络结构

（1）移动台（MS）

MS 包括手机和车台等，是用户终端。无线信道的设备通过 MS 给用户提供接入网络业务的能力。

（2）基站（BS）

BS 设于某一地点，是服务于一个或几个蜂窝小区的全部无线设备的总称。它是在一定的无线覆盖区域内，由移动交换中心（MSC）控制，与移动台进行通信的设备。

（3）移动交换中心（MSC）

MSC 是对位于它所服务区域中的移动台进行控制、信息交换的功能实体，也是与其他 MSC 或其他公用交换网之间的用户业务自动连接设备。

（4）归属位置寄存器（HLR）

HLR 是为了记录目的而赋予指定用户身份的一个位置登记器。登记的内容是用户的信息，如电子序列号（ESN）、国家码+移动号码（DN）、国际移动用户识别码（IMSI）、服务项目信息（MSI）、当前位置、批准有效的时间段等。

（5）拜访位置寄存器（VLR）

VLR 是 MSC 检索信息用的位置寄存器，例如处理来自一个拜访用户的呼叫信息（用户号码），向用户提供本地用户的服务等参数。

（6）设备识别寄存器（EIR）

EIR 是为了记录目的而分配给用户设备身份的寄存器，用于对移动设备进行识别、监视、闭锁等。

（7）鉴权中心（AC）

AC 是一个管理移动台相关鉴权信息的功能实体。

（8）消息中心（MC）

MC 是一个存储和转送短消息的实体。

（9）短消息实体（SME）

SME 是合成和分解短消息的实体，有时 HLR、VLR、EIR 及 AC 位于 MSC 之中，SME 位于 MSC、HLR 或 MC 之中。

码分多址数字蜂窝移动通信网不是公共交换电话网（PSTN）的简单延伸，它是与 PSTN、ISDN、PSPDN 等并行的业务网。由于移动用户大范围的移动，该网在管理上应相对独立。

2. CDMA 系统的关键技术

CDMA 系统之所以较 GSM 更优越，与其所使用的关键技术是密不可分的，主要技术如下。

（1）软切换技术

采用频分多址方式的模拟蜂窝系统移动台的越区切换必须改变信道频率，即硬切换。在 TDMA 数字蜂窝系统中，移动台的越区切换不仅要改变时隙，而且要改变频率，因此也属于硬切换。在移动台从一个基站覆盖区进入另一个基站覆盖区时，所有的硬切换都是先断掉与原基站的联系，然后再寻找新覆盖区的基站进行联系，这就是通常所说的"先断后接"。这种切换方式会因手机进入屏蔽区或信道繁忙而无法与新基站联系时产生掉话现象。

"掉话"是因为手机越区切换时采用的是硬切换。当然这个断掉的时间差仅几百毫秒，在正常情况下人们无法感觉到，只是一旦手机因进入屏蔽区或信道繁忙而无法与新基站联系时，掉话就会产生。

而现在 CDMA 采用的是软切换技术，在越区切换时，手机并不断掉与原基站的联系，而是同时与新基站联系，当手机确认已经和新基站建立联系后，才将与原基站的联系断掉，也就是"先接后断"。这种先接后断的切换方式不会出现"乒乓"效应，并且切换时间也很短，掉话的可能几近于无，保证了通信的可靠性。

（2）功率控制

所谓的功率控制，就是在无线传播上对手机或基站的实际发射功率进行控制，以尽可能降低基站或手机的发射功率，这样就能达到降低手机和基站的功耗以及降低整个网络干扰这两个目的。当然，功率控制的前提是要保证正在通话的呼叫拥有比较好的通信质量。

功率控制可以分为上行功率控制和下行功率控制，上行和下行功率控制是独立进行的。所谓的上行功率控制，也就是对手机的发射功率进行控制，而下行功率控制就是对基站的发射功率进行控制。

不论是上行功率控制还是下行功率控制，由于降低了设备功耗和网络干扰，表现出来的最明显的好处就是：整个网络的平均通话质量大大提高，手机的电池使用时间也大大延长。

（3）语音激活技术

在 CDMA 数字蜂窝移动通信系统中，所有用户共享同一个无线频道，当某一个用户没有讲话时，该用户的发射机不发射信号或发射信号的功率小，其他用户所受到的干扰就相应地减少。为此，在 CDMA 系统中采用了相应的编码技术，使用户的发射机所发射的功率随着用户语音编码的需求进行调整。当用户讲话时，语音编码器输出速率高，发射机所发射的平均功率大；当用户不讲话时，语音编码器输出速率很低，发射机所发射的平均功率很小，这就是语音激活技术。

综上 CDMA 系统的技术特点，与 GSM 相比，它具有系统容量高、切换成功率高、保密性好、手机终端环保节能、语音质量好及覆盖范围大等优势。

6.4 第三代移动通信系统

6.4 第三代移动通信系统

随着日益增长的无线业务需求，第二代移动通信系统 GSM、CDMA 等已经超出容量，需要在更高质量的语音业务和无线网络中引入高速数据和多媒体业务，在这样的大背景下，第三代移动通信技术应运而生。

第三代移动通信系统的概念最早于 1985 年由国际电信联盟（ITU）提出，是首个以"全球标准"为目标的移动通信系统。在 1992 年的世界无线电大会上，为 3G 分配了 2 GHz 附近约 230 MHz 的频带。考虑到该系统的工作频段在 2000 MHz，最高业务速率为 2000 kbit/s，而且将在 2000 年左右实现商用，ITU 在 1996 年正式将其命名为 IMT-2000（International Mobile Tele-communication-2000）。于是，IMT-2000 便成为"第三代移动通信"（俗称 3G）的正式名称。

3G 系统的三大主流标准分别是 WCDMA（宽带 CDMA）、CDMA2000 和 TD-SCDMA（时分双工同步 CDMA）。3G 系统速率最初的目标是在静止环境、中低速移动环境、高速移动环境下分别支持 2 Mbit/s、384 kbit/s、144 kbit/s 的数据传输。其设计目标是提供比 2G 更大的系统容量、更优良的通信质量，并使系统能提供更丰富多彩的业务。

6.4.1　WCDMA 系统

WCDMA 亦称宽带码分多址，是由 3GPP 具体制定，基于 GSM MAP 核心网，以 UTRAN（UMTS 陆地无线接入网）为无线接口的第三代移动通信系统。目前 WCDMA 有 Release99、Release4、Release5、Release6 等版本，中国联通采用此种 3G 标准。

1. WCDMA 系统结构

WCDMA 系统主要由用户设备（UE）、UTRAN 和核心网（CN）三部分组成，外部网络有公共陆地移动网（PLMN）、公共交换电话网（PSTN）、综合业务数字网（ISDN）、Internet 等。如图 6-10 所示。

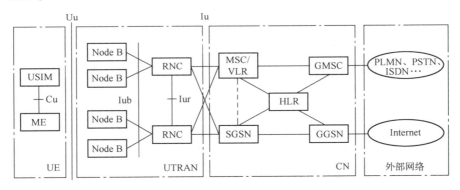

图 6-10　WCDMA 系统结构

主要模块和功能如下。

1）Uu：UE 和 UTRAN 之间的接口，用户终端。

2）UE：3G 网络中，用户终端叫作 UE，包含手机、智能终端、多媒体设备、流媒体设备等。UE 主要完成无线接入、信息处理等。

3）UTRAN：由 Node B 和无线网络控制器（RNC）构成。UTRAN 分为无线不相关和无线相关两部分，前者完成与 CN 的连接，实现向用户提供 QoS 保证的信息处理和传送，以及用户和网络控制信息的处理和传送；后者处理与 UE 的无线接入（用户信息传送、无线信道控制、资源管理等）。

4）CN：主要完成用户认证、位置管理、呼叫连接控制、用户信息传送等功能。SGSN 为服务网关，GGSN 为网关 GPRS 支持节点，GMSC 为网关移动交换中心。

5）NodeB：无线收发信机。主要功能是扩频、调制、信道编码及解扩、解调、信道解码，还包括基带信号和射频信号的转化。

6）RNC：无线网络控制器，是 3G 网络的一个关键网元。它是接入网的组成部分，用于提供移动性管理、呼叫处理、链接管理和切换机制。

7）MSC：移动交换中心。CN 中 CS 域功能节点。MSC 的主要功能是提供 CS 域的呼叫控制、移动性管理、鉴权和加密等功能。

8）VLR：拜访位置寄存器，VLR 动态地保存着进入其控制区域内的移动用户的相关数据。

9）HLR：归属位置寄存器，存放着所有归属用户的信息，如用户的有关号码（IMSI 和 MSISDN）、用户类别、漫游能力、签约业务和补充业务等。

2. WCDMA 系统的特点

WCDMA 系统作为 3G 确立的主要标准之一，满足业务丰富、价格低廉、全球漫游、高频谱利用率四个基本要求，主要有以下特点。

（1）信道复杂，可适应各种业务需求

WCDMA 可通过公共信道/共享信道、接入信道和专用信道等不同类型的信道实现不同业务，适应不同时延和分布特点要求，使资源的调配更加灵活。而 CDMA 和 GSM 只通过业务信道（TCH）承载业务。

利用灵活的资源调配方式和各种信道，WCDMA 可以更好地满足不同业务的 QoS。WCDMA 所承载的业务可以大致分为四类：会话类、数据流类、互动类、后台类，主要区别在于对时延的敏感度（会话类业务对时延最敏感，后台类业务对时延最不敏感）。

（2）更大的容量和更高的业务速率

WCDMA 的码片速率达 3.84 Mchip/s，载波带宽约 5 MHz。相对窄带系统，WCDMA 的带宽能够支持更高的速率，同时带来了无线传播的频率分集。对于速率大致相同的电话业务，它具有更高的扩频增益，接收灵敏度更高。

（3）功率控制更加完善

WCDMA 采用开环功率控制和闭环功率控制两种方式，当链路没有建立时，开环功率控制用来调节接入信道的发射功率，链路建立之后使用闭环功率控制。

（4）切换机制更加健全，分层组网结构更为灵活

WCDMA 系统具有软切换方式，利于提高覆盖率，但会增加开销；还具有硬切换方式，可通过压缩模式实现通话状态下不同载频、不同系统的测量，提高硬切换的成功率。

（5）对于分组数据业务，具有灵活的资源调度机制

针对分组数据业务非实时等特点，WCDMA 可以通过选择资源调度机制，均衡资源利用率和用户服务质量。

（6）WCDMA 的干扰来自网内和网外

网内干扰是由码分多址系统自干扰的机制决定的，网外干扰主要来自同制式的不同系统和频率邻近的其他网络，存在远近效应。无论网内干扰还是网外干扰，都与网络的覆盖、容量紧密相关。

（7）基站无须同步

WCDAM 的基站同步是可选的，采用较为自由的信道管理方式，缺点是需要快速实现小区搜索。

6.4.2　TD-SCDMA 系统

TD-SCDMA 即时分同步码分多址移动通信系统，是由中国第一次提出、在无线传输技术（RTT）的基础上完成，并已正式被 ITU 接纳的国际移动通信标准。相对于另两个主要 3G 标准（WCDMA 和 CDMA2000），它的起步较晚。目前中国移动采用此种 3G 标准。

1. TD-SCDMA 系统结构

TD-SCDMA 系统主要由用户设备（UE）、UMTS 陆地无线接入网（UTRAN）和核心网（CN）三部分组成，系统结构和主要模块与 WCDMA 基本相同，参照图 6-10。

2. TD-SCDMA 系统的特点

（1）频谱效率高

TD-SCDMA 系统综合采用了联合检测、智能天线、软件无线电、上行同步和接力切换等先进技术，系统内的多址和多径干扰得到了极大缓解，从而有效地提高了频谱利用率，进而提高了整个系统的容量。

具体来讲，联合检测和上行同步可极大降低小区内的干扰，智能天线则可以有效抑制小区间及小区内的干扰。另外，联合检测和智能天线对于缓解 2G 频段上更加明显的多径干扰也有较大作用。TD-SCDMA 系统的这一特点决定了它将非常适合在 3G 网络建设初期提供大容量的网络解决方案。

（2）支持多载频

对 TD-SCDMA 系统来说，其容量主要受限于码资源。TD-SCDMA 支持多载波，载频之间的切换很容易实现。因为 TD-SCDMA 是时分系统，手机可在控制信道时扫描其他频率，无需任何硬件就能轻松实现载波间切换，并能保证很高的成功率。另外，通过多载波可以消除导频污染以及突发导频，从而降低掉话率。TD-SCDMA 系统可以将邻小区的导频安排在不同的载波上，从而降低导频污染。众所周知，导频污染是 CDMA 系统最大的问题，TD 在这方面有独特优势。

（3）不存在呼吸效应及软切换

用户数增加使覆盖半径收缩的现象称为呼吸效应。CDMA 系统是一个自干扰系统，当用户数显著增加时，用户产生的自干扰呈指数级增加，因此呼吸效应是一般 CDMA 系统的天生缺陷。

呼吸效应的另一个表现形式是每种业务用户数的变化都会导致所有业务的覆盖半径发生变化，这会给网络规划和网络优化带来很大的麻烦。TD-SCDMA 是一个集 CDMA、FDMA、TDMA 于一身的系统，它通过低带宽 FDMA 和 TDMA 来抑制系统的主要干扰，使产生呼吸效应的因素影响显著降低。

由于 TD-SCDMA 在每个时隙中采用 CDMA 技术来提高容量，产生呼吸效应的唯一原因是单时隙中多个用户之间的自干扰，由于 TD-SCDMA 单时隙最多只能支持 8 个 12200 个的话音用户，用户数量少，使用户的自干扰比较少。

同时，这部分自干扰通过联合检测和智能天线技术被进一步抑制，因此 TD-SCDMA 不再是一个干扰受限系统，而是一个码道受限系统，覆盖半径不随用户数的增加而变化，即没有呼吸效应。

（4）组网灵活、频谱利用灵活、频率资源丰富

TD-SCDMA 系统采用时分双工模式，它的一个载波只需占用 1.6 MHz 的带宽就可以提供速率达 2 Mbit/s 的 3G 业务，对于频率分配的要求简单和灵活了许多。在多家移动运营商共存的情形下，频谱资源的使用情况会相对复杂，而 TD-SCDMA 系统大大提高了对频谱资源利用的灵活性。

（5）与 GSM 组网易于实施

从系统角度看，TD-SCDMA 与 GSM 均为时分复用系统，可以灵活进行系统之间的测量控制和切换。

（6）灵活高效承载非对称数据业务

TD-SCDMA 系统子帧中上、下行链路的转换点是可以灵活设置的，调度上、下行资源使得系统资源利用率最大化。

6.4.3 CDMA2000 系统

CDMA2000 是一种宽带 CDMA 技术，由北美最早提出，能与 2G 的窄带 CDMA（IS-95）后向兼容。CDMA2000 标准是一个体系结构，按照使用的带宽来分，CDMA2000 可以分为 CDMA2000lx、CDMA20003x、CDMA2000lxEV-DO，都属于第三代移动通信技术。CDMA2000 标准的技术细节主要由 3GPP2 组织完成。目前中国电信采用此种 3G 标准。

1. CDMA2000 系统的结构

由于现在 CDMA2000 系统的商用化主要采用的是 CDMA2000lx 标准，故以 CDMA2000lx 系统为例进行介绍。CDMA2000lx 网络主要由 BTS、BSC、MSC、PCF、PDSN 等节点组成，系统结构如图 6-11 所示。

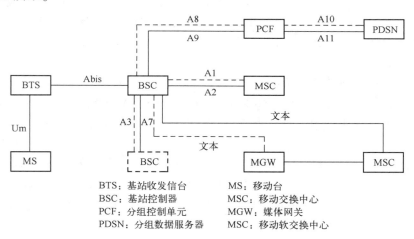

图 6-11　CDMA2000lx 系统结构

由图 6-11 可见，与 IS-95 相比，核心网中的 PCF 和 PDSN 是两个新增模块，提供支持移动 IP 的 A10、A11 互联，可以支持分组数据业务传输。各接口功能如下。

- Abis 接口：用于 BTS 和 BSC 之间的连接。
- A1 接口：用于传输 MSC 与 BSC 之间的信令信息。
- A2 接口：用于传输 MSC 与 BSC 之间的语音信息。
- A3 接口：用于传输 BSC 与 SDU（交换数据单元模块）之间的用户话务和信令信息。

- A7 接口：用于传输 BSC 之间的信令，支持 BSC 之间的软切换。
- A8 接口：传输 BSC 与 PCF 之间的用户业务。
- A9 接口：传输 BSC 与 PCF 之间的信令信息。
- A10 接口：传输 PCF 和 PDSN 之间的用户业务。
- A11 接口：传输 PCF 和 PDSN 之间的信令信息。

2. CDMA2000 系统的特点

（1）多载波工作

CDMA2000 系统的前向链路支持 Nx1.2288 Mc/s（N = 1、3、6、9、12）的码片速率，即带宽可选择 1.25 MHz、3.75 MHz、7.5 MHz、11.25 MHz、15 MHz 中的一种。

（2）反向链路连续发送

CDMA2000 系统的反向链路对所有的数据速率提供连续波形，包括连续导频和连续数据信道波形。连续波形可以使干扰最小化，在低传输速率时增加覆盖范围，同时允许整帧交织，而不像突发情况那样只能在发送的一段时间内进行交织，这样可以充分发挥交织的时间分集作用。

（3）反向链路独立的导频和数据信道

CDMA2000 系统反向链路使用独立的正交信道区分导频和数据信道，因此导频和物理数据信道的相对功率电平可以灵活调节，而不会影响其帧结构或一帧中符号的功率电平。

（4）独立的数据信道

CDMA2000 系统在反向链路和前向链路中均提供称为基本信道和补充信道的两种物理数据信道，每种信道均可以独立地编码、交织，设置不同的发射功率电平和误帧率要求，以适应特殊的业务需求。基本信道和补充信道的使用使得多业务并发时系统性能的优化成为可能。

（5）前向链路的辅助导频

在前向链路中采用波束成型天线和自适应天线可以改善链路质量、扩大系统覆盖范围或增加支持的数据速率，以增强系统性能。

（6）前向链路的发射分集

发射分集可以改进系统性能，降低对每信道发射功率的要求，因而可以增加容量。在 CD-MA2000 系统中采用正交发射分集（OTD）。

综合上述内容，WCDMA、CDMA2000 和 TD-SCDMA 三种标准的技术参数见表 6-2。

表 6-2　3G 三种标准技术参数

制　　式	WCDMA	CDMA2000	TD-SCDMA
采用国家和地区	欧洲、美国、中国、日本、韩国等	美国、韩国、中国等	中国
继承基础	GSM	窄带 CDMA（IS-95）	GSM
双工方式	FDD	FDD	TDD
同步方式	异步/同步	同步	同步
码片速率	3.84 Mchip/s	1.2288 Mchip/s	1.28 Mchip/s
信号带宽	2×5 MHz	2×1.25 MHz	1.6 MHz
峰值速率	384 kbit/s	153 kbit/s	384 kbit/s
核心网	GSM MAP	ANSI-41	GSM MAP
标准化组织	3GPP	3GPP2	3GPP

从表 6-2 中可以看出，WCDMA 和 CDMA2000 属于频分双工（Frequency Division Duplex，FDD）方式，而 TD-SCDMA 属于时分双工（Time Division Duplex，TDD）方式。WCDMA 和 CDMA2000 是上、下行独享相应的带宽，上、下行之间需要频率间隔以避免干扰；TD-SCDMA 是上、下行采用同一频谱，上、下行之间需要时间间隔以避免干扰。

6.5 第四代移动通信系统

随着人们对移动通信系统各种需求的与日俱增，2G、3G 系统已不能满足现代移动通信系统日益增长的高速多媒体数据业务需求。这使得全世界通信业的专家们将目光投向了第四代、第五代移动通信，以期最终实现商业无线网络、局域网、蓝牙、广播、电视卫星通信的无缝衔接并相互兼容，真正实现"任何人在任何地点以任何形式接入网络"的梦想。

6.5 第四代移动通信系统

6.5.1 4G 移动通信概述

1. 4G 的概念和产生背景

长期演进（Long Term Evolution，LTE）是 3GPP 主导制定的无线通信技术，是基于 GSM/EDGE 和 UMTS/HSPA 技术移动设备和数据终端的高速无线通信标准，LTE 通常称作 4GLTE。

3GPP 当时制定了两大演进计划：LTE 和 SAE（System Architecture Evolution），LTE 负责无线接口演进，SAE 负责系统架构演进。LTE 关注的核心是无线接口和无线组网架构的技术演进问题，它使用不同的无线电接口以及核心网络改进来增加容量和速度。

移动宽带化和宽带无线化的融合为 LTE 的产生奠定了技术基础，如图 6-12 所示。无线接入网的网元之间使用 IP 技术进行数据传输，即移动通信网 IP 化是二者融合的网络基础。通信网 IP 化最重要的技术基础是 IP 网支持 QoS 保证，将 IP 网效率高的优点和通信网 QoS 保证的特点结合起来。

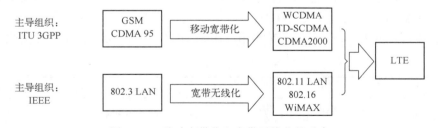

图 6-12　移动宽带化和宽带无线化的融合

随着通信技术、广电技术、互联网技术三网融合进程的快速发展，通信产业的价值链从封闭走向开放，无线通信业务数据化、多媒体化成为必然。无线通信不只是人与人之间的通信，还会扩展到人与物、物与物之间，爆发的无线通信需求为 LTE 的发展奠定了坚实的市场基础。

2. 4G 移动通信的特点

4G 移动通信主要具有以下特点。

1）高速率、高容量。对于大范围高速移动用户（250 km/h），数据速率为 2 Mbit/s；对于中速移动用户（60 km/h），数据速率为 20 Mbit/s；对于低速移动用户（室内或步行者），数据速率为 100 Mbit/s。4G 系统容量至少应是 3G 系统容量的 10 倍以上。

2）网络频带更宽。每个 4G 信道将占有 100 MHz 频谱，相当于 WCDMA 3G 网络的 20 倍。

3）兼容性更加平滑。4G 应该接口开放，能够跟多种网络互连，并且对 2G、3G 手机具备很强的兼容性，以完成对多种用户的融合，在不同系统间进行无缝切换，传送高速多媒体业务数据。

4）灵活性更强。4G 拟采用智能技术，可自适应地进行资源分配，采用智能信号处理技术对信道条件不同的各种复杂环境进行信号的正常收发。

5）具有用户共存性。能根据网络的状况和信道条件进行自适应处理，使低、高速用户和各种用户设备能够并存与互通，从而满足多类型用户的需求。运营商或用户支付更低的费用就可随时随地接入各种业务。

3. 4G 的网络架构

整个 LTE 系统由三部分组成：核心网（Evolved Packet Core，EPC）、接入网（E-UTRAN）、用户设备（UE），如图 6-13 所示。

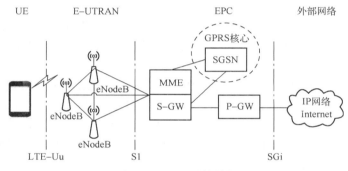

图 6-13　LTE 系统结构

其中，EPC 分为三部分：MME（Mobility Management Entity，负责信令处理部分）、S-GW（Serving Gateway，负责本地网络用户数据处理部分）、P-GW（PDN Gateway，负责用户数据包与其他网络的处理）。

E-UTRAN 由 eNodeB（eNB）构成。网络接口有 S1 接口（eNodeB 与 EPC 之间）、X2 接口（eNodeB 之间）、Uu 接口（NodeB 与 UE 之间）。

主要网元的职能划分如下。

（1）eNodeB

LTE 的 eNodeB 除了具有原来 NodeB 的功能之外，还承担了原来 RNC 的大部分功能，包括物理层功能、MAC 层功能、RLC 层（包括 ARO）功能、PDCP 功能、RRC 功能（无线资源控制功能）、调度、无线接入许可控制、接入移动性管理以及小区间的无线资源管理功能等。

（2）MME

MME 是 SAE（系统结构演进）的控制核心，主要负责用户接入控制、业务承载控制、寻呼、切换控制等控制信令的处理。MME 功能与网关功能分离，这种控制平面/用户平面分离的架构有助于网络部署、单个技术的演进以及全面灵活的扩容。

（3）S-GW 的功能

S-GW 作为本地基站切换时的锚定点，主要负责以下功能：在基站和公共数据网关之间传输数据信息；为下行数据包提供缓存；基于用户的计费等。

（4）P-GW 的功能

公共数据网关 P-GW 作为数据承载的锚定点，提供以下功能：包转发、包解析、合法监听、基于业务的计费、业务的 OoS 控制，以及负责和非 3GPP 网络间的互联等。

4. 4G 的关键技术

（1）接入方式和多址方案

OFDM（正交频分复用）是一种无线环境下的高速传输技术，其主要思想就是在频域内将给定信道分成许多正交子信道，在每个子信道上使用一个子载波进行调制，各子载波并行传输。尽管总的信道是非平坦的，即具有频率选择性，但是每个子信道是相对平坦的，在每个子信道上进行的是窄带传输，信号带宽小于信道的相应带宽。OFDM 技术的优点是可以消除或减小信号波形间的干扰，对多径衰落和多普勒频移不敏感，提高了频谱利用率，可实现低成本的单波段接收机。OFDM 的主要缺点是功率效率不高。

（2）调制与编码技术

4G 移动通信系统采用新的调制技术，如多载波正交频分复用调制技术及单载波自适应均衡技术等调制方式，以保证频谱利用率和延长用户终端电池的寿命。4G 移动通信系统采用更高级的信道编码方案（如 Turbo 码、级联码和 LDPC 等）、自动重发请求（ARQ）技术和分集接收技术等，从而在低 E_b/NO（接收机解调门限）条件下保证系统拥有足够的性能。

（3）高性能的接收机

4G 移动通信系统对接收机提出了很高的要求。香农定理给出了在带宽为 BW 的信道中实现容量为 C 的可靠传输所需要的最小 SNR。根据香农定理可以计算出，对于 3G 系统，如果信道带宽为 5 MHz，数据速率为 2 Mbit/s，所需的 SNR 为 1.2 dB；而对于 4G 系统，要在 5 MHz 的带宽上传输 20 Mbit/s 的数据，则所需要的 SNR 为 12 dB。可见对于 4G 系统，由于速率很高，对接收机的性能要求也要高得多。

（4）智能天线技术

智能天线具有抑制信号干扰、自动跟踪及数字波束调节等智能功能，被认为是未来移动通信的关键技术。智能天线应用数字信号处理技术产生空间定向波束，使天线主波束对准用户信号到达方向，旁瓣或零陷对准干扰信号到达方向，达到充分利用移动用户信号并消除或抑制干扰信号的目的。这种技术既能改善信号质量，又能增加传输容量。

（5）MIMO 技术

多输入、多输出（MIMO）技术是指利用多发射、多接收天线进行空间分集的技术，它采用的是分立式多天线，能够有效地将通信链路分解成为许多并行的子信道，从而大大提高容量。信息论已经证明，当不同的接收天线和不同的发射天线之间互不相关时，MIMO 能够很好地提高系统的抗衰落和噪声性能，从而获得巨大的容量。例如：当接收天线和发送天线数目都为 8 根，且平均信噪比为 20 dB 时，链路容量可以高达 42 bps Hz，这是单天线系统所能达到容量的 40 多倍。因此，在功率带宽受限的无线信道中，MIMO 技术是实现高数据速率、提高系统容量、提高传输质量的空间分集技术。在无线频谱资源相对匮乏的今天，MIMO 系统已经体现出其优越性，也会在 4G 移动通信系统中继续应用。

（6）软件无线电技术

软件无线电是将标准化、模块化的硬件功能单元经过一个通用硬件平台，利用软件加载方式来实现各种类型无线电通信系统的一种具有开放式结构的新技术。软件无线电的核心思想是在尽可能靠近天线的地方使用宽带 A/D 和 D/A 变换器，并尽可能多地用软件来定义无线功能，各种功能和信号处理都尽可能用软件实现。其软件系统包括各类无线信令规则与处理软件、信号流变换软件、信源编码软件、信道纠错编码软件、调制解调算法软件等。软件无线电使系统具有灵活性和适应性，能够适应不同的网络和空中接口。软件无线电技术能支持采用不同空中接口的多模式手机和基站，实现各种应用的可变 QoS。

（7）基于 IP 的核心网

4G 移动通信系统的核心网是一个基于全 IP 的网络，同已有的移动网络相比具有根本性的优点，即可以实现不同网络间的无缝互联。核心网独立于各种具体的无线接入方案，能提供端到端的 IP 业务，同已有的核心网和 PSTN 兼容。核心网具有开放的结构，允许各种空中接口接入；同时能把业务、控制和传输等分开。IP 与多种无线接入协议相兼容，因此在设计核心网时具有很大的灵活性，不需要考虑无线接入究竟采用何种方式和协议。

（8）多用户检测技术

多用户检测是宽带 CDMA 通信系统中抗干扰的关键技术。在实际的 CDMA 通信系统中，各个用户信号之间存在一定的相关性，这就是多址干扰存在的根源。由个别用户产生的多址干扰固然很小，可是随着用户数的增加或信号功率的增大，多址干扰就成为宽带 CDMA通信系统的一个主要干扰。传统的检测技术完全按照经典直接序列扩频理论对每个用户的信号分别进行扩频码匹配处理，因而抗多址干扰能力较差；多用户检测技术在传统检测技术的基础上，充分利用造成多址干扰的所有用户信号信息对单个用户的信号进行检测，从而具有优良的抗干扰性能，解决了远近效应问题，降低了系统对功率控制精度的要求，因此可以更加有效地利用链路频谱资源，显著提高系统容量。随着多用户检测技术的不断发展，各种高性能又不是特别复杂的多用户检测器算法不断提出，在 4G 实际系统中采用多用户检测技术将是切实可行的。

6.5.2 LTE 的制式

LTE 技术标准的两种制式分别是 LTE-TDD 和 LTE-FDD。长期演进时分双工（LTE-TDD）是由中国移动、大唐电信、华为、中兴、诺基亚、高通、三星和爱立信等国际企业联盟共同开发的 4G 电信技术；另外一种制式是长期演进频分双工（LTE-FDD），如图 6-14 所示。

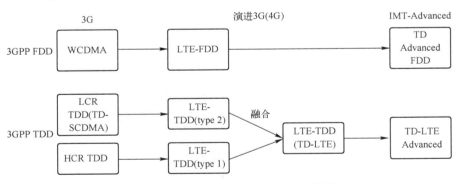

图 6-14 LTE-FDD 和 LTE-TDD 演进图

TDD 代表时分双工，也就是说上、下行在同一频段上按照时间分配交叉进行，由 3G TD-SCDMA 平滑过渡而来。FDD 代表频分双工，则是上、下行分处不同频段同时进行，由WCDMA、CDMA2000 升级改造完成。

（1）TDD 相对 FDDR 的优势

1）可灵活配置频率，使用 FDD 系统不易使用的零散频段。

2）可以通过调整上、下行时隙转换点提高下行时隙比例，能够很好地支持非对称业务。

3）具有上、下行信道一致性，基站的收发可共用部分射频单元，降低设备成本。

4）接收上、下行数据时，无需收发隔离器，只需一个开关即可，降低了设备的复杂度。

5）具有上、下行信道互惠性，可更好地采用传输预处理技术，如预 RAKE 技术、联合传输（JT）技术、智能天线技术等，能有效降低移动终端的处理复杂性。

（2）TDD 相对 FDD 的不足

1）TDD 方式的时间资源分给了上行和下行，因此 TDD 方式的发射时间大约只有 FDD 的一半，如果 TDD 要发送和 FDD 同样多的数据，就要增大 TDD 的发送功率。

2）TDD 系统上行受限，因此 TDD 基站的覆盖范围明显小于 FDD 基站的覆盖范围。

3）TDD 系统收发信道同频，无法进行干扰隔离，系统内和系统间存在干扰。

4）为避免与其他无线系统之间的干扰，TDD 需预留较大的保护带，会影响整体频谱的利用效率。

6.6 第五代移动通信系统

随着现代社会的快速发展，现代科学技术的发展也日新月异，而通信技术的变革更是站在当今发展最快的技术变革的前列。很多国家自 2013 年起就开始研究 5G 移动网络，目前我国 5G 移动网络已得到大规模发展，5G 网络日趋成熟。

6.6 第五代移动通信系统

6.6.1 5G 关键技术

面对多样化场景的极端差异化性能需求，5G 很难像以往一样以某种单一技术为基础形成针对所有场景的解决方案，5G 技术的创新主要源于无线技术和网络技术两个领域。在无线技术领域，大规模天线阵列、超密集组网、新型多址和全频谱接入等技术已成为业界关注的焦点；在网络技术领域，基于软件定义网络（SDN）和网络功能虚拟化（NEV）的新型网络架构已取得广泛共识。

1. 大规模天线阵列

MIMO 技术已经广泛应用于 WiFi、LTE 等。理论上，天线越多，频谱效率和可靠性就越高。大规模天线阵列（Massive MIMO）是 5G 中提高系统容量和频率利用率的关键技术，传统的 TDD 网络天线基本是 2 天线、4 天线或 8 天线，而大规模天线阵列指的是通道数达到 64/128/256。

以一个 $20\,cm^2$ 的天线物理平面为例，如果这些天线以半波长的间距排列在一个个方格中，工作频段为 3.5 GHz，就可部署 16 个天线；如工作频段为 10 GHz，就可部署 169 个天线。现有 4G 网络的 8 端口多用户 MIMO 不能满足频谱效率和能量效率的数量级提升需求，而大规模天线阵列系统可以显著提高频谱效率和能量效率。大规模天线阵列技术是 MIMO 技术的扩展和延伸，其基本特征是在基站侧配置大规模的天线阵列（从几十至几千），其中基站天线的数量比每个信令资源的设备数量大得多，利用空分多址原理同时服务多个用户。

此外，大规模天线阵列系统中，使用简单的线性预编码和检测方法，噪声和快速衰落对系统的影响将逐渐消失，因此小区内干扰也得到了降低，这些优势使得大规模天线阵列成为 5G

的一大关键技术。

2. 超密集组网

超密集网络能够改善网络覆盖，大幅度提升系统容量，并且对业务进行分流，具有更灵活的网络部署和更高效的频率复用。未来，面向高频段大带宽将采用更加密集的网络方案，部署小区/扇区将高达 100 个以上。

与此同时，越发密集的网络部署也使得网络拓扑更加复杂，小区间干扰已经成为制约系统容量增长的主要因素，极大地降低了网络能效。干扰消除、小区快速发现、密集小区间协作、基于终端能力提升的移动性能增强方案等，都是目前密集网络方面的研究热点。

3. 新型多址

多址接入技术是移动通信系统演进的标志，1G~4G 基于正交发送和线性接收的基本思想，在保证系统性能的前提下，系统设计更加简单，易于实现。

5G 非正交多址通过多用户信息在相同资源上的叠加传输，在接收侧利用先进的接收算法分离用户信息。基于非正交多址技术，不仅可以有效提升系统频谱效率，而且可以成倍提升系统的接入容量，此外，通过免调度传输，还可以有效简化信令流程、降低空口传输时延。

5G 多址技术目前主要包括基于多位调制和稀疏码扩频的稀疏码分多址（SCMA）技术、基于复数多元码及增强叠加编码的多用户共享接入（MUSA）技术、基于非正交特征图样的图样分隔多址（PDMA）技术、基于功率叠加的非正交多址（NOMA）技术。

4. 全频谱接入

随着移动通信的快速发展，新的业务和需求不断涌现，单一的频谱资源已经无法满足 5G 时代的速率要求，因此需要寻找新的频谱资源，充分挖掘可用的频谱，来满足 5G 的发展要求，全频谱接入随之启用。

全频谱接入涉及 6 GHz 以下低频段和 6 GHz 以上高频段，其中，低频段是 5G 的核心频段，用于无缝覆盖；高频段作为辅助频段，用于热点区域的速率提升，如图 6-15 所示。

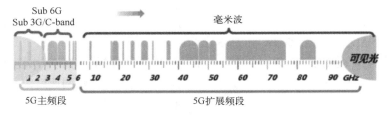

图 6-15　5G 的频段分布

全频谱接入采用的是高频与低频共存的相关技术，充分结合低频和高频各自的优点，将其融合在一起，使之达到覆盖面无缝隙、热点速率高且容量大的特点。利用高频谱混合组网技术可以有效解决热点区域的速率和流量需求，同时通过低频基站进行广覆盖可以减少基站的数量，减少布网成本。

此外，基于滤波的正交频分复用（F-OFDM）、滤波器组多载波（FBMC）、全双工、灵活双工、终端直通（D2D）、多进制低密度奇偶检验码（Q-ary LDPC）、网络编码、极化码等也被认为是 5G 的潜在无线关键技术。

6.6.2　5G 网络架构

5G 网络长期演进，网络架构随着网络结构的演化而不断发展。目前常见的组网方式分为独立（Standalone，SA）组网和非独立（Non-Standalone，NSA）组网。

其中，SA 组网有 Option2、Option5 模式，NSA 组网有 Option3（包含 Option3、Option3a 和 Option3X）、Option4（包含 Option3、Option4a）、Option7（包含 Option7、Option7a 和 Option7X）模式。本节重点介绍 NSA 中的 Option3X 及 SA 中的 Option2 模式。

1. Option3X 网络架构

Option 3X 部署架构（数据承载可由 NR 将数据分流至 LTE）同一个承载用户面的数据可在 LTE 和 NR 上同时传输，EPC 需要升级至支持与 NR 相连，LTE 和 NR 之间的回传需要支持 LTE 的传输速率，如图 6-16 所示。

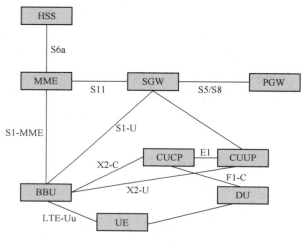

图 6-16　Option3X 网络架构

如图 6-16 所示，Option 3 网络架构由用户侧（UE）、无线侧（BBU、CUCP、CUUP 和 DU）及核心网（MME、SGW、PGW 和 HSS）构成。

Option 3X 等 NSA 适用于 5G 建网初期，标准化完成时间最早，有利于市场宣传；对 5G 的覆盖没有要求，支持双连接来进行分流，用户体验好；网络改动小，建网速度快，投资相对少。

NSA 的不足之处是 5G 基站和现有 4G 基站必须来自同一个厂商，灵活性低；无法支持 5G 核心网引入的相关新功能和新业务。

2. Option2 网络架构

Option2 的网络架构中，无线侧是 NR，核心网侧是 5G 核心网（5GC），即无线和核心网侧全部更新换代，使用新设备和新技术来部署。这种组网策略下，运营商需要全面建设 5G 网络，无论是无线接入网还是核心网均需新建，网络投资大，建设周期长，但是一旦网络建设完毕，这就是一张独立的 5G 网络，可以支持 3GPP 定义的所有应用，且满足应用要求。

由图 6-17 所示，Option2 网络架构由用户侧（UE）、无线侧（CUCP、CUUP 和 DU）及核心网（AMF、SMF、AUSF、NSSF、UDM、PCF、UPF 和 NRF）构成。

其主要功能如下。

1）AMF：接入和移动性管理功能，执行注册、连接、可达性、移动性管理。

2）SMF：会话管理功能，负责信道维护、IP 地址分配和管理、UP 功能选择、策略实施和 QoS 中的控制、计费数据采集、漫游等。

3）AUSF：认证服务器功能，实现 3GPP 和非 3GPP 的接入认证，类似于 MME 中的鉴权功能和 HSS 鉴权数据管理。

4）UPF：用户面功能，包括分组路由转发、策略实施、流量报告、QoS 处理，类似于 4G 中的 SGW 和 PGW 用户面功能。

5）PCF：策略控制功能，统一的政策框架，提供控制平面功能的策略规则，类似于 4G 中的 PCRF。

6）UDM：统一数据管理功能，包括 3GPP AKA 认证、用户识别、访问授权、注册、移动、订阅、短信管理等，类似于 4G 中的 HSS。

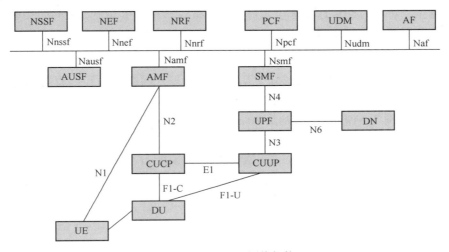

图 6-17　Option2 网络架构

Option2 等 SA 适用于 5G 的大规模商用，主要是网络建设不影响现网 2G/3G/4G 用户的使用；可快速部署网络，SA 直接引入 5G 新网元，不需要对现网改造升级；引入 5GC，提供 5G 新功能，能满足更快、更丰富的 5G 业务。其不足之处是初期部署难以实现连续覆盖，会存在大量系统间的切换，用户体验不好；初期部署成本相对较高，无法有效利用现有 4G 基站资源。

6.6.3　5G+行业应用

各地 5G 基站的大规模建设，标志着 5G 时代已经来临。目前 5G 的有些应用还处于理论阶段，但有些应用已经落地。

6.6.3　5G+行业应用

5G 作为第五代移动通信技术，具有增强移动带宽（eMBB）、海量物联（mMTC）和高可靠低延时（uRLLC）等特点，其主要应用包括自动驾驶、远程医疗、虚拟现实、超高清视频、智慧城市、云游戏等。

1. 自动驾驶

5G 对自动驾驶而言，最大意义在于通过超强的数据传输特性将汽车传感器的数据与云端互联，为汽车提供更多的智能决策支持。总的来看，5G 在自动驾驶领域的应用包括支持车辆动态组成编组行驶、半自动/全自动驾驶下的信息共享，支持远程驾驶车辆、车辆间交换传感器获得的数据、交换实时视频录像等。

5G 的优势包括低延迟、高速移动、高数据传输速率、高容量等。据了解，2020 年，无人驾驶汽车每秒消耗至少 0.75 GB 的数据量。庞大的数据量需要超高速率、超低时延的传输，当前的通信系统不能满足其中所需的超高带宽和高可靠性要求，这恰恰是 5G 大显身手的地方。

5G 自动驾驶要实现车与车、车与环境之间的即时信息交换，技术上需要 C-V2X 的支持。C-V2X 是基于蜂窝网络的车联网技术，车辆可以通过通信信道感知到彼此的状态，检测隐藏的威胁。车与车互联之后，人们甚至可以通过算法和规则来实现有秩序的行驶状态。

2. 远程医疗

5G 赋能远程医疗，能够帮助医院实现调度、问诊、会诊、查房、手术等一系列远程处理，同时，5G+云影像室、云超声室、云内镜室也大大提升了各项检查和诊断的效率。此外，在公共卫生事件发生的特殊时期，远程医疗能最大限度减少诊断医生与患者之间的接触，专家甚至不用进入隔离区即可快速完成诊断。

3. 虚拟现实

虚拟现实（VR）是近眼现实、感知交互、渲染处理、网络传输和内容制作等新一代信息技术相互融合的产物，新形势下高质量 VR 业务对带宽、时延的要求逐渐提升，速率从 25 Mbit/s 逐步提高到 3.5 Gbit/s，时延从 30 ms 降低到 5 ms 以下。伴随大量数据和计算密集型任务转移到云端，未来"Cloud VR+"将成为 VR 与 5G 融合创新的范例。

凭借 5G 的超宽带高速传输能力，可以解决 VR 渲染能力不足、互动体验不强和终端移动性差等痛点问题，推动媒体行业转型升级，在文化宣传、社交娱乐、教育科普等大众领域培育 5G 的广泛应用。

4. 超高清视频

作为继数字化、高清化媒体之后的新一代革新技术，超高清视频被业界认为是 5G 网络最早实现商用的核心场景之一。超高清视频的典型特征就是大数据、高速率，按照产业主流标准，4K、8K 视频传输速率为 12~40 Mbit/s、48~160 Mbit/s，4G 网络已无法完全满足其网络流量、存储空间和回传时延等技术指标要求。

5G 网络良好的承载力成为解决该场景需求的有效手段。当前 4K/8K 超高清视频与 5G 技术结合的场景不断出现，广泛应用于大型赛事/活动/事件直播、视频监控、商业性远程现场实时展示等领域，成为市场前景广阔的基础应用。

5. 智慧城市

随着 5G 的到来，关于智慧城市的各种预期正成为现实，例如，超高速互联网连接和智慧交通系统这类原本只能在小范围内测试的项目可以将规模扩大到整个城市。5G 驱动的智能传感器将在道路空无一人时调暗路灯，实时提供公共交通的时间表，帮助驾驶人快速找到可用停车位，并全天候监控建筑物的结构完整性。

智慧农业也正成为可能，通过在农场间安装 5G 传感器，当农作物需要浇水和施肥时，配套设施将接收信号并自动操作，降低劳动力投入的同时提高农作物的种植效果。

智慧家居则是另一受 5G 技术影响巨大的领域。得益于新技术带来的信息传输效率，高速率、低时延以及高承载力的 5G 网络让万物互联的智能家居生活逐渐成为现实。

6. 云游戏

云游戏技术使性能和算力集中在云端成为可能，只要通过 5G 网络连接就可以随时随地使用计算机、手机、平板等各种屏幕登录调用云端高性能主机，使用过程没有任何卡顿延迟，这对于游戏业和玩家来说不亚于一场革命。

6.7 移动通信在工业互联网上的应用案例

本案例为某公司 5G 移动通信网在工业互联上的应用。

6.7.1 背景介绍

2019 年 11 月 22 日，工业和信息化部印发《"5G+工业互联网"512 工程推进方案》，明确到 2022 年，突破一批面向工业互联网特定需求的 5G 关键技术；"5G+工业互联网"的产业支撑能力显著提升，打造 5 个产业公共服务平台，内网建设改造覆盖 10 个重点行业；打造一批"5G+工业互联网"内网建设改造标杆网络、样板工程，形成至少 20 大典型工业应用场景。

2021 年 7 月，工业和信息化部联合中央网信办、国家发展和改革委等 9 部门印发《5G 应用"扬帆"行动计划（2021—2023 年)》，提出我国 5G 应用发展总体目标。到 2023 年，我国 5G 应用发展水平显著提升，综合实力持续增强，实现重点领域 5G 应用深度和广度双突破。

《2022 年国务院政府工作报告》指出，"加强数字中国建设整体布局。建设数字信息基础设施，逐步构建全国一体化大数据中心体系，推进 5G 规模化应用，促进产业数字化转型，发展智慧城市、数字乡村。"

"5G+ 工业互联网"从探索阶段逐渐走向成熟，如图 6-18 所示。

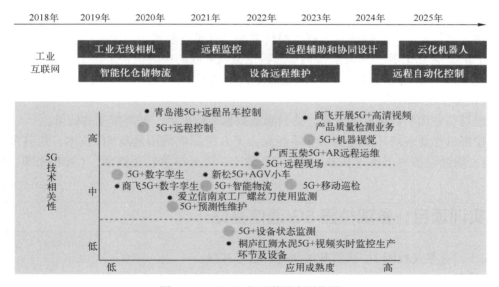

图 6-18　5G+工业互联网应用发展

6.7.2　需求分析

目前传统的挖掘机都是人为操作，施工大多位于矿山、隧道、偏远山区、河流等环境较为恶劣的区域，存在较大的安全危险，事故频发。

基于上述情况，某机械生产公司希望借助 5G 技术实现工程车辆的远程驾驶，实时操控位于施工区域的无人驾驶挖掘机，同步回传真实作业场景及全景视频实况，保证网络高效、稳定，业务数据不出控制区，降低人身及网络安全风险。

6.7.3 实施过程及效果

采用 5G 定制专网比邻模式，核心网设备 UPF 下沉到现场客户机房。在现场挖掘机驾驶室部署 5G CPE，下接挖掘机驾驶室的摄像头与远程控制终端，在客户侧防火墙部署汇聚节点 CPE，具体如图 6-19 所示。

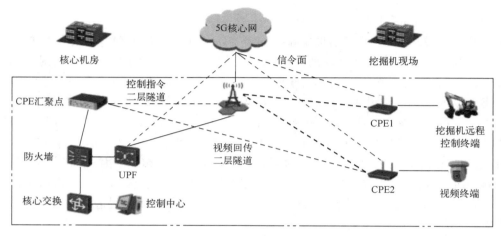

图 6-19 无人驾驶挖掘机方案拓扑

通过以下几个关键技术实现基于 5G 的远程控制挖掘机驾驶和作业现场画面实时回传。

1) 挖掘机驾驶室的摄像头与远程控制终端通过有线连接到 5G CPE。

2) 汇聚节点 CPE 作为核心交换机与远程挖掘机互联的中间设备。

3) 5G CPE 和汇聚节点 CPE 建立二层隧道，组建基于 5G 专网的无线局域网，实现挖掘机远程控制和远程视频回传。

4) 通过信令面与数据面的分离，达到降低数据传输延迟、提高带宽的效果。

5) 挖掘机作业现场环境恶劣、危险性大，无人挖掘机采用最新 5G 技术，使其能够应对复杂环境，增强设备的市场竞争力，提升工作效率，降低事故发送概率。(资料来源：冀控科技网)。

6.8 实训项目：参观校园 5G 通信基站

实训项目：参观校园 5G 通信基站并进行信号观察。

实训目标：

1) 认识 5G 通信基站的 BBU、AAU 及其配套主设备。

2) 考察校园 5G 通信基站的布局情况。

3) 观察校园内不同运营商不同网络制式的信号覆盖情况。

实施过程：

1) 参观校园内不同运营商的 5G 移动通信基站设备，了解 BBU、AAU 主设备的尺寸、性能及用途，并对相关的线缆、电源、传输等进行了解。

2) 考察校园 5G 基站的分布情况，并观察 5G 天线的方位角、下倾角，讨论并总结不同运营商的覆盖方向及目的。

3）使用不同运营商、不同制式手机在校园不同位置进行信号观察并记录，掌握校园内的信号覆盖情况，对不同运营商的 4G、5G 信号进行对比。

4）撰写实训报告。

本章小结

本章知识点见表 6-3。

表 6-3　本章知识点

序 号	知 识 点	内　　容
1	移动通信的特点及系统组成	主要特点为无线电波传播复杂、有多普勒效应、强干扰情况下工作、用户经常性地移动等；移动通信由移动台（MS）、基站控制器（BS）、移动业务交换中心（MSC）以及与 PSTN 相连接的中继线等组成
2	移动通信的基础技术	主要有工作方式、多址技术、服务区体制、位置管理及越区切换技术等
3	第二代移动通信	GSM 和 CDMA 的网络结构及关键技术
4	第三代移动通信	WCDMA、TD-SCDMA、CDMA2000 的系统结构及对应的特点
5	第四代移动通信	4G 的网络架构组成：核心网（EPC）、接入网（E-RTRAN）、用户设备（UE）；关键技术包括接入方式和多址方案、调制与编码技术、智能天线技术、MIMO 技术、软件无线电技术及基于 IP 的核心网等；4G 的制式包括 TDD-LTE 和 LTE-FDD
6	第五代移动通信	5G 关键技术包括大规模天线阵列、超密集组网、新型多址、全频谱接入等；网络架构分为非独立组网与独立组网；5G 行业应用主要是自动驾驶、远程医疗、虚拟现实、超高清视频、智慧城市等

习题

1. 简述移动通信的发展历程。

2. 移动通信系统的分类有哪些方式？

3. GSM、CDMA 移动通信系统的关键技术是什么？

4. 第三代移动通信三大主流标准的技术对比。

5. LTE-TDD 和 LTE-FDD 的优缺点是什么？

6. 5G 移动通信的关键技术有哪些？

7. 5G 的行业应用有哪些？

第7章 光纤通信

当前，随着科学技术的不断发展以及网络技术的快速进步，在网络通信领域，光纤通信网络传输技术已经发展到了相对比较成熟的阶段，并且得到了非常广泛的应用。光纤通信网络传输技术的优势和作用等也日益凸显出来。因此，为了使得通信传输数据的效率能够显著提高，对光纤通信网络传输技术进行合理的利用、充分发挥其优势是非常必要的。

互联网迅速发展，网络通信承担了越来越多的数据传输任务，并且现阶段的光纤网络正逐步向以智能化为目标、以波分复用（WDM）为核心的方向发展，在提高资源利用率的同时极大地提高了组网应用的灵活性。因此，需要加大对下一代光纤通信网络传输技术的研发力度，满足不断增长的市场需求。

【学习要点】

- 光纤与光缆的结构、种类。
- 数字光纤通信系统的组成。
- PDH、SDH 的特点。
- WDM、MSTP、OTN、PTN 的概念。

【素养目标】

学习光纤通信的基础知识，初步掌握光纤的工作原理，对光通信相关技术有基本的了解，为今后进一步学习专业课程打下基础。

7.1 光纤通信概述

本节简要介绍光纤通信的发展过程，以及光纤通信系统的基本组成、分类、主要特点和应用。

7.1.1 光纤通信发展简史

光纤通信在最近的 40 年里有了惊人的发展，可以说是当今所有通信技术中发展最快、应用最广的一项技术。没有光纤通信的发展，就没有今天蓬勃发展的现代通信网络，更没有建立在此之上的各种信息服务，如语音、视频、数据等的快捷传输。然而，光纤通信的发展并不是一帆风顺的，它是随着科技的进步才慢慢发展到今天的。

众所周知，人类目前传输信息的主要手段是利用电磁波。电磁波的频谱很宽，光也是一种电磁波，光波位于电磁波频率较高的频段。对大多数通信系统来说，系统的信息传输能力是需要优先考虑的，通信系统传输能力的主要限制可由著名的香农公式界定，即如果信息源的信息速率 R 不大于信道容量 C，那么在理论上存在一种方法，可使信息源的输出以任意小的差错概率通过通道传输。可以严格地证明，在被高斯白噪声干扰的通道中，传送的最大信息速率 C

由香农公式确定，即

$$C = B\log_2(1 + S/N)$$

式中，C 为信道容量；B 为通道带宽；S 为信号功率；N 为噪声功率。

香农公式说明信息传输能力与信道带宽成比例（信道带宽就是信号传输时该信道没有使信号受到明显衰减的频率范围）。而信道的带宽与载波的频率成正比。带宽与载波之间的经验估算规则是：带宽大约是载波信号的 10%。如果一个微波通道使用 10 GHz 的载波信号，那么其带宽约为 100 MHz，而光的频率范围是 100~1000 THz。由上述经验估算规则可以看出，单根光纤的带宽可达 50 THz。

人类利用光进行通信的历史可以追溯到几千年前的中国，最著名的是万里长城上的烽火台，长城上每隔 5 里设一个报警烽火台，若发现来犯敌人，白天燃烟，夜间举火，告诉城内军民。1880 年，亚历山大·贝尔发明了世界上第一个光电话，它以弧光灯作为光源，光投射在传声器（话筒）的音膜上，当音膜按照人声的强弱及音调不同而作相应的振动时，从音膜上反射出来的光也随之变化。这种被调制的光通过大气传播一段距离后，再被硅光电池接收变成电信号，电信号再来驱动传声器，从而完成语音的传递。上述两种光信号的传输介质都是大气，若遇到雨雪天气，它们的信号传递效果都将变差甚至中断，具体原因显然是光波长较短，对大气中的雨雪及尘埃不具有绕射作用，光波被这些微粒物质阻挡。

在大气光通信暴露出上述缺点以后，人们曾经尝试将光路建立在类似于微波波导管中的方法来克服上述大气传输中的雨雪天气等问题，如反射镜波导方案及透镜波导方案等，但由于系统复杂、造价昂贵、施工调试困难等而无法实际应用。

1966 年，英籍华人高锟博士首次提出实用型光纤的制造问题及其在通信上的应用前景。他指出，如能将光纤中的过渡金属离子减少到最低限度，并改进制造工艺，就有可能使光纤损耗降低很多，达到实用要求。

在上述理论的指导下以及巨大的商机引领下，许多公司开展了此方面的研究工作。1970 年美国的康宁玻璃公司拉制出了世界上第一根损耗为 20 dB/km 的光纤。同年，贝尔实验室研制成室温下可以连续工作的半导体激光器，这是一种适合光纤通信用的理想光源。从此，光纤通信中的两项关键技术——低损耗传输介质及理想光源，得以解决，光纤通信开始快速发展，各国及各大公司相继投入大量人力、物力开展其研发及应用工作。

1975 年，第一个点到点的光纤通信系统现场实验在贝尔实验室完成。1983 年最早的城市间光纤链路在纽约和华盛顿之间敷设完成。随后美国很快敷设了东西干线和南北干线，穿越 22 个州，光纤总长达 50000 km；1983 年日本敷设了纵贯日本南北的光纤长途干线，全长 3400 km，初期传输速率为 400 Mbit/s，后来扩容到 1.6 Gbit/s。1988 年第一条横穿大西洋的海底光纤通信系统建成，全长 6400 km。第一条横跨太平洋的 TPC-3/HAW-4 海底光纤通信系统于 1989 年建成，全长 13200 km。到 1999 年年底，据不完全统计，已经有大约 1.2 亿 km 的光纤在全世界敷设。

1982 年邮电部重点科研工程"八二工程"在武汉开通，要求符合国际 CCITT 标准，从此中国的光纤通信进入实用阶段。在 20 世纪 80 年代中期，数字光纤通信的速率已达到 144 Mbit/s，可传送 1980 路电话，超过同轴电缆载波系统。1999 年中国生产的 8×2.5 Gbit/s WDM 系统首次在青岛至大连开通，随之沈阳至大连的 32×2.5 Gbit/s WDM 光纤通信系统开通。2005 年，3.2 Tbit/s 超大容量的光纤通信系统在上海至杭州开通，是当时世界上容量最大的实用线路。

在 4G/5G 网络建设、FTTH（光纤到户）实施、三网融合试点、西部村村通工程"光进铜退"等多重利好驱动下，中国光纤光缆行业发展势头较好，我国成为全球最主要的光纤光缆市场和全球最大的光纤光缆制造国，并取得了引人瞩目的成就。2014—2022 年，中国光纤线路长度呈现逐年上升趋势：从 2014 年的 2061 万千米上升至 2022 年的 5958 万千米；在长途方面，从 2014 年的 93 万千米上升至 2022 年的 109.5 万千米。其中，2022 年本地网中继光缆线路和接入网光缆线路长度分别达 2146 万千米和 3702 万千米。截至 2022 年年底，互联网宽带接入端口数达到 10.71 亿个。

7.1.2　光纤通信的特点

光纤通信之所以发展如此迅速，与它具有的一系列优点是分不开的，主要体现在以下几个方面。

（1）频带宽、信息容量大

如前所述，光纤的传输带宽很宽，若将低损耗及低色散区做到 $1.45 \sim 1.65\ \mu m$，则相应的带宽可达几十万亿赫兹。

（2）损耗低、传输距离长

目前，在光纤低损耗窗口之一的 $1.55\ \mu m$ 波长处，商用光纤的损耗已经可以做到 0.25 dB/km，这是以往任何形式的传输线都无法达到的一个指标。损耗低，意味着无中继传输距离远。现在的强度调制、直接检测光纤通信系统的无中继传输距离可以达到几十到上百千米。

（3）体积小、重量轻、便于敷设

目前，通用裸光纤的外径为 $125\ \mu m$，即使是套过塑料的光纤外径也小于 $1\ \mu m$，加之光纤的材料为石英，其相对密度轻于金属，成缆后的光缆重量也轻。涂覆后的光纤具有很好的柔韧性，成缆后，各种结构的光缆可架空、埋地或置入管道，相对于同样容量的电缆系统而言，体积、重量、敷设便利性等方面都具有很多优势。

（4）抗干扰性好、保密性强、使用安全

光纤的密封性好，载波为光波，不易受到各种低频电磁波的干扰，具有很强的抗电磁干扰能力。光波在光纤结构的纤芯中传播，不容易受到类似于电缆形式的搭接，因而保密性好。光纤材料是石英，具有耐高温、耐腐蚀的特点，可工作于各种恶劣的工作环境。

（5）材料资源丰富

通信电缆的主要材料是稀有金属铜，资源较为匮乏。光纤的主体材料是 SiO_2 资源极为丰富。

7.1.3　光纤通信的工作波长

光是由它的波长来定义的，在光纤通信中，使用的光是红外区域中的光，此处光的波长大于可见光。在光纤通信中，典型的波长是 $800 \sim 1600\ nm$，其中最常用的波长是 850 nm、1310 nm 和 1550 nm。

在选择传输波长时，主要综合考虑光纤损耗和散射。目的是向最远的距离、以最小的光纤损耗来传输最多的数据。在传输中，信号强度的损耗就是衰减，衰减度与波形的长度有关，波形越长，衰减越小。光纤中使用的光在 850 nm、1310 nm、1550 nm 处波长较长，故此光纤的衰减较小，光纤损耗也较少。并且这三个波长几乎为零吸收，最适合作为可用光源在光纤中传输。

在光纤通信中，光纤有单模、多模之分。850 nm 波长区通常为多模光纤通信方式，1550 nm

为单模，1310 nm 有单模和多模两种。

7.1.4　光纤通信的工作窗口

光是电磁波，不同的光有不同的波长。透明的彩色玻璃只有一种颜色容易通过，其他颜色的光就通过得少些。也就是说，这种彩色玻璃只对某种波长的光损耗小，对其他波长的光损耗大。石英光纤也有这种特性。石英光纤的低损耗窗口是在光纤通信的发展过程中一个一个被打开的。

在光纤研究的初期，对原材料经过严格提纯以后，人们发现红外波段的 0.8～0.9 μm 波段在石英光纤中损耗比较低，后来就在这个波段将光纤损耗降到了 20 dB/km，直至现在的 0.2 dB/km 以下。这就是所谓的短波长窗口。20 世纪 70 年代至 80 年代初期的光纤通信系统用的就是这一波段。

通过对光纤损耗原因做进一步分析，人们发现氢氧根离子（OH⁻）的吸收损耗对光纤的影响很大，特别是在 1.38 μm 波长的地方有一个强烈的吸收峰。通过改进工艺降低这个吸收峰以后，人们又发现在 1.31 μm 和 1.55 μm 这两个波长处有比 0.8～0.9 μm 波段更低的损耗。1.31 μm 波长的最低损耗可达 0.35 dB/km 以下，1.55 μm 波长的最低损耗可达 0.15 dB/km。这两个波长就是所谓的长波长窗口。后来又由于 1.31 μm 激光器首先成熟而得到广泛应用，所以现在投入大量使用的光纤通信系统就工作在这一窗口。不过，由于 1.55 μm 波长的损耗最低，其损耗系数大约为 1.31 μm 波长区的一半，故又称 1.55 μm 波长区为石英光纤的最低损耗窗口，继 0.85 μm 和 1.31 μm 波长之后，称之为第三窗口。

7.2　光纤与光缆

光纤是一种传输光束的细而柔软的媒质。多数光纤在使用前必须由几层保护结构包覆，包覆后的缆线即被称为光缆。所以光纤是光缆的核心部分，光纤经过一些构件及其附属层的保护就构成了光缆。

光缆（optical fiber cable）主要由光纤（细如头发的玻璃丝）和塑料保护套管及塑料外皮构成。光缆内没有金、银、铜、铝等金属，一般无回收价值。

7.2.1　光纤的结构

光纤是由纤芯和包层同轴组成的双层或多层圆柱体细玻璃丝。光纤的外径一般为 125～140 μm，芯径一般为 3～100 μm。光纤是光纤通信系统的传输介质，其作用是在不受外界干扰的条件下，低损耗、小失真地传输光信号。

光纤主要由纤芯和包层组成，最外层还有涂覆层和套塑。其结构如图 7-1 所示。

光纤的中心部分是纤芯，其折射率比包层稍高，损耗比包层更低，光能量主要在纤芯内传输；包层为光的传输提供反射面和光隔离，将光波封闭在光纤中传播，并对纤芯起着一定的物理保护作用。光纤纤芯和包层的折射率分别为 n_1 和 n_2。光波在光纤中是通过全反射传播的，因此只有 $n_1 > n_2$ 时才能达到传导光波的目的。

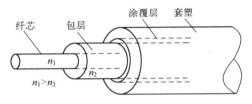

图 7-1　光纤的结构

为了实现纤芯和包层的折射率差异，就需要纤芯和包层的材料不同，目前纤芯的主要成分是石英（二氧化硅）。在石英中掺入其他杂质就构成了包层。如果要提高石英材料的折射率，可以掺入二氧化锗（GeO_2）、五氧化二磷（P_2O_5）等；如果要降低石英材料的折射率，可以掺入三氧化二硼（B_2O_3）、氟等。

7.2.2 光纤的分类

根据材料、折射率、传输模式等进行分类，光纤主要有以下几种类型。

1. 按光纤的材料分类

按照光纤的材料来分，一般可分为石英玻璃光纤、掺稀土光纤、复合光纤、氟化物光纤、塑包光纤、全塑光纤、碳涂层光纤和金属涂层光纤共八种。

（1）石英玻璃光纤

石英玻璃光纤是一种以高折射率的纯石英玻璃为芯、以低折射率的有机或无机材料为包层的光学纤维。石英玻璃光纤传输波长范围宽，数值孔径（NA）大，光纤芯径大，力学性能好，很容易与光源耦合。

（2）掺稀土光纤

掺稀土光纤是在光纤的纤芯中掺杂铒（Er）、钕（Nd）、镨（Pr）等稀土族元素的光纤。

（3）复合光纤

复合光纤是在石英玻璃原料中适当混合氧化钠（Na_2O）、氧化硼（B_2O_3）、氧化钾（K_2O）等氧化物制成的光纤。

（4）氟化物光纤

氟化物光纤是由多种氟化物玻璃制成的光纤。这种光纤原料简称 ZBLAN（氟化锆 ZrF_4、氟化钡 BaF_2、氟化镧 LaF_3、氟化铝 AlF_3、氟化钠 NaF 等氟化物的缩略语）。其工作波长为 $2\sim10\,\mu m$，具有超低损耗的特点，用于长距离光纤通信，目前尚未广泛实用。

（5）塑包光纤

塑包光纤（Plastic Clad Fiber）是用高纯度的石英玻璃制成纤芯，用硅胶等塑料（折射率比石英稍低）作为包层的阶跃型光纤。它与石英光纤相比，具有纤芯粗、数值孔径高的优点。

（6）全塑光纤

全塑光纤（Plastic Optical Fiber）的纤芯和包层都用塑料（聚合物）制成。塑料光纤的纤芯直径为 $1000\,\mu m$，是单模石英光纤的 100 倍，并且接续简单，易于弯曲，容易施工。它在汽车内部或者家庭局域网中有所应用。

（7）碳涂层光纤

碳涂层光纤（Carbon Coated Fiber，CCF）是在石英光纤表面涂敷有碳膜的光纤。其利用碳素的致密膜层，使光纤表面与外界隔离，以改善光纤的机械疲劳损耗和氢分子的损耗。

（8）金属涂层光纤

金属涂层光纤（Metal Coated Fiber）是在光纤表面涂上 Ni、Cu、Al 等金属层的光纤。它在恶劣环境中有广泛应用。

2. 按折射率分布分类

按照折射率分布一般可以分为阶跃型光纤和渐变型光纤两种。

（1）阶跃型光纤

纤芯折射率（指数）沿半径方向保持不变，包层折射率沿半径方向也保持不变，而且纤芯和包层折射率在边界处呈阶梯形变化的光纤，称为阶跃型光纤，又可称为均匀光纤。这种光纤一般纤芯直径为 $50 \sim 80\ \mu m$，特点是信号畸变大。它的结构如图 7-2a 所示。

（2）渐变型光纤

如果纤芯折射率随着半径加大而逐渐减小，而包层折射率是均匀的，这种光纤称为渐变型光纤，又称为非均匀光纤。这种光纤纤芯直径一般为 $50\ \mu m$，特点是信号畸变小。它的结构如图 7-2b 所示。

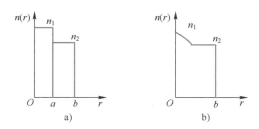

图 7-2　阶跃型和渐变型光纤折射率分析

a）阶跃型光纤的折射率分析　b）渐变型光纤的折射率分析

3. 按传输模式的多少分类

模式实际上就是指光纤中一种电磁场场型的结构分布形式。不同的模式有不同的电磁场场型。根据光纤中传输模式的数量，可分为单模光纤和多模光纤。

（1）单模光纤

单模光纤是指只能传输基模（HE_{11}），即只能传输一个最低模式的光纤，其他模式均被截止。单模光纤的纤芯直径较小，为 $4 \sim 10\ \mu m$，通常认为纤芯中折射率的分布是均匀的。

（2）多模光纤

多模光纤是指可以传输多种模式的光纤，即光纤传输的是一个模群。多模光纤的纤芯直径约为 $50\ \mu m$，由于模式色散的存在会使多模光纤的带宽变窄，但其制造、耦合、连接都比单模光纤容易。

7.2.3　光纤的导光原理

光进入光纤后进行射线传播，通过空气、纤芯和包层三种介质。其中，空气的折射率为 $n_0 (n_0 \approx 1)$，纤芯的折射率为 n_1，包层的折射率为 n_2；在空气与纤芯端面形成的界面 1 上，入射角为 θ_0，折射角为 θ；在纤芯和包层形成的界面 2 上，入射角为 φ_1，折射角为 φ_2。根据光的传输原理，光在光纤中传输会出现临界状态、全反射状态和部分光进入包层三种状态，如图 7-3 所示。

1. 光在临界状态时的传输情况

$\varphi_2 = 90°$ 时的状态称为临界状态，此时入射角为 φ_C。

临界状态时光波的传输情况如图 7-3a 所示。在界面 2 上有

$$\varphi_2 = 90° \tag{7-1}$$

$$\varphi_1 = \varphi_C \tag{7-2}$$

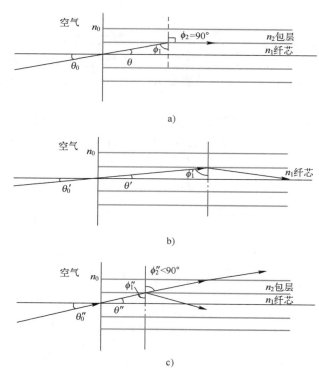

图 7-3　光在光纤中的传输状态

a）临界状态　b）全反射状态　c）部分光进入包层

所以在界面 1 上有

$$\varphi = 90° - \varphi_C \qquad (7-3)$$

依据斯奈尔（Snell）定律（折射定律）有

$$n_0 \sin\theta_0 = n_1 \sin\theta = n_1 \sin(90° - \varphi_C) = n_1 \cos\varphi_C \qquad (7-4)$$

因为 $n_0 \approx 1$，所以有

$$\sin\theta_0 = n_1 \cos\varphi_C \qquad (7-5)$$

其中

$$\cos\varphi_C \sqrt{1 - \sin^2\varphi_C} = \sqrt{n_1^2 - n_2^2} / n_1 \qquad (7-6)$$

所以

$$\sin\theta_0 = \sqrt{n_1^2 - n_2^2} \qquad (7-7)$$

可见，在第一个界面上入射角为 θ_0，第二个界面上入射角为 φ_C 时，为临界状态。

2. 光在纤芯与包层界面上产生全反射的传输情况

当光线在空气与纤芯界面上的入射角 $\theta_0' < \theta_0$，而在纤芯与包层界面上的入射角大于 φ_C 时，将出现全反射现象，光将全部反射回纤芯中，如图 7-3b 所示。

当折射角 $\varphi_2 = 90°$ 时，临界角的 φ_C 正弦值为

$$\sin\varphi_C = n_1 / n_2 \qquad (7-8)$$

可见，φ_C 的大小由纤芯和包层材料的折射率之比来决定。

3. 部分光进入包层的情况

当光线在空气与纤芯界面上的入射角大于 θ_0，而在纤芯与包层界面上的入射角小于 φ_C 时，

折射角小于 90°将出现一部分光在纤芯中传播, 一部分光折射到包层中, 进入包层的光将要损耗掉, 如图 7-3c 所示。

总之, 利用纤芯与包层界面折射率 ($n_1 > n_2$) 的关系, 当光线在空气与纤芯界面上的入射角小于 θ_0 时, 就会在纤芯与包层界面上出现全反射现象, 光被封闭在纤芯中以 "之" 字形曲线向前传输, 这时的入射角称为接收角。

7.2.4　光纤的传输特性

1. 光纤的损耗特性

光能在光纤中传播时, 会有一部分被光纤内部吸收, 还有一部分光可能辐射到光纤外部, 从而使光能减少, 进而产生损耗。由于损耗的存在, 使光信号在光纤中传输的幅度减小, 这在很大程度上限制了系统的传输距离。光纤的损耗分为吸收损耗和散射损耗两种, 其中, 吸收损耗是指光波通过光纤材料时, 有一部分光能变成热能, 造成光功率的损失; 散射损耗是指由于光纤材料、形状、折射率分布等的缺陷或不均匀, 使光纤中传导的光发生散射, 从而产生损耗。损耗可表示为

$$P = \frac{10}{L} \log \frac{P_1}{P_2} (\text{dB/km}) \tag{7-9}$$

式中, P_1 为入射光功率; P_2 为传输后的输出光功率; L 为光纤的长度。

损耗与波长的关系曲线称为损耗特征曲线谱, 如图 7-4 所示。

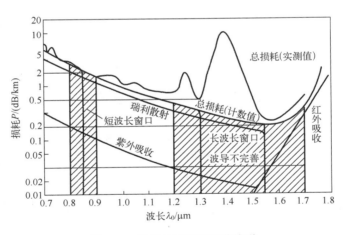

图 7-4　光纤的损耗特征曲线谱

从光纤的损耗特征曲线谱可以看到损耗出现的最高峰, 称为吸收峰。损耗较低时所对应的波长称为窗口。常用的光纤有三个低损耗窗口, 波长分别为

第一窗口　$\lambda_0 = 0.85 \, \mu\text{m}$　短波长波段

第二窗口　$\lambda_0 = 1.31 \, \mu\text{m}$　长波长波段

第三窗口　$\lambda_0 = 1.55 \, \mu\text{m}$　长波长波段

产生光纤损耗的原因很复杂, 主要与光纤材料本身的特性有关。其次, 制造工艺也影响光纤的损耗, 这些因素有很多, 归结起来主要是吸收损耗和散射损耗两种。损耗产生的原因总结有以下几点。

1）光纤的电子跃迁和分子的振动都要吸收一部分光能，造成光的损耗，产生衰减。

2）光纤原料里存在的过渡金属离子（如铁、铬、钴、铜等）杂质在光照下产生振动和电子跃迁，产生衰减。

3）熔融的石英玻璃中含有水，水分子中的氢氧根离子振动也会吸收一部分光能，产生衰减。

4）光在光纤中存在瑞利散射，产生衰减。

5）光纤接头和弯曲导致衰减。

2. 光纤的色散特性

光脉冲在光纤中传播期间，波形在时间上发生了展宽，这种现象就称为色散。色散一般包括模式色散、材料色散和波导色散三种，前一种色散是由于信号不是单一模式所引起的，后两种色散是由于信号不是单一频率而引起的。

模式色散是由于不同模式的传播时间不同而产生的，它取决于光纤的折射率分布，并和光纤材料折射率的波长特性有关，如图 7-5 所示。

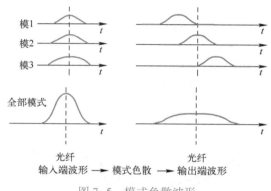

图 7-5　模式色散波形

材料色散是由于光纤的折射率随波长而改变，以及模式内部不同波长成分的光（实际光源不是纯单色光）传播时间有所不同。这种色散取决于光纤材料折射率的波长特性和光源的谱线宽度。

波导色散是由于波导结构参数与波长有关而产生的，它取决于波导尺寸和纤芯与包层的相对折射率差。

7.2.5　光纤的标准

目前，我国光通信行业对于光纤光缆的标准主要分为国际标准和国内标准两大部分。其中，国际标准主要是国际电工委员会颁布的 IEC 系列标准和国际电信联盟颁布的 ITU 系列标准；国内标准主要是国家市场监督管理总局和国家标准化管理委员会共同颁布的 GB 系列标准，以及工业和信息化部颁布的 YD/T 系列标准。

1. 常见光纤标准对比

如表 7-1 所示，常见的光纤国际标准有 IEC 60793 系列和 ITU G65x 系列，国内标准为 GB 系列。其中，ITU 系列标准同时包含光纤和光缆标准。

表 7-1 常见光纤标准

标准分类	标准编号	标准名称
国际标准	IEC 60793	Optical fibres（光导纤维）
	ITU G651	Characteristics of a 50/125 μm multimode graded index optical fibre cable for the optical access network（直径为 50/125 μm 的多模渐变折射率光纤）
	ITU G652	Characteristics of a single-mode optical fibre and cable（色散非位移单模光纤）
	ITU G653	Characteristics of a dispersion-shifted, single-mode optical fibre and cable（色散位移光纤）
	ITU G654	Characteristics of a cut-off shifted, single-mode optical fibre and cable（截止波长位移光纤）
	ITU G655	Characteristics of a non-zero dispersion-shifted single-mode optical fibre cable（非零色散位移光纤）
	ITU G656	Characteristics of a fibre and cable with non-zero dispersion for wideband optical transport（低斜率非零色散位移光纤）
	ITU G657	Characteristics of a bending-loss insensitive single-mode optical fibre and cable（弯曲损耗不敏感单模光纤）
国内标准	GB/T 15972	光纤试验方法规范
	GB/T 9771	通信用单模光纤
	GB/T 12357	通信用多模光纤

另外，在某些特定的应用领域中，也会有相应的标准规定其涉及的光纤光缆要求。

各种标准的形成体系不一样，着重点也不一样。对于同一类光纤产品，不同的标准有着不一样的代号，就如同在各种行业资讯中，厂家的产品资料里，以及各种招标文件里，常常会见到如 G652D，OS2，B1.3 等不同的光纤代号，而实际上这几种代号指的是同一类光纤产品。表 7-2 对比了各个标准对于目前常见光纤的定义。

表 7-2 常见光纤标准定义对比

光纤描述	IEC 60793 GB/T 9771 GB/T 12357	ISO 11801	ITU G65x 系列
多模 62.5/125	A1b	OM1	N/A
多模 50/125	A1a	OM2	G651.1
		OM3	
		OM4	
单模 9/125	B1.1	OS1	G652A/G652B
	B1.2	N/A	G654
	B1.3	OS2	G652C/G652D
	B2	N/A	G653
	B4	N/A	G655
	B5	N/A	G656
	B6	N/A	G657

从标准使用上来看，长途干线系统多采用 ITU G65x 系列标准，综合布线系统多采用 ISO 11801 标准，因此下面分别通过这两类标准来了解一下各类单模及多模光纤的特点。

首先通过 ITU G65x 系列标准来看一下单模光纤。

2. G651 多模光纤

G651 光纤是 50/125 μm 的渐近折射率型多模光纤，工作波段 850 nm。这种光纤主要在早期光通信系统中用于中小容量、中短距传输，现已不多见。

除了 ITU 之外，ISO/IEC 还定义了 OM1~OM5 这五大类多模光纤，具体如下所示。

1）OM1/OM2 光纤：两种早期的多模光纤，二者都支持 850 nm 传输 1 Gbit/s 的速率，采用的光源通常是 LED，主要应用场景是短距传输，如局域网和私用网络。

2）OM3/OM4 光纤：升级优化后的多模光纤，芯径均为 50 μm，支持的传输速率高达 10 Gbit/s，工作波长仍为 850 nm，不过配套的光源是垂直腔表面发射激光器（VCSEL）。

3）OM5 光纤：最新的多模光纤，支持 850~953 nm 波长的超宽带传输，也称为 WBMMF，其芯径也是 50 μm。它支持采用短波长复用（SWDM）技术在一根 OM5 光纤内实现 40 Gbit/s 或 100 Gbit/s 传输速率。

3. G652 标准单模光纤

标准单模光纤是指零色散波长在 1.3 μm（1310 nm）窗口的单模光纤，ITU 把这种光纤定义为 G652 光纤。其特点是当工作波长在 1.3 μm（1310 nm）时，光纤的色散很小，系统的传输距离只受光纤衰减所限制。但这种光纤在 1.3 μm（1310 nm）波段的损耗较大，为 0.3~0.4 dB/km；在 1.55 μm 波段的损耗较小，为 0.2~0.25 dB/km。色散在 1.3 μm（1310 nm）波段为 3.5 ps/（nm·km），在 1.5 μm 波段较大，约为 20 ps/（nm·km）。这种光纤可用于 1.55 μm 波段的 2.5 Gbit/s 干线系统，但由于在该波段的色散较大，若传输 10 Gbit/s 的信号，传输距离超过 50 km 时，就要求使用价格较贵的色散补偿模块了。

4. G653 色散位移光纤

针对标准单模光纤衰减和零色散不在同一工作波长上的特点，人们开发出了一种把零色散波长从 1.3 μm 移到 1.55 μm 的色散位移光纤（Dispersion-Shifted Fiber，DSF）。ITU 把这种光纤定义为 G653。

5. G654 衰减最小光纤

为了满足海底光缆长距离通信的需求，人们开发出了一种应用于 1.55 μm 波段的纯石英纤芯单模光纤，它在该波段的衰减最小，仅为 0.185 dB/km。ITU 将这种光纤定义为 G654 光纤。G654 光纤在 1.3 μm 波段的色散为零，但在 1.55 μm 波段色散较大，约为 17~20 ps/（nm·km）。

6. G655 非零色散光纤

前面提到的色散位移光纤在 1.55 μm 波段的色散为零，不利于多信道的 WDM 传输，采用的信道数较多时，信道间的间距较小，这时就会发生四波混频（FWM），导致信道间发生串扰。研究发现，如果光纤线路的色散为零，FWM 的干扰就会十分严重，如果有微量色散，FWM 干扰反而会减小，于是诞生了一种新的光纤，即非零色散光纤。ITU 将其定义为 G655 光纤。

7. G656 非零色散光纤

G656 光纤又称为宽带光传输用非零色散光纤，相当于 G655 光纤的改进型。它将非零色散的波段范围由 G655 光纤的 1.525 μm 或 1.585 μm 扩展到 1.460~1.625 μm 范围内，大大提高了 WDM 系统的应用范围。G656 光纤既可以显著降低系统的色散补偿成本，又可以进一步发掘石英玻璃光纤潜在的巨大带宽。G656 光纤可保证通道间隔 100 GHz 的 40 Gbit/s 系统至少传输 400 km。

8. G657 弯曲不敏感光纤

光传输系统在接入网中大量使用，安装环境对光纤的弯曲性能提出了更高的要求，因此诞生了弯曲不敏感单模光纤，ITU 将其定义为 G657 光纤。相对于普通单模光纤，它拥有更小的弯曲半径和宏弯损耗。

2002 年 9 月，ISO/IEC 11801 正式颁布了新的多模光纤标准等级，将多模光纤重新分为 OM1、OM2 和 OM3 三类，其中，OM1、OM2 指传统的 50 μm 及 62.5 μm 多模光纤，OM3 是指万兆多模光纤。2009 年，又新增加了一种 OM4 万兆多模光纤。

这几种多模光纤的对比见表 7-3。

表 7-3　多模光纤带宽及传输距离对比

光 纤 型 号	光纤等级	全模式带宽/MHz·km		有效模带宽/MHz·km	1 Gbit/s 距离/m		10 Gbit/s 距离/m	
		850 nm	1300 nm	850 nm	850 nm	1300 nm	850 nm	1300 nm
62.5/125 μm	OM1	200	500	220	275	550	33	300
50/125 μm	OM1	500	500	510	500	1000	66	450
50/125 μm-150	OM2	700	500	850	750	550	150	300
50/125 μm-300	OM3	1500	500	2000	1000	550	300	300
50/125 μm-550	OM4	3500	500	4700	1000	550	550	550

需要特别说明的是，在 ISO/IEC 11801 中，对于 OM1、OM2 只有带宽要求，但是在实际光纤选型及应用中，已经形成了一定的规律，即 OM1 代指传统的 62.5/125 光纤，OM2 代指传统的 50/125 光纤，而万兆多模 OM3、OM4 均为新一代 50/125 光纤。

由于光缆主要用来增强光纤的物理性能，所以相对于光纤来说，光缆相关的标准要简单一些，见表 7-4。

表 7-4　光缆相关标准的归类

光 缆 类 型	国 际 标 准	国 内 标 准
通信用光缆	IEC 60794、ITU G65x 系列标准	GB/T 7424、GB/T 13993
室外光缆	IEC 60794-3	YD/T 901、YD/T 769
室内光缆	IEC 60794-2	YD/T 1258
室内外通用光缆	无	YD/T 1770

对于一份光缆标准，从内容上一般分为两部分：一是针对本标准中所涉及光缆的一些通用准则以及测试方法，如 IEC 60794-1、GB/T 7424.1、GB/T 7424.2 等；二是针对不同的应用领域或使用环境而制定的单独规范，如 IEC 60794-2、GB/T 13993.2、YD/T 1258.3 等。

下面以光缆试验项目为切入点来了解一下各个光缆标准间的区别和联系，见表 7-5。

表7-5 常见的光缆试验项目

试 验 项 目		试 验 项 目	
光缆结构完整性及外观			拉伸
识别色谱	光纤识别色谱		压扁
	光纤束扎纱识别色谱		冲击
	颜色不迁移和不褪色	光缆的机械性能	反复弯曲
光缆结构尺寸	被覆层外径		扭转
	松套管外径和壁厚		弯折
	护套层的外径及壁厚		卷绕
	其他结构尺寸		弯折
光缆长度	计米标志牢固性		温度循环试验
	计米标志误差		浸水试验
	光缆长度检查		低温弯曲
光缆中的光纤特性	光纤尺寸参数	光缆的环境性能	低温冲击
	光学特性和传输特性		低温卷绕
护层（套）性能	热老化前后的拉伸强度和断裂伸长率		老化
	热收缩率		燃烧性能
	耐热冲击	光缆标志	标志的完整性和可识别性
	高温压力下的变形率		标志的牢固性
	耐环境应力开裂		产品包装

表7-5中为常见的通信用光缆试验项目，不同类型的光缆在具体试验项目的选取上是不同的，如室外光缆更注重光缆的抗拉、抗冲击、抗压扁、阻水等性能，而室内光缆多注重光缆的卷绕、弯曲、阻燃等性能。所以，室外光缆往往没有老化、燃烧等试验项目，室内光缆一般也没有阻水、低温冲击、低温弯曲等试验项目。而且在拉伸、压扁、冲击等试验项目中，室内光缆的具体参数要求也远远低于室外光缆。室内外通用光缆则是集中了室内光缆和室外光缆各自的特点，既阻燃也阻水，在抗拉、抗冲击、抗压扁方面也综合了室内外不同应用环境的需要，采用比较均衡的参数值。

既然光缆有着不同的分类，那么怎样来快速辨别一款光缆呢？这就涉及光缆的命名。对于光缆的命名，在国际标准中并没有相关的定义，而在国内，通常依照《YD/T 908 光缆型号命名方法》来定义，具体命名方法见表7-6。

表7-6 光缆命名方法

分 类	加强构件	结构特征	护 套	铠 装 层	外 套
GY—通信用室（野）外光缆	（无符号）—金属加强构件	D—光纤带结构	Y—聚乙烯护套	0—无铠装层	1—纤维外被
GM—通信用移动式光缆	F—非金属加强构件	（无符号）—光纤松套被覆结构	V—聚氯乙烯护套	2—绕包双钢带	2—聚氯乙烯套
GJ—通信用室（局）内光缆		J—光纤紧套被覆结构	U—聚氨酯护套	3—单细圆钢丝	3—聚乙烯套

（续）

分　类	加强构件	结构特征	护　套	铠 装 层	外　套
GS—通信用设备内光缆		（无符号）—层绞结构	A—铝-聚乙烯黏结护套	33—双细圆钢丝	4—聚乙烯套加覆尼龙套
GH—通信用海底光缆		G—骨架槽结构	S—钢-聚乙烯黏结护套	4—单粗圆钢丝	5—聚乙烯保护管
GT—通信用特殊光缆		X—中心管（被覆）结构	W—夹带钢丝的钢-聚乙烯黏结护套	44—双粗圆钢丝	
		T—油膏填充式结构	L—铝护套	5—皱纹钢带	
		（无符号）—干式阻水结构	G—钢护套		
		R—充气式结构	Q—铅护套		
		C—自承式结构			
		B—扁平形状			
		E—椭圆形状			
		Z—阻燃			

7.2.6　光缆

1. 光缆的结构

光缆一般由缆芯、加强元件和护层三部分组成，有时在护层外面加有铠装。

（1）缆芯

缆芯一般由光纤及松套管、紧套管组成，分为单芯和多芯两种。单芯型是由单根经二次涂覆处理后的光纤组成；多芯型是由多根经二次涂覆处理后的光纤组成，它又分为带状结构和单位式结构。

根据涂覆的次数，缆芯的结构有紧套结构和松套结构两种，如图 7-6 所示。

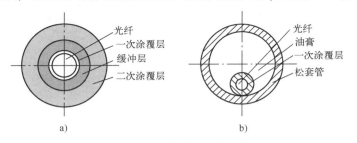

图 7-6　光缆缆芯的结构
a）紧套结构　b）松套结构

紧套结构如图 7-6a 所示，光缆中光纤无自由移动的空间。在光纤与套管之间有一个缓冲层，其目的是减小外力对光纤的作用。缓冲层一般采用硅树脂，二次涂覆用尼龙 12。这种光纤的优点是减少了外应力对光纤的作用，结构简单，测量和使用方便。

松套结构如图 7-6b 所示，光纤在光缆中有一定的自由移动空间。这样的结构有利于减少外界机械应力（或应变）对涂覆光纤的影响，即增强了光缆的弯曲性能。其优点是：力学性能好，具有很好的耐压能力；耐温性好；松套管中充有油膏，因此防水性好，可靠性好，便于成缆。

（2）加强元件

光纤材料比较脆弱，容易断裂，为了使光缆便于敷设，能抵抗安装时所外加的外力等，在光缆中要加一根或多根加强元件置于中心或分散在四周。加强元件的材料可用钢丝或非金属纤维——增强塑料（FRP）等。

（3）护层

光缆的护层主要是对已经成缆的光纤芯线起保护作用，避免由于外部机械力和环境影响造成损坏。因此要求护层具有耐压力、防潮、温度特性好、重量轻、耐化学侵蚀、阻燃等特点。

光缆的护层可分为内护层和外护层。内护层一般用聚乙烯等材料，外护层可根据敷设条件而定，可采用由铝带和聚乙烯组成的 LAP 外护套加钢丝铠装等。

2. 光缆的分类

（1）按缆芯结构分类

按缆芯结构的不同，光缆可分为层绞式光缆（即经典结构光缆）、带状结构光缆、骨架结构光缆和单元结构光缆，如图 7-7 所示。

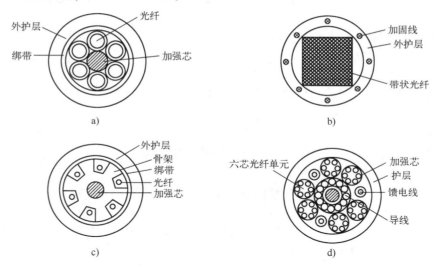

图 7-7　按缆芯结构划分光缆
a）经典结构光缆　b）带状结构光缆　c）骨架结构光缆　d）单元结构光缆

1）经典结构光缆。它是将若干根光纤芯线以强度元件为中心绞合在一起的一种结构，如图 7-7a 所示。这种光缆的制造方法和电缆较为相似，所以可采用电缆的成缆设备，成本较低。光纤芯线数一般不超过 10 根。

2）带状结构光缆。它是将 4~12 根光纤芯线排列成行，构成带状光纤单元，再将这些带状单元按一定方式排列成缆，如图 7-7b 所示。这种光缆结构紧凑，可做成上千芯的高密度用户光缆。

3）骨架结构光缆。这种结构是将单根或多根光纤放入骨架的螺旋槽内，骨架的中心是强度元件，骨架的沟槽可以是 V 形、U 形和凹形，如图 7-7c 所示。光纤在骨架沟槽内具有较大空间，因此受到张力时可在槽内做一定的位移，减少了光纤芯线的应力、应变和微变。这种光缆具有耐侧压、抗弯曲、抗拉的特点。

4）单元结构光缆。它将几根至十几根光纤芯线集合成一个单位，再由数个单位以强度元件为中心绞合成缆，如图 7-7d 所示，这种光缆的芯线数一般为几十。

在公用通信网中用的光缆结构见表 7-7。

表 7-7　光缆结构

种　类	结　　　构	光纤芯线数	必 要 条 件
长途光缆	层绞式	<10	低损耗、宽频带，可用单盘盘长的光缆来敷设 骨架式有利于防护侧压力
	单元式	10~200	
	骨架式	<10	
海底光缆	层绞式 单元式	4~100	低损耗、耐水压、耐张力
用户光缆	单元式	<200	高密度、多芯和低中损耗
	带状式	>200	
局内光缆	软线式 带状式 单元式	2~20	重量轻、线径细、可挠性好

（2）按线路敷设方式分类

按线路敷设方式，光缆可分为架空光缆、管道光缆、直埋光缆、隧道光缆和水底光缆等。

1）架空光缆，是指以架空形式挂放的光缆，它必须借助吊线（镀锌钢绞线）或自身具有的抗拉元件悬挂在电杆或铁塔上。

2）管道光缆，是指布放在通信管道内的光缆，目前常用的通信管道主要是塑料管道。

3）直埋光缆，是指光缆线路经过市郊或农村时，直接埋入规定深度和宽度的缆沟中的光缆。

4）隧道光缆，是指经过公路、铁路等交通隧道的光缆。

5）水底光缆，是穿越江、河、湖、海水底的光缆。

（3）按使用环境与场合分类

按使用环境与场合，光缆主要分为室外光缆、室内光缆及特种光缆三大类。由于室外环境（气候、温度、破坏性）相差很大，故这几类光缆在构造、材料、性能等方面亦有很大区别。

1）室外光缆使用条件恶劣，因而必须具有足够的机械强度、防渗能力和良好的温度特性，其结构比较复杂。

2）室内光缆结构紧凑、轻便、柔软，并应具有阻燃性能。

3）特种光缆用于特殊场合，如海底、污染区或高原地区等。

（4）按通信网络结构或层次分类

按通信网络结构或层次，光缆可分为长途网光缆和本地网光缆。

1）长途网光缆，即长途端局之间的线路，包括省际一级干线、省内二级干线。

2）本地网光缆，既包括长途端局与电信端局以及电信端局之间的中继线路，又包括接入网光缆线路。

7.3 光纤通信系统

光纤通信系统是以光为载波，利用纯度极高的玻璃拉制成极细的光导纤维作为传输媒介，通过光电变换，用光来传输信息的通信系统。随着国际互联网业务和通信业的飞速发展，信息化给世界生产力和人类社会的发展带来了极大的推动力。光纤通信作为信息化的主要技术支柱之一，将成为 21 世纪重要的战略性产业。

7.3.1 光纤通信系统的分类

一个光纤通信系统通常由三大块构成：光发射机、传输介质和光接收机。由光纤链路构成的光通路将光发射机和光接收机连接起来就在光网络上形成了一条点到点的光连接，而这种光纤链路可将一个或多个光网络（交换）节点相互连接起来，最终构成通信网。网络的使用克服了点到点全连接独享线路容量的弊端。

从应用范围上划分，光网络又分为骨干光网络、城域光网络和接入光网络。骨干光网络倾向于采用网状结构，城域光网络多采用环形结构，接入光网络是同时采用环形和星形的复合结构。

光网络是由传输系统和交换系统组成的，光网络具体所采用的联网方式也就受制于传输系统的复用方式和与之相匹配的交换系统的配置功能。因此，对光网络的技术和结构进行分类也存在两种不同的侧重点：一种是从复用传输的角度进行分类；另一种是从交换系统的配置功能和所使用的交换模式角度进行分类。

1. 按复用传输方式分类

为了进一步提高光纤的利用率，挖掘更大的带宽资源，复用传输不失为加大通信线路传输容量的一种很好的办法。从复用传输技术的角度可分为空间域的空分复用、时间域的时分复用、频率域的频分复用和码字域的码分复用，相应也存在空分、时分、波分和码分四种光交换，它们分别完成了空分信道、时分信道、波分信道和码分信道的交换，从不同域拓展了通信系统的容量，丰富了信号交换和控制的方式。

2. 按交换配置模式分类

一般来说，通信网络中存在着多种交换模式，光交换网络由此可以划分为光路交换网络和光分组交换网络，以及前两项技术的折中方案——光突发交换网络。尽管光路交换和分组交换在传统的语音和数据网络中并不陌生，但是关于光的"路"交换和分组交换技术现在仍处于研究和发展之中。

（1）光路交换

光的光路交换机又称为光交叉连接器（Optical Cross-Connect，OXC）。和传统电话交换网络中的光路交换机一样，OXC 负责一条光通道的建立和拆除。OXC 是一种电信级运营系统，它一般位于运营网络的 PoP（Point of Presence）点，负责将输入的光路信号调配到与目的端对应的输出端口中。其基本功能有带宽管理、网络保护和恢复及业务指配等。

（2）光分组交换

光分组交换主要指 ATM 光交换和 IP 包光交换，它是近年来被广泛研究的一种光交换方式，其特征是对信元/分组/包等资料串进行交换。根据是否使用光子处理和光子缓存技术，光分组交换机也可以分为不透明和透明两种类型，透明的光分组交换机需要光子逻辑和光子存储设备。

分组业务具有很大的突发性，如果用光路交换的方式处理将会造成资源浪费。在这种情况下，采用光分组交换将是最为理想的选择，它将大大提高链路的利用率。在分组交换矩阵里，每个分组都必须包含自己的选路信息（通常是放在信元头中）。交换机根据信元头信息发送信号，而其他信息则不需要由交换机处理，只是透明地通过。

（3）光突发交换

光突发交换中的"突发"可以看成由一些较小的具有相同出口边缘节点地址和相同 QoS（Quality of Service）要求的数据分组组成的超长数据分组，这些数据分组可以来自传统 IP 网中的 IP 包。突发是光突发交换网中的基本交换单元，它由控制分组（Burst Control Packet，BCP，作用相当于分组交换中的分组头）与突发数据（净载荷）两部分组成。突发数据和控制分组在物理通道上是分离的，每个控制分组对应于一个突发数据，这也是光突发交换的核心设计思想。

7.3.2 数字光纤通信系统的性能指标

1. 误码特性

误码就是经接收判决再生后，数字流的某些比特发生了差错，使传输信息的质量发生了损伤。传统上常用长期平均误比特率（BER，俗称误码率）来衡量信息传输质量，即将某一特定观测时间内的错误比特数与传输比特总数之比作为误比特率。

误码对各种业务的影响主要取决于业务的种类和误码的分布。例如，语音通信中能够容忍随机分布的误码，而数据通信则相对能容忍突发误码的分布。下面介绍误码性能的度量。

目前，ITU-T 规定了三个高比特率信道误码性能参数。

1）误块秒比（ESR）。为了定义误块秒比首先需要了解误块秒（ES）的概念。当某秒具有一个或多个差错块或至少出现一个缺陷时，就称该秒为误块秒。在规定测量间隔内出现的误块秒数与总的可用时间之比，称为误块秒比。

2）严重误块秒比（SESR）。为了定义严重误块秒比，首先需要了解严重误块秒（SES）的概念。当某秒内包含不少于 30% 的差错块或者至少出现一个缺陷时，认为该秒为严重误块秒（SES）。

在规定测量时间内出现的严重误块秒数与总的可用时间之比，称为严重误块秒比。

3）背景块差错比（BBER）。为了定义背景块差错比，首先需要了解背景块差错（BBE）的概念。背景块差错指扣除不可用时间和严重误块秒期间出现的差错块以后所剩下的差错块。背景块差错数与扣除不可用时间和严重误块秒期间所有块数后的总块数之比称为背景块差错比。由于计算时已经扣除了引起严重误块秒和不可用时间的大突发性误码，因而该参数的大小可以大体反映系统的背景误码水平。

2. 抖动特性

定时抖动（简称抖动）定义为数字信号的特定时刻（如最佳抽样时刻）相对其理想参考时间位置的短时间偏离。短时间偏离是指变化频率高于 10 Hz 的相位变化，而低于 10 Hz 的相位变化称为漂移。事实上，两者的区别不仅在于相位变化的频率不同，而且在产生机理、特性和对网络的影响方面也不尽相同。

定时抖动对网络的性能损伤表现在以下几个方面。

1）对数字编码的模拟信号在译码后数字流的随机相位抖动使恢复后的样值具有不规则的相位，从而造成输出模拟信号的失真，形成抖动噪声。

2）在再生器中，定时的不规则性会使有效判决点偏离接收眼图的中心，从而降低了再生器的信噪比余度，直至发生误码。

3）在同步数字系列（SDH）网中，像同步复用器和数字交叉连接设备等配有滑动缓存器的同步网元，过大的输入抖动会造成缓存器的溢出或取空，从而产生滑动损伤。

抖动对各类业务的影响不同，数字编码的语音信号能够耐受很大的抖动，允许的均方根抖动达 1.4 μs。

从网络发展演变的角度看，准同步数字系列（SDH）网与 PDH 网将有一段相当长的共存时期，因此 SDH 网不仅要有自己的抖动性能规范，而且应在 SDH 与 PDH 边界满足相应的 PDH 网抖动性能规范。

3. 漂移的概念和影响

漂移定义为数字信号的特定时刻（如最佳抽样时刻）相对其理想参考时间位置的长时间偏移。这里的长时间是指变化频率低于 10 Hz 的相位变化。与抖动相比，漂移无论在产生机理、本身特性及对网络的影响方面都有所不同。引起漂移的一个普遍原因是环境温度变化，它会导致光缆传输特性发生变化，从而引起传输信号延时的缓慢变化。因而漂移可以简单地理解为信号传输延时的慢变化。这种传输损伤靠光缆线路系统本身是无法彻底解决的。在光同步线路系统中还有一类由于指标调整与网同步结合所产生的漂移机理，采取一些额外措施是可以降低的。

7.4 光纤通信传输技术

通信传输的主流技术是 SDH、WDM、MSTP、PTN、OTN、IPRAN 等，这些技术满足了现网传输的应用趋势，符合网络发展的需要。虽然传统技术依旧能够应用，但其局限性是比较大的，因此只在特定的领域进行应用。新、老技术的综合更有利于提升光网络技术的应用效益，这是当下电信网络发展的主流趋势。

7.4.1 同步数字系列（SDH）技术

1. SDH 的产生

20 世纪 80 年代中期以来，光纤通信在电信网中获得了大规模应用，其应用场合已逐步从长途通信、市话局间中继通信转向用户接入网。光纤通信的廉价和优良带宽特性正使之成为电信网的主要传输手段。然而，随着电信网的发展和用户要求的提高，光纤通信中的准同步数字系列正暴露出一些固有的弱点。

1）只有地因性的数字信号速率和帧结构标准，没有世界性标准。例如，北美的速率标准是 1.5 Mbit/s—6.3 Mbit/s—45 Mbit/s—Nx45 Mbit/s，同样体制的日本标准是 1.5 Mbit/s—6.3 Mbit/s—32 Mbit/s—100 Mbit/s—400 Mbit/s，而欧洲标准为 2 Mbit/s—8 Mbit/s—34 Mbit/s—140 Mbit/s。这三者互不兼容，造成了国际互通的困难。

2）没有世界性的标准光接口规范，导致各个厂家自行开发的专用光接口大量滋生。

3）对于准同步系统的复用结构，除了几个低速率等级的信号（如北美为 1.5 Mbit/s，欧洲为 2 Mbit/s）采用同步复用外，其他多数等级的信号采用异步复用，即通过塞入一些额外比特使各支路信号与复用设备同步并复用成高速信号。

4）传统准同步系统的网络运行、管理和维护（OAM）主要靠人工的数字信号进行交叉连接和停业务测试，因而复用信号帧结构中不需要安排很多用于网络 OAM 的比特。而今天，需要更多的辅助比特以进一步改进网络 OAM 能力，而准同步系统无法适应不断演变的电信网要求，难以很好地支持新一代网络。

5）由于建立在点对点传输基础上的复用结构缺乏灵活性，使数字信道设备的利用率很低，非最短的通信路由占了业务流量的大部分。可见这种建立在点到点传输基础上的体制无法提供最佳的路由选择，也难以经济地提供不断出现的各种新业务。

另外，用户和网络的要求正在不断变化，一个现代电信网要求能迅速、经济地为用户提供电路和各种业务，最终希望能对电路带宽和业务提供在线实时控制和按需供给。

显然，要想圆满地在原有技术体制和技术框架内解决这些问题是事倍功半、得不偿失的。唯一的出路是从技术体制上进行根本的改革。微处理器支持的智能网元的出现有力支持了这种网络技术体制上的重大变革，是一种有机地结合了高速大容量光纤传输技术和智能网元技术的新体制——光同步传输网应运而生。

2. SDH 网的特点

作为一种全新的传输网体制，SDH 网有下列主要特点。

1）使 1.5 Mbit/s 和 2 Mbit/s 两大数字体系（三个地区性标准）在 STM-1 等级以上获得统一。今后，数字信号在跨越国界进行传输时，不再需要转换成另一种标准，第一次真正实现了数字传输体制上的世界性标准。

2）采用了同步复用方式和灵活的复用映像结构。各种等级的码流在帧结构净负荷内的排列是有规律的，而净负荷与网络是同步的，因而只需利用软件即可使高速信号一次直接分插出低速支路信号，即一步复用特性。

3）SDH 帧结构中安排了丰富的开销比特（大约占信号的 5%），因而使网络的 OAM 能力大大加强。此外，由于 SDH 中的数字交叉连接（DXC）和分插复用器（ADM）等一类网元是智慧化的，通过嵌入 SOH（段开销），控制通路可以使部分网络管理能力分配（即软件下线）到网元，实现分布式管理，使新特性和新功能的开发变得比较容易。例如，在 SDH 中可望实现按需动态分配网络带宽，网络中任何地方的用户都能很快获得所需要的具有不同带宽的业务。

4）由于标准光接口综合了各种不同的网元，减少了将传输和复用分开的需要，从而简化了硬件，缓解了布线拥挤。例如，网元有了标准光接口后，光纤可以直通到 DXC，省去了单独的传输和复用设备，以及人工数字配线架。此外，有了标准光接口信号和通信协议后，光接口成为开放型接口，还可以在基本光缆段上实现横向兼容，满足多厂家产品环境的要求，降低了联网成本。

5）由于用一个光接口代替了大量电接口，因而 SDH 网所传输的业务信息可以不必经由常规准同步系统所具有的一些中间背靠背电接口，而直接经光接口通过中间节点，省去了大量的相关电路单元和机线光缆，使网络的可用性和误码性能都获得改善，而且使运营成本减少 20% ~ 30%。

6）SDH 网与现有网络能完全兼容，即可以兼容现有 PDH 的各种速率。同时，SDH 网还能容纳各种新的业务信号，如高速局域网的光纤分布式数据接口（FDDI）信号、城域网的分布排队双总线（DQDB）信号及宽带综合业务数字网中的异步传递模式（ATM）信号。

简而言之，SDH 网具有完全的后向兼容性和前向兼容性。

上述特点中最核心的有三条，即同步复用、标准光接口和强大的网管能力。

3. SDH 的帧结构

SDH 网的一个关键功能是能对支路信号（2/34/140 Mbit/s）进行同步数字复用、交叉连接和交换，因而帧结构必须适应所有这些功能。同时也希望支路信号在一帧内的分布是均匀、有规律的，以便于接入和取出。最后，还要求帧结构对 1.5 Mbit/s 系列和 2 Mbit/s 系列信号都能同样的方便和实用。这些要求导致 ITU-T 最终采纳了一种以字节结构为基础的矩形块状帧结构，如图 7-8 所示。

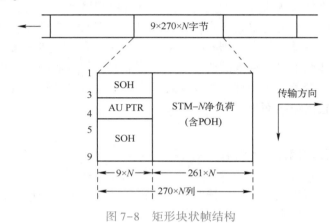

图 7-8　矩形块状帧结构

由图 7-8 可知，整个帧结构大体上可以分为三个区域。

段开销（SOH）是指 STM 帧结构中为了保证信息正常灵活传送所附加的字节，这些附加字节主要是供网络运行、管理和维护使用的。

信息净负荷（Payload）区域就是帧结构中存放各种信息的地方。当然，其中还含有少量用于通信性能监视、管理和控制的信道开销字节（POH）。通常，POH 作为净负荷的一部分与其在网络中一起传送。

指标是一组码，其值表示信息在净负荷区所处的位置，调整指针就是调整净负荷包封和 STM-N 帧之间的频率和相位，以便在接收端正确地分解出支路信号。

4. SDH 的复用

通常有两种传统方法可以将低速支路信号复用成高速信号：一种是正比特塞入法，又称正码速调整；另一种是固定位置映像法，即利用低速支路信号在高速信号中的特殊固定比特位置来携带低速同步信号。

图 7-9 所示为我国目前采用的基本复用映像结构。其特点是采用了 AU-4 路线，主要考虑目前 PDH 中应用最广的 2 Mbit/s 和 140 Mbit/s 支路接口。图中所涉及的各单元名称及定义如下所述。

（1）容器

容器（C）是一种用来装载各种速率业务信号的信息结构，容器种类有 C-11、C-12、C-2、C-3 和 C-4，我国仅涉及 C-12、C-3、C-4。

（2）虚容器

虚容器（VC）是用来支持 SDH 信道层连接的信息结构，可分成低阶 VC 和高阶 VC 两种。

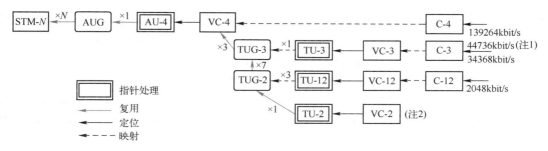

图 7-9 我国目前采用的基本复用映像结构

注1. 44736 kbit/s 接口主要用于传送 IP 业务及图形业务。

2. VC-2 是一个光电/电光转换器（Media Converter, MC），主要用于传输图像等业务，具体实施方法待定。

VC 由容器 C 输出的信息净负荷和信道开销（POH）组成。

VC 是 SDH 中可以用来传输、交换、处理的最小信息单元，一般将传送 VC 的实体称为信道。

VC 可分为低阶 VC 和高阶 VC，VC-1、VC-2 及 ALM 中的 VC-3 为低阶；VC-4 和 AU-3 中的 VC-3 为高阶。

（3）支路单元

支路单元（TU）是一种在低阶信道层和高阶信道层间提供适配功能的信息结构，它由信息净负荷和指示净负荷帧起点相对于高阶 VC 帧起点偏移量的支路单元指针（TU-PTR）构成。指针用来指示 VC 在高一阶 VC 中的位置，这种净负荷中对 VC 位置的安排称为定位。

（4）支路单元组

支路单元组（TUG）是由一个或多个高阶 VC 净负荷中占据固定位置的支路单元组成的。

（5）管理单元

管理单元（AU）是在高阶通道层和复用段层之间提供适配功能的信息结构，它由信息净负荷和指示净负荷帧起点相对于复用段起点偏移量的管理单元指针组成。

（6）管理单元组

管理单元组（AUG）是由一个或多个在 STM 净负荷中占据固定位置的管理单元组成的。

（7）同步传输模块 STM-N

由 N 个 STM-1 同步复用成 STM-N。

7.4.2 光波分复用（WDM）技术

光波分复用（Wavelength Division Multiplexing, WDM）技术是在一根光纤中同时包含多个波长的光载波信号，每个光载波可以通过 FDM 或 TDM 方式各自承载多路模拟信号或多路数字信号。其基本原理是在发送端将不同波长的光信号组合起来（复用），并耦合到光缆线路上的同一根光纤中进行传输，在接收端又将这些组合在一起的不同波长的信号分开（解复用），并做进一步处理，恢复出原信号后送入不同的终端。因此将此项技术称为光波长分割复用，简称光波分复用技术。

1. WDM 系统的基本构成

WDM 系统的基本构成主要分双纤单向传输和单纤双向传输两种方式。单向 WDM 是指所有光通路同时在一根光纤上沿同一方向传送，在发送端将载有各种信息的具有不同波长的已调光信号通过光纤延长器组合在一起，并在一根光纤中单向传输。由于各信号是由不同波长光携带的，所以彼此间不会混淆，在接收端通过光的复用器将不同波长的光信号分开，完成多路光信号的传输，而反方向则通过另一根光纤传送。双向 WDM 是指光通路在一根光纤上同时向两个不同的方向传输，所用的波长相互分开，以实现全双工的通信联络。目前单向的 WDM 系统在开发和应用方面都比较广泛，而双向 WDM 由于在设计和应用时受各通道干扰、光反射影响、双向通路间的隔离和串话等因素的影响，实际应用较少。

2. 双纤单向 WDM 系统的组成

以双纤单向 WDM 系统为例，一般而言，WDM 系统主要由以下五部分组成：光发射机、光中继放大器、光接收机、光监控信道和网络管理系统。

（1）光发射机

光发射机是 WDM 系统的核心，除了对 WDM 系统中发射激光器的中心波长有特殊要求外，还应根据 WDM 系统的不同应用（主要是传输光纤的类型和传输距离）来选择具有一定色度色散容量的发射机。在发送端首先将终端设备输出的光信号利用光转发器把非特定波长的光信号转换成具有某一稳定波长的信号，再利用合波器合成多通路光信号，通过光功率放大器（BA）放大输出。

（2）光中继放大器

经过长距离（80～120 km）光纤传输后，需要对光信号进行光中继放大。目前使用的光放大器多数为掺铒光纤光放大器（EDFA）。在 WDM 系统中必须采用增益平坦技术，使 EDFA 对不同波长的光信号具有相同的放大增益，并保证光信道的增益竞争不影响传输性能。

（3）光接收机

在接收端，光前置放大器（PA）放大经传输而衰减的主信道信号，采用分波器从主信道光信号中分出特定波长的光信道，接收机不但要满足对光信号灵敏度、过载功率等参数的要求，还要能承受一定光噪声的信号，有足够的电带宽性能。

（4）光监控信道

光监控信道的主要功能是监控系统内各信道的传输情况。在发送端插入本节点产生的波长为 λ_s（1550 nm）的光监控信号，与主信道的光信号合波输出。在接收端，将接收到的光信号分波，分别输出 λ_s（1550 nm）波长的光监控信号和业务信道光信号。帧同步字节、公务字节和网管使用的开销字节都是通过光监控信道来传输的。

（5）网络管理系统

网络管理系统通过光监控信道传送开销字节到其他节点，或接收来自其他节点的开销字节对 WDM 系统进行管理，实现配置管理、故障管理、性能管理、安全管理等功能。

3. 光波分复用器和解复用器

在整个 WDM 系统中，光波分复用器和解复用器是关键部件，其性能对系统的传输质量具有决定性作用。将不同光源波长的信号结合在一起经一根传输光纤输出的器件称为复用器；反之，将同一传输光纤送来的多波长信号分解为个别波长分别输出的器件称为解复用器。从原理上说，两种器件是互易（双向可逆）的，即只要将解复用器的输出端和输入端反过来使用，就是复用器。光波分复用器的性能指标主要有接入损耗和串扰，要求损耗及频偏要小，接入损耗要小于 1.0～2.5 dB；信道间的串扰小，隔离度大，不同波长信号间影响小。在目前实际应用的 WDM 系统中，主要有光栅型光波分复用器和介质膜滤波器型光波分复用器。

（1）光栅型光波分复用器

闪耀光栅是在一块能够透射或反射的平面上刻画平等且等距的槽痕，其刻槽具有小阶梯似的形状。当含有多波长的光信号通过光栅产生衍射时，不同波长成分的光信号将以不同的角度射出。当光纤中的光信号经透镜以平行光束射向闪耀光栅时，由于光栅的衍射作用，不同波长的光信号以方向略有差异的各种平行光返回透镜传输，再经透镜聚焦后，以一定规律分别注入输出光纤，从而将不同波长的光信号分别以不同的光纤传输，达到解复用的目的。根据互易原理，将光波分复用输入和输出互换即可达到复用的目的。

（2）介质膜滤波器型光波分复用器

目前 WDM 系统工作在 1550 nm 波长区段内，用 8、16 或更多个波长在一对光纤上（也可用单光纤）构成光通信系统。每个波长之间为 1.6 nm、0.8 nm 或更窄的间隔，对应 200 GHz、100 GHz 或更窄的带宽。

4. WDM 技术的主要特点

1）充分利用光纤的巨大带宽资源，使一根光纤的传输容量比单波长传输增加几倍到几十倍，从而增加了光纤的传输容量，降低了成本，具有很大的应用价值和经济价值。

2）WDM 技术中使用的各波长相互独立，因而可以传输特性完全不同的信号，完成各种信号的综合和分离，实现多媒体信号混合传输。

3）许多通信都采用全双工方式，因此采用 WDM 技术可节省大量线路投资。

4）根据需要，WDM 技术可以有很多应用形式，如长途干线网、广播式分配网络、多路多地局域网等，因此对网络应用十分重要。

5）随着传输速率不断提高，许多光电器件的响应速度明显不足，而使用 WDM 技术可以降低对一些器件在性能上的极高要求，同时又可实现大容量传输。

6）利用 WDM 技术选路，可实现网络交换和恢复。

7.4.3　多业务传送平台（MSTP）技术

多业务传送平台（Multi-Service Transport Platform，MSTP）技术是指基于 SDH 平台，同时实现 TDM、ATM、以太网等业务的接入、处理和传送，提供统一网络管理的平台。

MSTP 充分利用 SDH 技术，特别是其保护恢复能力和确保时延性能，加以改造后可以适应多业务应用，支持数据传输，简化了电路配置，加快了业务提供速度，改进了网络的扩展性，降低了运营维护成本。在分组传送网（PTN）技术应用以前，MSTP 技术是主要的传输承载网技术。

城域网 MSTP 建设方案是介于传统的"SDH+ATM"方案与全光智能网络之间的一种现实可行的建设方案。MSTP 明显优于 SDH，主要表现在多端口种类、灵活的服务、支持 WDM 的升级扩容、最大效用的光纤带宽利用、较小粒度的带宽管理等方面。由于它是基于现有 SDH 传输网络的，故可以很好地兼容现有技术，保证现有投资。由于 MSTP 可以集成 WDM 技术，所以能够保证网络的平滑升级，从某种程度上也是 Metro-WDM 的低成本解决方案之一。

MSTP 系列设备为城域网节点设备，是数据网和语音网融合的桥接区。MSTP 可以应用在城域网各层：对于骨干层，主要进行中心节点之间大容量高速 SDH、IP、ATM 业务的承载、调度并提供保护；对于汇聚层，主要完成接入层到骨干层的 SDH、IP、ATM 多业务汇聚；对于接入层，则完成用户需求业务的接入。

由于 MSTP 是基于 SDH 技术，所以 MSTP 对传统的 TDM 业务可以很好地支持，其技术难点是如何利用 SDH 来支持 IP 业务，也就是如何将 IP 数据映射到 SDH 帧中。

早期的 MSTP 利用 PPP（RFC1661、RFC1662、RFC2615）来完成对 IP 数据的映射。它通过"IP 包→PPP 分组→HDLC 封装→SDH 相应 VC"过程来实现"IP over SDH"（以 SDH 网络作为 IP 数据网络的物理传输网络）或"Packet over SONET"（SONET 上的数据包，简称POS）。这种方法技术成熟，适于多协议环境，但它不是专为 SDH 设计的，在帧定位时开销较大，且传输效率与传输的内容有关，因此效率较低。

现在主流的 MSTP 产品均采用 G.7041 中定义的 GFP 协议来实现将高层信号映射到同步物理传输网络的通用方法，完成多种业务数据向 SDH 帧的映射，并定义了两种映射方式：透明映射（Transparent Mapped）和帧映射（Frame Mapped）。前者有固定的帧长度，可及时处理而不用等待收到整个帧，更适合处理实时业务（如视频信号 DVB）和块状编码的信号（如存储业务 Fiber Channel，FICON，ESCON）；而后者没有固定的帧长，接收到一完整的帧后再进行处理，可以用来封装 IP/PPP 或以太网 MAC 帧。

现在也有少数 MSTP 产品利用 LAPS（X.86）协议来实现业务数据向 SDH 帧的映射。LAPS 是基于 SDH/SONET 的，不需要链路初始化，也不用像 PPP 那样重启定时器（Restart Timer），所以 LAPS 具有较高的效率和更高的性能保证能力。但是这种 MSTP 实现方式在实际应用中并不多见。

现在主流的 MSTP 技术是以 G.7041、G.7070、G.7042 协议为依托的。

1. GFP 协议

链路层标准通用成帧规程（Generic Framing Procedure，GFP，G.7041）克服了"IP over PPP""HDLC over SDH""IP over Multi-Link""PPP over SDH"所无法避免的只支持点到点逻辑拓扑结构、需要有特定帧定界字节、需要对帧中负荷进行扰码处理等诸多弊病。相对于原来的同类协议（PPP/LAPS），GFP 主要有如下特点：采用和 ATM 技术相似的帧定界方式，减小定位字节开销，避免传输内容对传输效率的影响；打破了链路层适配协议只能支持点到点拓扑结构的局限性，可以实现对不同拓扑结构的支持；通过对多服务等级的概念引进，可以实现带宽控制的简单功能。

与 PPP 相比 GFP 的技术特点优势在于以下几个方面。

1）其帧定界是基于帧头中的帧长度指示符采用 CRC 捕获的方法来实现的，与 ATM 中使用的方法相似。这种方式比用专门的帧标识符去帧定界更为有效。

2）通过扩展帧头的功能去适应不同的拓扑结构，环形或者点到点。也可以定义 GFP 中数据流的不同服务等级，而不用上层协议去查看数据流的服务等级。

3）通过扩展帧头可以标识负载类型，以决定如何前传负载，而不需要打开负载查看它的类型。

4）GFP 有自己的 FCS 域，这样的话就可以保证所传输负荷的完整性，对保护那些自己没有 FCS 域的负荷是非常有效的。

5）传输性能和传输内容无关，这个优点源于 GFP 采用了特定的帧定界方式。在 PPP 里，它会对负荷的每个字节进行检查，如果有字节与帧标识符相同，它会对这一字节做处理，从而使负荷变长，且不可预测。在 MSTP 测试时，正是利用这一点来判断设备所采用的映射协议是 GFP 还是 PPP，比较设备在传送 OX7E 和非 OX7E 信息时的传输性能，当传送后者的性能明显优于前者时，映射协议采用的是 PPP，而当两者的传送性能没有明显差别时，映射协议采用的是 GFP。

2. MSTP 技术

ITU-T G. 7070 中定义了级联和虚级联概念，这两个概念在 MSTP 技术中占有重要地位。利用 VC 级联技术可实现 Ethernet 带宽与 SDH 虚通道的速率适配，从而实现对带宽的灵活配置，尤其是虚级联技术能够支持带宽的充分利用。

（1）虚级联技术原理

虚级联技术可以看作把多个小的容器级联起来并组装成为一个比较大的容器来传输数据业务。这种技术可以级联从 VC-12 到 VC-4 等不同速率的容器，用小的容器级联可以做到非常小颗粒的带宽调节，相应的，级联后的最大带宽也只能在很小的范围内。

（2）虚级联技术的特点

虚级联最大的优势在于它可以使 SDH 给数据业务提供合适大小的通道，避免了带宽的浪费。虚级联技术可以使带宽以很小的粒度进行调整，以适应用户的需求，G. 7070 中定义的最小可分配粒度为 2M。由于每个虚级联的 VC 在网络上的传输路径都是各自独立的，这样当物理链路有一个方向出现中断时，不会影响从另一个方向传输的 VC，当虚级联和 LCAS 协议相结合时，可以保证数据的传送，从而提高整个网络的可靠性与稳定性。

3. LCAS 协议

ITU-T G. 7042 中定义了 LCAS 协议。LCAS 相对于前两种技术，可以看作一种在虚级联技术基础上的较为简单的调节机制。虚级联技术只是规定了可以把不同的 VC 级联起来，但是现实中的数据流带宽是实时变化的，如何在不中断数据流的情况下动态调整虚级联的个数就是 LCAS 所覆盖的内容。

（1）协议原理

LCAS 是一个双向协议，表示状态的控制包会实时地在收发节点之间进行交换。控制包包括六种状态：固定、增加、正常、EOS（表示这个 VC 是虚级联通道的最后一个 VC）、空闲、不使用。控制包的具体格式和传送方式在 G. 7042 中没有规定。

（2）应用方式

LCAS 协议在具体应用时有三种方式。

1）链路指定"保证带宽"和"突发带宽"，它们分别对应各自的 VC 通道：当网络带宽没有剩余时网管系统利用保证带宽所对应的 VC 通道来传送数据；当网络带宽空闲时，网管系统根据业务的优先级来决定是否添加突发带宽对应的 VC 通道。这种实现方式比较灵活，可以合理利用网络资源，提供和 ATM 相类似的服务，可能成为新的市场热点。

2）链路带宽指定以后新的 VC 通道的添加和删除，根据不同的用户需求，由网管人员利用网管系统来手工调整。

3）当 LCAS 的控制包由其他高层协议（如 G-MPLS）来传送时，可以实现更加灵活的网络管理。

在具体实现中第二种方式用得比较多，但是第一种方式和第三种方式的结合有着很好的应用前景。需要指出的是，由于 GFP-T 不支持带宽统计复用，所以 LCAS 对于采用 GFP-T 映射方式的业务数据实际应用意义不大。

7.4.4　分组传送网（PTN）技术

分组传送网（Packet Transport Network，PTN）是一种光传送网络架构和具体技术。在 IP

业务层和底层光传输媒质之间设置了一个层面，它针对分组业务流量的突发性和统计复用传送的要求而设计，以分组业务为核心并支持多业务提供，具有更低的总体使用成本（TCO），同时秉承光传输的传统优势，包括高可用性和可靠性、高效的带宽管理机制和流量工程、便捷的 OAM 和网管、良好的可扩展性、较高的安全性等。

PTN 技术主要为 IP 分组业务而设计，也就是以太网业务，同时也能支持其他的传统业务，比如当前的 ATM、TDM 等业务。PTN 支持多种基于分组交换业务的双向点对点连接通道，具有适合各种颗粒度业务、端到端的组网能力，提供了更加适合 IP 业务特性的"柔性"传输管道，具备丰富的保护方式，遇到网络故障时能够实现 50 ms 的电信级业务保护切换，实现传输级别的业务保护和恢复；继承了 SDH 技术的操作、管理和维护机制（OAM），具有点对点连接的完美 OAM 体系，保证网络具备保护切换、错误检测和通道监控能力；完成了与 IP/MPLS 多种方式的互连互通，无缝承载核心 IP 业务；网管系统可以控制连接信道的建立和设置，实现了业务 QoS 的区分和保证、灵活提供 SLA 等优点。

另外，它可利用各种底层传输通道，如 SDH/Ethernet/OTN 。总之，它具有完善的 OAM 机制、精确的故障定位和严格的业务隔离功能，最大限度地管理和利用光纤资源，保证了业务安全性，在结合 GMPLS 后，可实现资源的自动配置及网状网的高生存性。

1. PTN 的关键技术

1）端到端的伪线仿真（PWE3）是一种业务仿真机制，它以尽量少的功能按照给定业务的要求仿真线路，客户设备感觉不到核心网络的存在，认为处理的业务都是本地业务。

2）多业务统一承载。

- TDMtoPWE3：支持透传模式和净荷提取模式。在透传模式下，不感知 TDM 业务结构，将 TDM 业务视作速率恒定的比特流，以字节为单位进行 TDM 业务的透传，对于净荷提取模式感知 TDM 业务的帧结构、定帧方式、时隙信息等，将 TDM 净荷取出后再依次装入分组报文净荷传送。

- ATMtoPWE3：支持单/多信元封装，多信元封装会增加网络时延，需要结合网络环境和业务要求综合考虑。

- EthernettoPWE3：支持无控制字的方式和有控制字的传送方式。

3）端到端层次化 OAM。

基于硬件处理的（OAM）功能可实现分层的网络故障自动检测、保护切换、性能监控、故障定位、保证信号的完整性等功能，业务的端到端管理和级联监控支持连续和按需的 OAM。

2. PTN 技术蓬勃发展的现状

PTN 技术的发展历程是 T-MPLS 到 MPLS-TP 的历程。早在 2005 年，ITU-T SG15 就开始了 T-MPLS 的标准化工作。T-MPLS 基于传送网的网络架构对 MPLS 进行了简化，去掉了与面向连接无关的技术内容和复杂的协议族，增加了传统传送网风格的 OAM 和保护方面的内容。2006 年，ITU-T 首次通过了关于 T-MPLS 架构、接口、设备功能特性等的三个标准，随后，OAM、保护、网络管理等方面的标准相继制订。

2008 年 2 月，ITU-T 同意和 IETF 成立联合工作组（JWT）来共同讨论 T-MPLS 和 MPLS 标准的融合问题。联合工作组由 ITU-T 的 T-MPLS AdHoc 组和 IETF 的 MPLS 互操作性设计组（MEAD）组成，专门做 TMPLS 的评估工作。2008 年 4 月，经过一系列的会议讨论，联合工作组决定 ITU-T 与 IETF 合作开发相关标准，ITU-T 将传送需求提供给 IETF，并通过 IETF 的标准程序扩展 MPLS 的 OAM、网络管理和控制平面协议等，使之满足传送需求，技术名称更改为 MPLS-TP，由 IETF 定义 MPLS-TP。截止到目前，IETF 已通过多个 RFC，并在转发机制、OAM、生存性、网络管理和控制平面五个部分继续发展完善，还有大量的草案有望在未来的 IETF 会议上获得通过。

7.4.5 光传送网（OTN）技术

光传送网（Optical Transport Network，OTN）是以波分复用技术为基础、在光层组织网络的传送网，是下一代骨干传送网。

OTN 通过 G.872、G.709、G.798 等一系列 ITU-T 标准所规范的新一代数字传送体系和光传送体系，将解决传统 WDM 网络无波长/子波长业务调度能力差、组网能力弱、保护能力弱等问题。OTN 通过一系列协议来解决传统系统的若干问题，它跨越了传统的电域（数字传送）和光域（模拟传送），是管理电域和光域的统一标准。

OTN 处理的基本对象是波长级业务，它将传送网推进到真正的多波长光网络阶段。由于结合了光域和电域处理的优势，OTN 可以提供巨大的传送容量、完全透明的端到端波长/子波长连接以及电信级的保护，是传送宽带大颗粒业务的最优技术。

1. 主要优势

OTN 的主要优势是完全向后兼容，它可以建立在现有的 SONET/SDH 管理功能基础上，不仅实现了现有的通信协议的完全透明，还为 WDM 提供端到端的连接和组网能力。它为可重构光分插复用器（ROADM）提供光层互联的规范，并补充了子波长汇聚和疏导能力。

OTN 概念涵盖了光层和电层两层网络，其技术继承了 SDH 和 WDM 的双重优势，关键技术特征体现为以下几个方面。

（1）多种客户信号封装和透明传输

基于 ITU-T G.709 的 OTN 帧结构可以支持多种客户信号的映射和透明传输，如 SDH、ATM、以太网等。对于 SDH 和 ATM 可实现标准封装和透明传输，但对于不同速率以太网的支持有所差异。ITU-T G.sup43 为 10GE 业务实现不同程度的透明传输提供了补充建议，而对于 GE、40GE、100GE 以太网，专网业务光纤通道（FC）和接入网业务吉比特无源光网络（GPON）等，其到 OTN 帧中的标准化映射方式目前正在讨论之中。

（2）大颗粒的带宽复用、交叉和配置

OTN 定义的电层带宽颗粒为光通路数据单元（O-DUk，k = 0,1,2,3），即 ODUO（GE，1000 Mbit/s）、ODU1（2.5 Gbit/s）、ODU2（10 Gbit/s）和 ODU3（40 Gbit/s）。光层的带宽颗粒为波长，相对于 SDH 的 VC-12/VC-4 调度颗粒，OTN 复用、交叉和配置的颗粒要大很多，能够显著提升高带宽数据客户业务的适配能力和传送效率。

（3）强大的开销和维护管理能力

OTN 提供了和 SDH 类似的开销管理能力，OTN 光通路（OCh）层的 OTN 帧结构大大增强了该层的数字监视能力。另外，OTN 还提供六层嵌套串联连接监视（TCM）功能，使得 OTN 组网时采取端到端和多个分段同时进行性能监视的方式成为可能，为跨运营商传输提供了合适的管理手段。

（4）增强了组网和保护能力

通过 OTN 帧结构、ODUk 交叉和多维度 ROADM 的引入，大大增强了光传送网的组网能力，改变了基于 SDHVC-12/VC-4 调度带宽和 WDM 点到点提供大容量传送带宽的现状。前向纠错（FEC）技术的采用显著增加了光层传输的距离。另外，OTN 提供更为灵活的基于电层和光层的业务保护功能，如基于 ODUk 层的光子网连接保护（SNCP）和共享环网保护、基于光层的光通道或复用段保护等，但共享环网技术尚未标准化。

2. 发展趋势

OTN 对于应用来说是新技术，但其自身的发展已趋于成熟。ITU-T 从 1998 年就启动了 OTN 系列标准的制订，到 2003 年主要标准已基本完善，如 OTN 逻辑接口 G.709、物理接口 G.959.1、设备标准 G.798、抖动标准 G.8251、保护切换标准 G.873.1 等。另外，针对基于 OTN 的控制平面和管理平面，ITU-T 也完成了相应主要标准的制定。

除了在标准上日臻完善之外，近几年 OTN 技术在设备和测试仪表等方面也进展迅速。主流传送设备商一般都支持一种或多种类型的 OTN 设备。另外，主流的传送仪表商一般都可提供支持 OTN 功能的仪表。

随着业务高速发展的强力驱动和 OTN 技术及其实现的日益成熟，OTN 技术已局部应用于试验和商用网络。国外运营商对于传送网络的 OTN 接口的支持能力一般会提出明确需求，而实际的网络应用中则以 ROADM 设备形态为主，这主要与网络管理维护成本和组网规模等因素密切相关。国内运营商对于 OTN 技术的发展和应用也颇为关注，从 2007 年开始，中国电信、中国联通和中国移动等都已开展了 OTN 技术的应用研究与测试验证，目前主流的 5G 网络也可以基于 OTN 网络搭建。

作为传送网技术发展的最佳选择，可以预计，在不久的将来，OTN 技术将会得到更为广泛的应用，成为运营商营造优异的网络平台、拓展业务市场的首选技术。

7.5 全光网络

近年来，光纤通信技术基本成熟，业务需求相对不足。未来传输网络的目标是构建全光网络，即在接入网、城域网、骨干网完全实现"光纤传输代替铜线传输"。基于全光网络的架构有很多核心技术，它们将引领光通信的未来发展。下面着重介绍 ASON、FTTH、WDM、RPR 这四项热点技术。

1. ASON

ASON 是一种光传送网技术。无论从国内研发进展、试商用情况，还是从国外的发展经验来看，国内运营商在传送网中大规模引入 ASON 技术都是必然趋势。目前的产品和市场状况表明，ASON 技术已经达到可商用的成熟程度，随着 3G、NGN 的大规模部署，业务需求进一步带动了传送网技术的发展。ASON 在路由、自动发现、ENNI 接口等几方面的标准化工作还不完善，这成为制约 ASON 技术发展和商用的主要因素。

2. FTTH

FTTH 是下一代宽带接入的最终目标。实现 FTTH 的技术中，EPON 将成为未来我国的一项主流技术，而 GPON 最具发展潜力。EPON 采用以太网封装方式，所以非常适于承载 IP 业务，符合 IP 网络迅猛发展的趋势。EPON 作为"863"计划重大项目，已在商业化运作中取得了主动权。GPON 比 EPON 更注重对多业务的支持能力，因此更适合未来融合网络和融合业务的发展。但是它目前还不够成熟，并且价格偏高，还没有大规模推广。

3. WDM

WDM 突破了传统 SDH 网络容量的极限，将成为未来光网络的核心传输技术。按照通道间隔的不同，WDM 可以分为密集波分复用（DWDM）和稀疏波分复用（CWDM）这两种技术。DWDM 是当今光纤传输领域的首选技术，未来将在对传输速率要求苛刻的网络中发挥不可替代的作用。相对于 DWDM，CWDM 具有成本低、功耗低、尺寸小、对光纤要求低等优点。电信运营商会严格控制网络建设成本，所以 CWDM 技术就有了自己的生存空间，它适合快速、低成本多业务网络建设。WDM 应用的巨大优势及近几年技术上的重大突破，再加上市场的驱动，使其发展十分迅速。

4. RPR

弹性分组环（Resilient Packet Ring，RPR）是一种新型的网络结构和技术，其集 IP 的智能化、以太网的经济性及光纤环网的高带宽效率和可靠性于一身，是为下一代城域网所设计的。在标准化方面，IEEE802. I7 f19RPR 标准已经被整个业界认可，而国内的相关标准化工作还在进行中。未来 RPR 将主要应用于城域网骨干和接入方面，同时也可以在分散的政务网、企业网和校园网中应用，还可应用于 IDC 和 ISP 之中。

7.6 零箱体改造光纤通信工程案例

某县零箱体改造光缆接入工程。

1. 项目建设必要性

本项目主要为解决某县北片区 77 个零箱体 FTTH 光缆接入工程的工程覆盖需求。经调研，新建 FTTH 光缆接入工程的工程区域用户需求旺盛，适合进行投资建设。

2. 项目规模

本项目共安装光分纤箱抱杆式 122 套，光纤分路器一级 1:4 插片式 6 个，光纤分路器一级 1:8 插片式 45 个，光纤分路器二级 1:8 插片式 161 个，木杆 28 根，7/2.2 钢绞线 1.2 千米，布放光缆 61. 52 皮长千米，其中，6 芯 50.81 皮长千米、8 芯 10. 36 皮长千米、24 芯 0. 35 皮长千米。

3. 设计依据

1）关于《2022 年某县北片区第二批零箱体改造光缆接入工程一阶段设计》的委托书。
2）GB 50846—2012《住宅区和住宅建筑内光纤到户通信设施工程设计规范》。
3）GB 50847—2012《住宅区和住宅建筑内光纤到户通信设施工程施工及验收规范》。
4）GB 51158—2015《通信线路工程设计规范》。
5）GB 51171—2016《通信线路工程验收规范》。

4. 设计范围

本项目设计范围如下。
1）光缆交接箱、光分纤箱安装位置的确定、容量配置及安装。
2）光纤分路器的配置与安装。
3）光缆线路路由的选择及光缆芯数的配置。
4）光缆线路的敷设、保护、接续、测试与成端。
5）新增光缆交接箱/分纤箱的接地。
6）新建架空杆路的立杆、拉线的安装、架设吊线及线路的防护。

5. 设计分工

本项目以光缆交接箱（以下简称光交）或基站（ODF）为界，负责设计光交或基站至光分纤箱间光缆的建设、光分纤箱与光纤分路器设置、光缆的成端和接续。具体如图7-10所示。

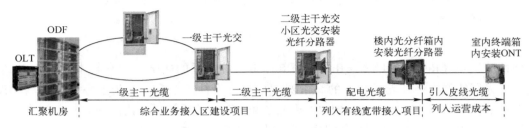

图 7-10 从综合业务接入区光交至光分纤箱设计范围示意图

6. 主要工程及主要材料（见表7-8）

表 7-8 主要工程及主要材料

序　号	工程名称	单　位	数　量
1	光（电）缆工程施工测量 架空（附挂杆路）[工日×0.4]	100 m	533.330
2	光（电）缆工程施工测量 架空（新建、加挂杆路）	100 m	12.000
3	光（电）缆工程施工测量 管道	100 m	6.670
4	光（电）缆工程施工测量 墙壁	100 m	31.660
5	立8.5m以下木电杆 综合土	根	28.000
6	木杆另缠法装7/2.6单股拉线 综合土×0.7	条	10.000
7	电杆地线 拉线式	条	10.000
8	木电杆架设7/2.2吊线 丘陵	千米条	1.200
9	敷设管道光缆 12芯以下	千米条	0.569
10	穿放引上光缆	条	2.000
11	布放钉固式墙壁光缆	百米条	34.510
12	桥架、线槽、网络地板内明布光缆	百米条	1.860
13	光缆成端接头 束状	芯	830.000
14	光缆接续 12芯以下	头	7.000
15	用户光缆测试 2芯以下	段	161.000
16	用户光缆测试 6芯以下	段	1.000
17	安装光分纤箱、光分路箱 架空式	套	122.000
18	安装光分纤箱、光分路箱 墙壁式	套	38.000

7. 预算汇总及投资分析

本预算为改造工程的一阶段设计预算，不含税总投资为318444.20元，工程增值税为31770.60元，含税总投资为350214.80元。各项费用分析见表7-9。

表 7-9　工程预算费用分析

费 用 组 成	除 税 预 算		含 税 预 算	
	预算费用/元	占　比	预算费用/元	占　比
建筑安装工程费用	273511.21	85.88%	302275.60	86.31%
需要安装设备费用	0	0%	0	0%
工程建设其他费用	44932.99	14.12%	47939.20	13.69%
预备费用	0	0%	0	0%
总费用	318444.20	100%	350214.80	100%

7.7 实训项目：参观通信机房

实训项目：认识光缆结构、参观传输机房及传输线路。

实训目标：

1）了解通信机房的规划布局和规划原则。

2）熟悉通信网络中光缆的使用情况，包括光缆的芯数规划、型号选择等。

3）巩固并加深测量理论知识的学习，使理论和实践密切结合。

实训要求：

1）开始实训前，必须弄清实训目的、实训要求、所用仪器和工具、实训方法和步骤以及实训注意事项。

2）进入通信机房，须严格遵守各种设备、专用工具的安全操作规程，做到不随意触碰机房相关设备。尤其是带电操作等必须在专业人员的指导下进行，严防人身、设备事故的发生。

3）使用电动工具、电气设备时应注意可靠接地或接零，做好保证安全的技术措施。用完设备后，须整理工具，打扫卫生。

4）对校园周边管线进行勘察，以了解为主。了解管道建设路由的选址，讨论建设光缆管线的要求，并对现行网络的规划提出建议。

5）认真做好记录，保证数据的真实性。

6）撰写实训报告。

本章小结

本章知识点见表 7-10。

表 7-10　本章知识点

序　号	知　识　点	内　　容
1	光纤通信的特点	频带宽、信息容量大；损耗低、传输距离长；体积小、重量轻、便于敷设；抗干扰性好、保密性强、使用安全；材料资源丰富
2	光纤通信的工作波长	常用的波长是 850 nm、1310 nm 和 1550 nm
3	光纤的导光原理	光在光纤中的全反射
4	光纤通信系统的分类	一种是从复用传输的角度进行分类；另一种是从交换系统的配置功能和所使用的交换模式角度进行分类

（续）

序　号	知　识　点	内　　　容
5	光波分复用（WDM）技术	在一根光纤中同时传送多个波长的光载波信号，每个光载波可以通过 FDM 或 TDM 方式承载多路模拟信号或多路数字信号
6	多业务传送平台（MSTP）技术	基于 SDH 平台，同时实现 TDM、ATM、以太网等业务的接入、处理和传送，提供统一网络管理的多业务传送平台

习题

1. 简述光纤通信的特点。

2. 目前光纤通信的三个工作窗口是多少？各有什么特点？

3. 列举你知道的光纤类型，并加以简单说明。

4. 列举你知道的光缆类型，并加以简单说明。

5. 根据自己的理解简单说明一下光纤通信过程。

第8章 接入网

随着通信技术迅猛发展，电信业务向综合化、数字化、智能化、宽带化和个人化方向发展，人们对电信业务的多样化需求也不断增长，同时主干网上 SDH、ATM、PON 及 DWDM 技术的日益成熟和使用，为实现语音、数据、图像"三线合一，一线入户"奠定了基础。如何充分利用现有的网络资源增加业务类型，提高服务质量，已成为电信专家和运营商日益关注的研究课题，"最后一公里"的解决方案是其中的焦点之一。因此，接入网（AN）成为网络应用和建设的热点。

【学习要点】

- 接入网的概念和特点。
- 有线接入技术和无线接入技术。
- ADSL 技术。
- ODN 和 EPON、GPON 的组网。
- 5G 和接入网的关系。

【素养目标】

学习接入网，是了解接入技术、了解光纤接入工程设计规范、培养分析解决实际问题能力的重要环节，为提高岗位任职能力奠定基础。

8.1 接入网概述

从整个电信网的角度讲，可以将全网划分为公用电信网和用户驻地网（CPN）两大块，其中，CPN 属用户所有，因而，通常意义上的电信网指的是公用电信网部分。公用电信网又可以划分为长途网、中继网和接入网三部分。长途网和中继网合称为核心网。相对于核心网，接入网介于本地交换机和用户之间，主要完成使用户接入到核心网的任务。接入网由业务节点接口（SNI）和用户网络接口（UNI）之间的一系列传送设备组成。

8.1.1 接入网的发展和概念

20 世纪 90 年代后期，随着通信技术与计算机技术的结合与发展，社会的信息化，数字化、宽带化和智能化已经成为通信的发展方向，人们对电信业务的质量和业务种类都提出了更高的要求。传统铜线组成的简单用户环路结构已不能适应当前网络的发展和用户业务的需要，而且用户环路所采用的模拟窄带传输手段也逐渐成为制约通信技术发展的瓶颈。

用户环路逐渐失去了原来点到点的线路特征，开始表现出交叉连接、复用、传输和管理等网络特征。基于电信网的这种发展趋势，英国电信（BT）于 1975 年提出了接入网的概念，20 世纪 80 年代初原 CCITT 提出 V1～V4 数字接口协议，直到 80 年代后期 ITU-T 着手制订

V5. X 数字接口规范，并对接入网做出较为科学的界定，接入网技术才真正进入电信业务领域。

接入网可定义为由业务节点接口和相关用户网络接口之间的一系列传送实体（如线路设施和传输设施）组成的，为传送电信业务提供所需承载能力的实施系统。

通常接入网对用户信令是透明的，不做解释和处理。接入网是介于网络侧和用户侧之间的所有机线设施的总和，主要功能是交叉连接、复用和传输，一般不包含交换功能，而且独立于交换机。

接入网被称为电信网的"最后一公里"。接入网中主要有三种接口，即用户网络接口、业务网络接口和 Q3 管理接口。接入网通过各种接口将各类业务从不同用户端接入电信网，不同配置用不同的接口类型，配置和管理通过 Q3 接口进行。

V5 接口是业务节点接口的一种，是一种较成熟的用户信令和用户接口。ITU-T 开发的本地交换机支持接入网的开放 V5 接口，已通过支持窄带业务（传输速率≤2 Mbit/s）的 V5.1 和 V5.2 接口规范（G.964 和 G.965），制定了支持宽带业务（传输速率>2 Mbit/s）的 VB5 接口规范。

8.1.2 接入网的特点

由于在电信网中的位置和功能不同，接入网与核心网有着非常明显的差别。接入网主要具有以下特点。

（1）具备交叉连接、复用和传输功能

接入网主要完成交叉连接、复用和传输功能，一般不具备交换功能。它提供开放的 V5 标准接口和以太网接口等，可实现与任何种类业务节点设备的连接。值得说明的是，目前有些接入系统也增加了交换功能，Y.1231 建议的 IP 接入网即具有交换功能。

（2）接入业务种类多，业务量密度低

接入网的业务需求种类繁多，除接入交换业务外，还可接入数据业务、视频业务以及租用业务等，但是与核心网相比，其业务量密度很低，经济效益差。

（3）网径大小不一，成本与用户有关

接入网只是负责在本地交换机和用户驻地网之间建立连接，但是由于覆盖的各用户所在位置不同，造成接入网的网径大小不一。例如，市区的住宅用户可能只需一千米左右的接入线，而偏远地区的用户可能需要十几千米的接入线，其成本相差很大。而对核心网来说，每个用户需要分担的成本十分接近。

（4）线路施工难度大，设备运行环境恶劣

接入网的网络结构与用户所处的实际地形有关系，一般线路沿街道敷设，敷设时经常需要在街道上挖掘管道，施工难度较大。另外，接入网的设备通常放置于室外，要经受自然环境甚至人为的破坏，这对设备提出了更高的要求。据美国贝尔通信研究中心估计，由于电子元器件和光元器件的性能随温度呈指数变化，所以接入网设备中的元器件性能恶化的速度比一般设备快 10 倍，这就对元器件的性能和极限工作温度提出了相当高的要求。

（5）网络拓扑结构多样，组网能力强大

接入网的网络拓扑结构具有总线型、环形、单星形、双星形、链形、树形等多种形式，可以根据实际情况进行灵活多样的组网配置。其中，环形结构可带分支，并具有自愈功能，优点较为突出。在具体应用时，应根据实际情况进行针对性的选择。

8.1.3　接入网的分类

接入网有很多种分类方法。目前应用最广泛的是根据接入方式划分为有线接入网和无线接入网。

有线接入网根据使用的线缆不同，主要分为三类。

1）铜缆接入。使用 x 数字用户线（x Digital Subscriber Line, xDSL）技术，以前的电话线拨号上网用的就是这个技术。

2）光纤/同轴混合接入。一种灵活混合使用光纤和同轴电缆的技术，家庭中的有线电视使用的就是这个技术。

3）光纤接入。使用全光纤接入的 PON 技术是目前有线接入网的主流技术，FTTH 让人们享受到了超高网速带来的便利性。

无线接入网根据接入终端的移动性，主要分为两类。

1）固定无线接入。服务的是固定位置的用户或小范围移动的用户，主要技术包括蓝牙、WiFi、WiMAX 等。

2）移动无线接入。服务的是大量使用移动终端（如手机）的用户，主要技术是蜂窝移动技术 4G、5G 等。图 8-1 所示为接入网分类汇总。

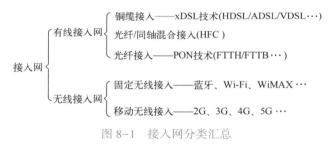

图 8-1　接入网分类汇总

1. PON 技术

FTTH 也就是常说的光纤到户（Fiber To The Home），顾名思义，就是指将光纤直接安装到用户家里，为用户带来足够大的带宽，用于满足语音、高清视频、大型游戏等各种网络需求。

FTTH 的便捷性得益于 PON 技术的发展。每家每户的光纤宽带连接着的就是 PON。图 8-2 所示为 PON 的组成。

PON 向上通过城域网连接到各种服务提供商的网络（如互联网、IPTV、电话、视频服务等），向下将用户家里的电话、IPTV、计算机等终端连接起来，并提供网络服务。

从离用户的远近来划分，PON 网络主要由光网络单元（ONU）、光纤分路器（ODU）、光线路终端（OLT）三部分组成。ONU 离用户最近，ONU 设备一般直接部署到用户家里，常见的有家庭用户单元（SFU）和家庭网关（HGW/HGU）两种类型。ONU 的一端通过光纤连接到 ODU，另一端通过有线或无线方式连接家里的终端设备。

2. 5G 移动接入技术

在移动通信网络中，无线接入网是离用户最近的一环，连接着用户和业务核心网。随处可见的基站（铁塔）就是无线接入网的标志。无线接入网的核心就是基站。

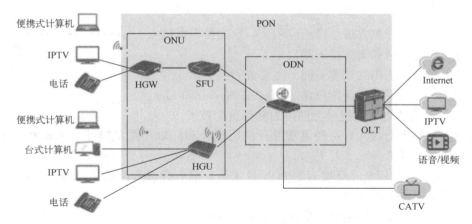

图 8-2　PON 的组成

用户通过手机拨打电话或上网时，基站会接入手机信号，信号通过承载网传送到核心网，再由核心网对信号进行处理，并传递到通话目的地或互联网上的网络应用。

传统的基站是由基带单元（Base Band Unit，BBU，主要负责基带信号调制）、远端射频模块（Remote Radio Unit，RRU，主要负责射频处理）和天线（负责发射或者接收电磁波）共同组成的。

虽然 2G/3G/4G 时代无线接入网的结构不断在升级，但这三个模块的功能分配基本没有变化。图 8-3 所示为无线接入模块分配。

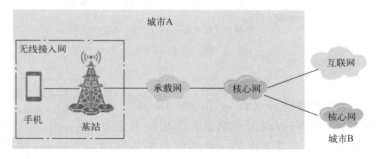

图 8-3　无线接入模块分配

不论是有线接入还是无线接入，都在随着用户更大带宽的需求而不断向前发展。

实际上，网络未来也会基于业务为用户提供服务，而不是基于接入方式，用户将不再关心是无线接入还是有线接入。作为提供业务的核心网，也将逐步云化和统一。

业务融合将会加速网络的融合，现有的固定接入、移动承载、政企接入等多个独立接入网，将会成为网络融合的重点。

作为用户接入最后一公里的光接入网（PON），也将在 5G 时代的固移融合中扮演重要的角色。

基于统一的光分配网（ODN），根据不同的应用场景（有线、无线）灵活选择应用 WDM-PON、10GPON、Combo PON 等技术，不仅可以提供固定宽带接入，也可以实现 5G 基站的前传业务。

统一的光接入网可以采用统一建设和统一管理，大大节省网络的投资费用、提高网络的利用率。图 8-4 所示为光接入网统一管理系统。

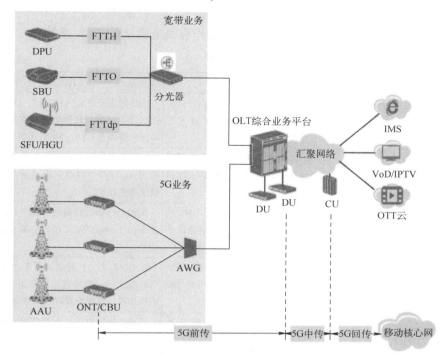

图 8-4 光接入网统一管理系统

5G 时代，基于无处不在的 ODN 光纤资源，并结合不断演进发展的 PON 技术和 SDN&NFV 技术，实现有线、无线业务的综合接入，在资源共享的同时也能简化业务部署和运维，为用户带来更好的网络服务。

8.2 有线接入网技术

有线接入系统由主干系统和配线系统两大部分组成，主干系统将多路用户信息复用在传输线路上完成传送功能，并通过配线系统将用户终端接入到主干线上，完成用户信息的接收与发送。

8.2.1 铜缆接入技术

1. xDSL 技术

现有的铜缆改造技术涉及用户线对增容技术、高速数字用户线（HDSL）、非对称数字用户线（ADSL）、甚高比特数字用户线（VDSL）、对称数字用户线（SDSL）、ISDN 数字用户线（IDSL）、速率自适应数字用户线（RADSL）、UDSL（超高速数字用户线）等。xDSL 是对 HDSL、ADSL、VDSL、SDSL 等的统称，表 8-1 为 xDSL 的具体介绍。

2. CATV

有线电视的早期形式是共用天线电视系统。为了克服高层建筑和高山阻挡等因素对电视信号接收效果的影响，它采用了一组接收良好的共用天线，将收到的电视信号以有线的方式传输并分配到各用户。随着科技不断发展，共用天线电视系统发展成为能够接收卫星节目及安排自制节目，甚至利用电视进行信息交流的系统，也就是有线电视系统。由于它不向外界辐射电磁波，而是以有线闭路的形式传送电视信号的，故称作有线电视（CATV）系统。

表 8-1 xDSL 介绍

xDSL 技术	速　　率	技 术 特 点	其 他 描 述
HDSL	双向对称传输，传输速率 1.544 Mbit/s（T1）/2.048 Mbit/s（E1）	采用 2B1Q 或 CP 编码方式实现在 3.6 km 距离内无放大器传输	主要用于高带宽视频会议、HSDN 基群接入、DDN 节点中继、蜂窝电话基站连接、远端模块单元中继以及 LAN、MAN 互联等业务
ADSL	上行 640 kbit/s 下行 6.14 Mbit/s	采用 QN、CAP 和 DMT 线路编码调制技术，一般要求线路长度小于 3.5 km	可以实现在一对双绞线上传送高速数据和模拟信号，为用户提供具有不同上、下行数据传输速率的功能
VDSL	上行 3~55 Mbit/s 下行 1.5~2.3 Mbit/s	采用 QAM、CAP 和 DMT 线路编码调制技术，传输范围一般限制在 0.3~1.5 km 之间	支持与 ADSL 相同的应用，并可以用于更高速率的 Internet 接入和传送高清电视（HTV）信号
SDSL	双向对称传输，2.3 Mbit/s	支持各种上、下行速率相同的应用，提供 3 km 以内的传输距离	比 UDSL 更为优越之处在于，SDSL 只使用一对双绞线，一般可以应用于提供 1/T1 传输局域网扩展、电视会议以及 Web 浏览等
IDSL	双向对称传输，144 kbit/s	与其他对称数字用户线（DSL）相比相当低	不支持模拟电话，而且信号不能通过电话网交换
RADSL	与 ADSL 相同的速率	根据用户需求、线路质量和传输距离来自动调整所需带宽，使系统在恶劣环境下能够自动调整传输速率	避免由于客观因素的影响而中断传输。此外，由于传输速率直接影响线路费用，用户可根据自身的经济能力调整线路速率
UDSL	上行和下行的总速率达到 200 Mbit/s	受到传输距离的限制	目前尚未获得广泛应用

CATV 网以铜缆、光纤为主要传输媒介，是一个集节目组织、传送及分配于一体的区域型网络，并正向综合信息传播媒介的方向发展。CATV 网的特点是带宽和速率高。其带宽可达 30 MHz~1 GHz，从而能够提供多种交互式宽带和窄带业务，以及高速传输多种媒体的信息。

CATV 系统一股由接收信号源、前端设备、干线传输系统和用户分配网络等部分组成，如图 8-5 所示。

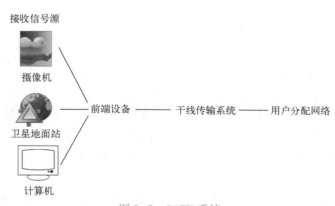

图 8-5 CATV 系统

（1）接收信号源

接收信号源可以是摄像机、演播室、电影电视转换机及计算机等。

（2）前端设备（CMTS）

CMTS 包括带通滤波器、频率变换器、调制器、频道放大器、导频信号发生器、混合器及信号处理器等，它先把信号源送来的电视信号进行必要的处理，然后把所有信号经过混合器传送到干线传输系统中去。

（3）干线传输系统

干线传输系统把 CMTS 接收、处理与混合后的电视信号传输给用户分配网络。

（4）用户分配网络

用户分配网络的作用是将干线传播系统为其子系统提供的信号电平合理地分配给各个用户，它包括线路延长分配放大器、分支器、分配器、串接单元支线、分支线、用户线及用户终端盒等。

（5）电缆调制解调器（Cable Modem，CM）

每个 CM 都侦听下行的所有数据，只有地址匹配的 CM 才能接收数据。CM 之间的通信也要通过 CMTS，上行通道为多个 CM 对一个 CMTS 进行时分复用。物理层划分为两个子层，即传输汇聚子层和物理依赖子层。传输汇聚子层只适用于下行通道，提供附加服务，物理依赖子层采用北美数字视频传输规范，下行采用 64/256QAM 调制和可变深度交织等，上行通道在CMTS 的控制下。CM 具有灵活性和可编程等特点，上行调制采用 QPSK 或 16QAM。

8.2.2　光纤/同轴混合接入技术

HFC（Hybrid Fiber Coax）网络是光纤/同轴混合网的简称，即在同一个网络上同时传输分配式的广播电视（即有线电视）业务与交互式的电信业务。这种网络中模拟信号与数字信号并存，其结构是在光纤到馈线（FTF）的有线电视网基础上发展（或升级）而来的。这一技术概念提出之后，无论是有线电视经营公司还是电信经营公司，都给予了极大的关注，并将它作为宽带接入网的优选方案。经过几年的技术发展，HFC 技术日益成熟起来。

1. HFC 网络的组成与基本原理

HFC 网络的基本结构为前端（Head End，HE）到光网络单元（Optical Network Unit，ONU）之间采用光缆传输，在光网络单元和用户之间用同轴电缆入户。

典型的 HFC 网络可分为三个主要部分：前端光传输链路用户、同轴电缆分配网和用户端设备。图 8-6 所示为 HFC 网络结构简图。

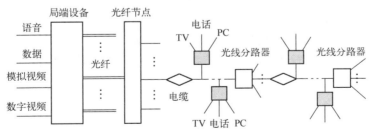

图 8-6　HFC 网络结构简图

图 8-6 中，灰色方块是用户接口盒，菱形是放大器。

HFC 网络的工作原理如下：HFC 网络中的所有语音、数据、模拟视频、数字视频信息经由相应调制转换成射频（即 HF、VHF、和 UHF）模拟信号，经由频分复用方式合成一个宽带射频电信号，加到前端的光发射模块上调制成光信号发送出去；光信号通过光纤传输到光纤节点后转换为射频电信号，再经射频放大器放大后由同轴电缆分配网送到相应分支点，然后由用户接口盒中的调制/解调器接收相应频带的信息，并进行解调得到所需信息。

2. HFC 接入网的频段分配

HFC 接入网的频段分配如下：上行通道使用 5~42 MHz 频段（HF 和 VHF），用来传送上行电话及用户请求/控制信号；下行通道使用 50~1000 MHz 频段（VHF 和 UHF），其中，50~550 MHz 频段用来传送模拟信号，550~750 MHz 频段用来传送数字信号（也可分出一部分频段用来传输下行电话及用户数据信号），750~1000 MHz 频段预留，用来传送双向通信业务。

3. HFC 网络的基本模式

无论是大型网络，还是中小型网络，HFC 网络传输的基本模式有两种。

（1）独立总前端模式

同一城市或同一区域的有线电视网共用一个前端，所有信号都汇集在总前端。汇集于前端的广播电视信号通过光发射机以 VSB-AM 方式转换为光信号（即 E/O 转换）从总前端输出后，通过星形或星-树形结构的光纤网络传输到各小区光纤节点，各光纤节点的光接收机将接收到的光信号还原为射频点信号（即 O/E 转换），再经同轴电缆分配网络将信号传送到各家各户的用户终端。这种模式是有线电视 HFC 网络中最基本的传输模式。

（2）分前端模式

它是以城市或区域有线电视网的总前端为中心的多前端传输模式，总前端的信号经星形辐射的数字光纤网络或模拟光纤网络馈送到各分前端的光纤节点。

4. HFC 上行通道的传输特性

按规定，5~65 MHz 频段作为双向 HFC 网的上行频段。上行频带噪声问题比较严重，但上行传输与下行传输相比也有有利的条件，可以充分利用以提高抗噪声性能。

1）上行同轴电缆传送最高频率仅为 65 MHz 上行数据信号，其传输损耗比较小。

2）上行传输损耗小。各上行信号电缆路由虽然在工作中有长度误差，但造成的信号电平损耗差也很小，这是上行传输设计的有利条件。

3）上行频带窄，在极限条件下传输的群信号总和成功率比下行群信号的总和成功率小得多，这就意味着，在同样的输入条件下，上行信号的平均单路信号电平比下行信号高。

4）产生的失真成分分布均匀，意味着网络中有源设备的有效动态范围比传输多路电视信号时要大。

5）信号电平受中心 CMTS 的管理，抗干扰能力很强。

以上几点优势均是在下行传输时不能具备的，在进行上行传输的设计和调试时应综合运用，充分发挥其优势。

8.2.3　光纤接入网技术

光纤接入是指局端与用户之间完全以光纤作为传输媒体。光纤接入可以分为有源光接入和无源光接入。光纤用户网的主要技术是光波传输技术。目前光纤传输的复用技术发展相当快，多数已处于实用化阶段。复用技术应用最多的有时分复用、波分复用、频分复用、码分复用等。

　　根据光纤深入用户的程度，可分为光纤到路边（FTTC）、光纤到小区（FTTZ）、光纤到办公室（FTTO）、光纤到楼层（FTTF）、光纤到户（FTTH）等。FTTH 是接入网的长期发展趋势，各个国家都有明确的发展目标，但由于成本、用户需求和市场等方面的原因，FTTH 仍然是一个长期的研发任务。图 8-7 所示为城区 OLT 建设原理图，图 8-8 所示为农村分光原理图，图 8-9 所示为农村光缆交接箱建设原理图，图 8-10 所示为光缆交接箱和光纤分路器实物图。

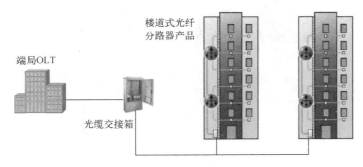

图 8-7　城区 OLT 建设原理图

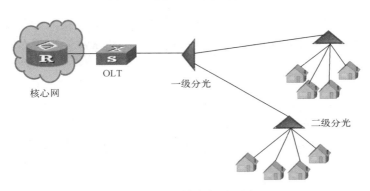

图 8-8　农村分光原理图

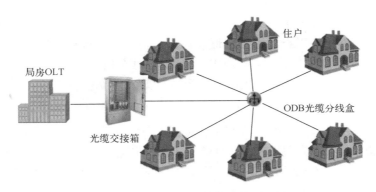

图 8-9　农村光缆交接箱建设原理图

　　目前主要实现了 FTTC，而从 ONU 到用户仍利用已有的铜制双绞线，采用 xDSL 传送所需信号。根据业务的发展，光纤逐渐向家庭延伸，从窄带业务逐渐向宽带业务升级。WDM-PON 可以适应将来更进一步的发展需要。

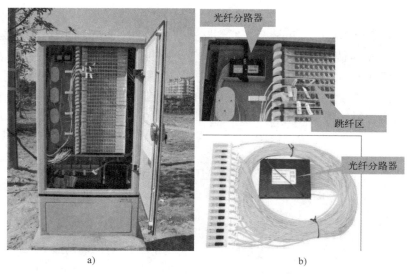

图 8-10　光缆交接箱和光纤分路器实物图
a）光缆交接箱　b）光纤分路器

我国接入网当前发展的战略重点已经转向能满足未来宽带多媒体需求的宽带接入领域（网络瓶颈之所在）。而在实现宽带接入的各种技术手段中，光纤接入网是最能适应未来发展的解决方案，特别是 ATM 无源光网络（ATM-PON），它是综合宽带接入的一种经济有效的方式。

光纤接入技术是面向未来的光纤到路边（HTTC）和光纤到户（HTTH）的宽带网络接入技术，除了重点解决电话等窄带业务的有效接入问题外，还可以同时解决高速数据业务、多媒体图像等宽带业务的接入问题。光纤接入网泛指从交换机到用户之间的馈线段、配线段及引入线段的部分或全部以光纤实现接入的系统。除了 HFC 外，光纤接入的方法还有以下几种。

1. 数字环路载波（DLC）系统

DLC 系统以光纤传输方式代替馈线、配线，然后再以双绞线连接到用户。以传送窄带业务为主时，采用准同步时分复用技术体制，以传送宽带业务为主时采用异步传输模式加同步时分复用技术体制，网络结构以点到点、链形或环形结构为主，传输速率为 34 ~ 155 Mbit/s，传输距离可达几千米。采用 DLC 系统可以将 FTTC 和 FTTH 分阶段实现。该系统技术成熟，可靠性高，易于推广，国内已有多家厂商推出成熟产品，实际应用也很多。

2. 基于 ATM 的无源光网络（PON）

无源光网络是采用光纤分支的方法实现点对多点通信的接入技术，可以支持 ISDN 基群或同等速率的各种业务。每个光网络单元（ONU）一般可以连接几个到几十个用户。APON 是采用 ATM 信元传送方式的 PON，可以是上、下行速率相等的对称系统，也可以是上、下行速率不相等的非对称系统，支持 ISDN 及 B-ISDN 业务的带宽需求，可以满足各类电信业务和全业务网（FSN）的共同要求。APON 代表了宽带接入技术的最新发展方向，目前在英国、德国等已有实际应用，被认为是实现 FTTC 和 FTTH 的一种较好方法。APON 的优点是可以节省光纤和光设备的费用，并可以实现宽带数据业务与 CATV 业务的共网传送，缺点是成本较高，如何经济地实现双向高质量传输仍是一个有待研究的问题。

3. 交换式数字视频（SDV）技术

SDV 是在 CATV 网络上采用波分复用或光纤技术共享光缆线路的网络接入技术。SDV 是采用数字传输技术的系统，HFC 是采用模拟技术体制的系统。因此，SDV 具有较好的传输质量，便于升级，具有长远的发展前景。SDV 采用光纤接入系统和 ATM 技术，通过分层面的方式提供电话、数据和视频信号的传输：第一个层面采用传统的光纤接入系统传输电话和数据业务；第二个层面采用基于 SDH 的 ATM 信元方式支持交互式的数字视频等宽带业务。

8.3　无线接入技术

伴随着通信的飞速发展和电话普及率的日益提高，在人口密集的城市或位置偏远的山区安装电话，在敷设最后一段用户线的时候面临着一系列难以解决的问题：铜线和双绞线的长度在 4～5 km 的时候出现高环阻问题，通信质量难以保证；山区、岛屿以及用户密度较大而管线紧张的城市区域，用户线架设困难，导致耗时、费力、成本居高不下。为了解决这些问题，达到安装迅速、价格低廉的目的，作为接入网技术中的一个重要部分——无线接入技术便应运而生了。

8.3.1　无线接入技术概述

无线接入技术在一些环境的应用中有着有线手段无法比拟的优越性。无线接入系统的结构决定了系统组网灵活、适应性强。由于采用无线方式，故不需要对用户精确定位，可以克服一些地理环境限制（如山区和多湖泊地区）进行网络覆盖，因此网络规划难度不大、网络建设速度快，可以在很短的时间内为用户开通服务。

由于无线接入系统的扩容非常容易，因此在建网初期用户较少时只需要较小的投资规模，在用户量增加的时候随时进行扩容，满足用户需求。

同时，无线传输的方式减少了维护人员的数量，设备的操作维护、监控及软件升级均可通过操作维护中心进行，极大地降低了运营成本。

无线接入系统的拆装都非常容易，这就使得作为临时解决方案的设备在通信条件得到根本改善之后，可以将系统用于其他需要的地方，提高了设备的利用率，节省了大量的资金。

当然，无线接入也有其不足的一面，主要是目前的每线价格还比较高，不过随着技术标准的不断颁布、无线接入产品的不断完善以及成本的不断下降，这些问题会逐步解决。

无线接入的实现主要基于以下几种技术。

1. 蜂窝技术

采用蜂窝技术的无线接入系统技术成熟，比较易于实现且覆盖范围比较大，比较适合农村等地理位置偏远的地区使用。比较典型的有 450 MHz 系统、基于 GSM 和 CDMA 的系统等。

2. 数字无绳技术

采用数字无绳技术的无线接入系统由于采用了 32 kbit/s 的 ADPCM 语音编码技术，语音质量已基本接近有线的语音质量。而且由于采用了微蜂窝组网（基站覆盖半径一般为几百米），使得频率规划简单、频率复用率高、系统容量大，比较适合人口稠密、管线紧张的城市区域，如宾馆、饭店、写字楼以及出于竞争考虑需要快速为用户提供服务的地方。

3. 点对点微波技术

这是一个传统的技术，对于距离超过 40 km 的分散用户可以采用基于该技术的系统。

4. 卫星技术

对于特别偏远的地区，卫星技术的优越性是前面介绍的几种技术所无法比拟的。比如，对于用户分散的山区，如采用微波技术可能需要经过多个中继接力站才能进行覆盖，会导致工程费用高、施工困难以及日常维护困难的问题。而采用卫星覆盖的方式，只需在地面建立与固定网连接的关口站，即可在辽阔的卫星覆盖区域内通过架设卫星小站提供语音业务。

国家无线电管理局规定将 1900~1920 MHz 分配给采用时分双工方式的无线接入系统。主要有 TDMA、CDMA 以及两种有代表性的数字无绳系统（日本的 PHS 和欧洲的 DECT）。根据无线电管理局的规定，TDMA、CDMA 无线接入系统使用 1908~1915 MHz 频段，在农村、边远地区及山区如果不会干扰 PHS、DECT 系统，也可以使用 1900~1915 MHz 频段。

8.3.2 WCDMA 接入网

CDMA 所具有的种种扩频优点已成为业内共识，正是这些特质使得当 CDMA 应用于无线本地环路（WLL）时可以提供比模拟技术网络大 15~20 倍的用户容量；又因 CDMA 具有单频复用且以频率、时间、空间分集的特点，使建设 CDMA 接入网变得快捷和节省投资。WCDMA 技术被许多世界电信组织选为 IMT-2000 的应用技术，为了和世界第三代移动通信保持同步，在 WLL 中应用 WCDMA 是目前首选。

其中，RP 类似移动网中的基站，可以配以全向或扇区无线。因其使用 WCDMA 空中接口，RP 可以提供高质量高速数据接入，在固定/半固定的 WLL 环境中，高速数据接入的服务面积比同样使用 WCDMA 的移动网大，误码率和系统复杂性也可以降低。例如提供 115 kbit/s 的数据服务时，一个 80 信道的 RP 覆盖可达 8 km。利用 1 发 2 收的天线分集和增强型可变速率编解码器（EVRC）等技术可以改善语音服务质量并增加系统容量。无线关口控制器（RPC）带有 RPOM 和 IWF，RPOM 为 RPC 和网管系统的接口功能实体，IWF 为网间互联实体，主要负责和系统外数据网络的连接，包括 Internet、X.25、FR 等网络，即 IWF 可以配有多种类型和速率的数据接口。

这样无线接口单元（RIU）的终端用户就可以直接通过 WCDMA 空中接口、RPC 和 IWF 登录众多数据网而无须通过 WLL 网关和 PSTN 上数据网，减少了路径迂回和众多协议变换，其优点显而易见。普通的语音在 RPC 中已经和数据业务分离，通过 WLL 网关和 PSTN 联网。RIU 完成最终用户的业务集成，可以有 1、2、4、32 线等配制形式，既可以在稀话务的农村地区使用，也可用于高话务、高数据量的城市地区。RIU 支持 RJ-11、RJ-45 和 RS-232 等数据接口，提供 64 kbit/s 的 PCM 和 32 kbit/s ADPCM 语音服务，高达 56 kbit/s 的带内数据接入，及 144 kbit/s（2B+D）的 ISDN 数据接入，具有极大的灵活性。尤其对中小企业、居民小区用户、集团用户等需要综合接入的用户极具吸引力。从系统总容量上看，WCDMA WLL 系统和 DECT、PHS-WLL 系统相比有了显著提高。一个 DECT、PHS-WLL（1 套中心控制器组成）的最大用户容量在 1024 线左右，利用集线技术可以达到 3600 线，而上述一套 WCDMA WLL 系统在保证通话服务质量的情况下可达 2 万用户，利用 WCDMA 的软容量特性，实际可以更多。由于 DECT、PHS-WLL 等网络的低系统容量，导致单线成本下降困难，严重制约了这类网络的发展，使其只在农村、郊县等有线成本过高的地区有竞争力，而且因其自身技术局限，数据接入速率不高于 14.4 kbit/s，在城市等 Internet 接入热点地区资金回收能力非常有限。WCDMA WLL 系统克服了 DECT 等系统的弱点，单线成本已可以和光纤接入网媲美，其数据接入速率也已经处于移动通信二代（14 kbit/s）到三代（2 Mbit/s）的过渡期间，在城市通信运营中有较大的吸引力。

8.3.3 WATM/WIP

WATM/WIP 即无线 ATM/无线 IP。伴随着多媒体高速数据网的飞速发展,用户对宽带接入的要求越来越高。为了满足有线、无线的无缝连接,WATM/WIP 接入网和 APON 一样提上了研究日程。WATM 主要解决无线信道性能低、误码率高、带宽有限等问题,技术难题包括 5 GHz 以上无线信道的高雨衰克服、无线信道共享(含纠错控制:ARQ 还是 FEC,接入方式是 OFDM 还是 OQPSK,随机接入还是按需分配方式等)、移动用户移动性管理(包括位置管理、切换管理等)。相对第四代移动通信所要达到的 WATM 移动网,WATM 接入网的移动性管理要简单许多,只需要支持无漫游的低速移动即可,但基站间切换、基站间 QoS 传递和切换再分配等问题仍然存在。此外诸如 WATM 信元格式、信元利用率、WATM 协议和通用 ATM 协议间的转换等,都是亟待解决的问题。虽然困难重重,业内对 WATM 技术的探索却有上升的趋势,可以预见,未来的 WATM WLL 将先于 WATM 移动网实现商用。

光纤接入至最终用户自从光纤通信发明以来一直是电信运营商为之努力的目标之一,但是受到时间、资金投入过大的种种限制,实现起来非常困难,尽管类似的 FTTA、FTTR 等变通方案极具吸引力。如果将光纤宽带的优点和无线接入的灵活快捷有机结合起来,将构建出目前最有吸引力的接入网。基于这种思想,业内提出了 FTTA 的 O/W 混合接入的几种方案,具体如下。

1)CS(中心站)和 BS 基带光传输:BS 到用户无线传输。

2)中频传输:CS(中心站)和 BS 间中频先传输。

3)射频传输:CS(中心站)和 BS 间射频先传输。

方案 1)的基带传输要求 BS 完成最终一跳(BS 至用户)的一系列无线传输所必备的功能,如编码、检错纠错、调制解调、上变频至中频及射频、过滤波大等,复杂度和移动网的基站相当,所以不是首选。方案 2)、3)主要是简化了基站的组成,相对方案 2)来说方案 3)主体工作在毫米光波段,直接的功率放大和低噪声放大对光电器件要求较高,实施起来要依靠光器件的发展。相对来说方案 2)目前实现方便些,其中的基站只需要完成光信号的中频信号收发、上下中频和射频变换、下行链路的功率放大和上行链路的低噪声放大。其他的调制、控制功能,如数字段的终结、复用/分插、无线信道共享、接入管理、路由寻址等都可留给 CS 处理。也就是 BS 只负责放大、中频/射频变换、AGC 和电光变换等功能,复杂度大大降低,BS 的成本随之剧减,甚至 BS 的安装维护也得以简化,体积缩小的室外型 BS 可以简单安装在天线杆上。

最终一跳(BS 至用户)时,为了提供宽带业务,多用微波(MW)频段(如 10 GHz)实现,小区覆盖半径为 300 m~2 km(在城市区域接入段恰恰是这一距离难以解决)。上行链路时基站 BS 接收频分复用的 MW 信号,并调制成副载波复用(Sub-Carrier Multiplexed,SCM)的光信号,通过光缆传至 CS,完成 SCM 信号至电信号的转换,完成解复用、指配信号到信道等功能。下行过程同理。这样如果每载波宽为 20~150 MHz,使用有较优频谱利用率的 QPSK 或 22nQAM 调制,系统也可以支持 155~622 Mbit/s 的宽带接入。

方案 2)不但简化了 BS,而且因为众多 BS 的业务传至 CS 集中处理,易于在 CS 通过提高电路集成度来降低成本,也提高了管理的综合性,所以实际上也简化了 CS。此外,方案 2)在 BS 和 CS 之间透明传输无线信号,在无线接口方面提供了极大的灵活性,多种制式 CDMA、

DECT、WATM 等的无线接口均能在此实现。这种 FTTA 方式可以有效利用现存的众多闭路电视网和 HFC 系统的部分终端设备和光缆，所以建网成本可以再降低，速度更快。目前这种 O/W 混合接入网和 HFC 等网络交融的研究在飞速发展中。

O/W 混合接入网的方案 2）优点众多，但也存在一定的局限性，首先表现在无线链路的恶劣条件导致的无线信号噪声和衰落，在 BS 的中频光放大和传输中，会进一步放大和恶化，并且和光器件的非线性失真、门限等负面作用相互叠加，导致到 CS 的信号不可用。而 BS 没有纠错重发机制保证接入，进一步导致接入时延加长和其他一系列的性能问题。目前只能通过提高器件性能，包括光缆的性能来解决。可以预见光电电子技术的发展会使方案 2）、3）具有更广阔的前景。

8.3.4 宽带无线接入

近年来，电信行业有大量革新。用户访问信息的要求不断增长、电信行业中的自由化和私有化，以及业务使用从语音转向数据等几方面的情况，正推动商业市场中宽带接入的增长。不仅有增加连接的需求还要求接用越来越多的带宽。

为了满足上述需要已出现各种技术，诸如混合光缆同轴电缆、xDSL、电缆调制解调器、光缆、卫星和地面无线方案。其中点对多点（PMP）地面无线技术因满足需求和为经营商提供经济和有效的网络方案而处于有利地位。

PMP 系统的性质与蜂窝或宽带无线本地回路系统相似，它们采用覆盖一给定地理区域（PMP 最大直径约为 6.5 km）的无线小区，向小区内用户提供电信业务的方式。

这些连接的比特率从 64 kbit/s 一直到 155 Mbit/s，反映了 PMP 在本地接入网中可支持业务的灵活性。此外，PMP 结构也显示了与公共承载网上其他系统不同的某些特殊性能。

鉴于 PMP 符合现代常用的有线网结构，按设计可支持 ATM。目前 ATM 向宽带业务提供了具有业务质量保证的最佳定义的协议。ATM 小区结构也允许用 ATM 适配层（AAL）双向传输不同类业务（语音、数据和视频），AAL 用来使业务结构与 ATM 小区相匹配。AAL 最常用的两种是用于语音的 AAL1 和用于数据的 AAL5。

PMP 方式合并多媒体内容并在指定小区站址内通过一个或一个以上载波将内容从一个小区中枢向多个用户交送，然后每一用户向该中枢送回一独特内容并完成接入回路。

为完成此连接，时分复用结构用于外出（下行）通道，在无线 ATM 帧中继结构中分组信息在该通路发送。ATM 协议内，虚通道标志（VPI）和虚信道标志（VCI）具有地址信息，使每一分组都能到达目的地。进入通路（上行信道）视所需性质使用频分多址（FDMA）或时分多址（TDMA）。

典型情况下，基本速率（T1/E1）上的电路使用 FDMA，提供常处于在线状态下的专用信道。TDMA 基本上用于小于基本速率的数据传输，此时信道为一个以上的用户所共用。这种情况下信道上的业务量可以固定比特率（CBR）或可变比特率（VBR）分配给用户。TDMA 因频谱分配很小亦非常有用，然而不能有效地使用户拥有自己的上行信道。

对比之下，光纤需要进行单独安装，时间为 1~3 天，而 PMP 只需在家里放一个无线路由器（业界称之为 CPE，Customer Premises Equipment，客户终端设备），就能直接通过无线网络连接到无线基站，接入互联网。此外，提供宽带连接的无线方案在用户迁移时可再利用已有的网络资产。光纤在另一租用者租用同一连接前只能闲置不用，但无线 PMP 链路可随用户迁移或用于网内其他地方。

PMP 系统在近年来已产生迅速而重要的影响。虽然该技术是电信行业中的新角色，但日本、韩国、加拿大、欧洲以及美国都在进行试验，且比较成功。

美国两个在本地交换方面竞争的运营商 Teligent 公司和 WinStar 公司已签署协议，计划在 24 GHz 和 38 GHz 相应部署承载语音、数据和 Internet 业务的试验系统，并将很快提供商业业务。

无论作为补充网或者竞争网，PMP 系统为满足商业市场不断增长的需求提供了具有良好应用前景的另一途径。

8.4 接入网工程案例

1. 概述

某市目前规划 5G 站点 669 个，后期规划室分站点 110 个（现网），涉及 28 个综合业务区。

为满足无线 5G 建设，本次该市 5G 先发工程规划选取 23 个普通汇聚节点、13 个业务汇聚节点。计划新增 SPN 汇聚设备 35 套，接入设备 133 套，新增 SPN 设备与现网 PTN 设备比值为 168/988。

机房情况见表 8-2。

表 8-2 机房情况统计表

机房节点类型	新建\新购\新租/个	利旧现网/个	其中，利旧现网需要进行改造的机房数量			
			需要腾退机位的机房/个	需要新增或替换直流电源配套的机房/个	其他配套改造的机房/个	需要进行外市电源改造的机房/个
普通汇聚	33	42		16		29
业务汇聚	13	50		8		50
接入机房		70		30		6
铁塔机房		85				

其中，"普通汇聚"指综合业务区里面条件最好的机房，后期会安装重要传输设备、BAS等；"业务汇聚"指综合业务区内原有汇聚机房，目前条件不好，降级为业务汇聚机房，主要用于汇聚附近业务；"接入机房"指自有租用和产权的基站机房、面积较小。

本次 5G 先发工程计划以 C-RAN 大集中、C-RAN 小集中和 D-RAN 汇聚三种 5G 前传方式接入，C-RAN 大集中接入 278 个 5G 站点、C-RAN 小集中接入 159 个 5G 站点、D-RAN 接入 156 个 5G 站点，C-RAN 接入方式占比为 64.87%。无源波分根据实际纤芯情况选用，本次 C-RAN 接入方式中采用无源波分设备接入的 5G 站点共计 354 个，占 C-RAN 接入站点的 81%。

现网新建 5G 站点优先选择利用现有光缆接入，新址新建 5G 站点新建光缆优先接入分站点。本次利用现有光缆接入 485 个 5G 站点，占 5G 站点数的 72.49%。利用现有光缆接入中，需要优化、调整、扩容的接入光缆共计 115 段、127.55 皮长千米，新址新建站点接入光缆 32 段、35.61 皮长千米。

2. 网络现状

该市城区总面积 91.995 平方千米，目前共有综合业务区 44 个，4G 基站物理站 1391 个，普通汇聚机房 85 个，业务汇聚机房 2 个，接入机房 1391 个。分纤点（含一级和二级）共 1056 个，每平方千米分纤点 11.48 个；ODN 主干光缆 328 条共计 363.613 皮长千米，共计纤芯 5560 芯，实际占用 5780 芯，空闲 7682 芯，占用率 42.94%。PTN 汇聚设备 85 台，接入设备 1391 台。

3. 业务需求

该市本期 5G 先发工程规划 5G 站点 669 个。

4. 建设思路

总体布局合理规划，确保网络先进性。融合"一张光缆网"的承载思路，补足重要节点机房空间、动力配套、光缆纤芯和传输系统的基础资源，提前储备本期 5G 基站建设的基础资源。同时充分挖潜现有网络资源，保障 5G 站点快速建设开通。

（1）传输光纤及设备组网原则

1）符合网络架构演进方向，目标是该市移动新大楼建设完成后形成双节点目标架构。

2）根据汇聚机房位置及综合业务接入区现有光缆网进行组网建设，充分挖潜现有资源。

3）杜绝同路由组网，保证环网上不产生同路由，保障网络安全性。

（2）5G 基站接入原则

1）新址新建站点就近接入附近资源点，降低投资。

2）现有基站充分利用现有光缆接入，适当优化、调整；纤芯不足的段落就近接入附近资源点。

3）对 ODN 资源不足的段落进行补缆建设，对 ODN 环网过大的环网进行裂环建设，适时、适当储备纤芯资源。

（3）基础配套资源建设及改造原则

1）单套电源最终直流负载不超过 200 A（含电池浮冲电流）。

2）传输汇聚机房保持无线和传输电源分离。

3）对现网只有一套开关电源的接入机房新增一套电源。

4）电池保障 3 h 后备时长。

5）对交流电不满足要求的机房进行电源改造。

5. 建设方案及投资

（1）传输建设方案

1）SPN 组网架构。

本次 SPN 网络采用三级组网结构，设置核心、汇聚、接入三层。核心层根据省公司统一规划部署。市 SPN 网络汇聚层共设置 55 个节点，接入层共设置 208 个节点；共新建汇聚环 19 个，接入环 88 个。

2）光缆建设方案。本次需要新建汇聚层光缆 16 段，共计 45.31 皮长千米；新建接入层光缆 59 段，共计 82.34 皮长千米；综合业务区新建光缆 115 段，共计 127.55 皮长千米，新建光交接箱 43 个。

（2）5G 基站接入方案

该市本期规划 5G 宏站 669 个，采用 CRAN 方式接入站点 437 个，采用 DRAN 方式接入站点 232 个。配置无源波分机框式设备 55 套（18 个汇聚机房初步计算为 1 套，需根据厂家最大承载能力调整），盒式设备 354 套。

（3）机房及机房配套

1）传输汇聚机房建设。本次工程在该市选取现有条件较好的普通汇聚机房 42 个、业务汇聚机房 50 个作为 CRAN 汇聚点；新建 33 个普通汇聚机房、13 个业务汇聚机房；另外考虑长期租赁 0 个普通汇聚机房。

2）传输机房配套建设方案。需改造 96 个机房外市电，新增交流配电箱 51 个、直流配电箱 0 个、开关电源 54 套、列头柜 15 个、蓄电池机房 49 个、空调 64 台。

3）无线基站机房配套建设方案。需改造 10 个机房外市电，新增交流配电箱 22 个。

（4）投资估算

本次工程总投资约 9387.25 万元，平均单站投资约 14.03 万元，具体各项费用见表 8-3。

表 8-3　费用明细表　　　　　　　　　　　　　　　　　　（单位：万元）

项目	传输及配套部分投资						无线及配套部分投资		总计	CRAN 比例
	电源配套	光缆线路/万元					基站配套	基站前传无源波分		
		汇聚层	综合业务区	接入层（成环优化）	接入段	光缆小计				
金额	403.6	2180.4	1201.14	163.36	606.3	4554.8	4221.3	611.15	9387.25	65%

8.5　实训项目：考察 FTTH 社区的接入网业务

实训项目：观察校园周边 FTTH 社区的接入业务流向（拓扑网络及业务流向如图 8-11 所示）。

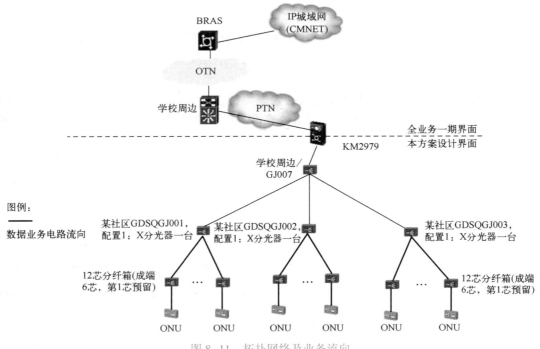

图 8-11　拓扑网络及业务流向

本方案提供单用户高速上网需求 10 Mbit/s 宽带（1.25 Mbit/s 下载速率，以移动网上营业厅服务器为测算依据），则大厦内用户流量需求见表 8-4。

表 8-4　大厦内用户流量需求

项　目	单　位	数　量	备　注
社区用户数	户	995	
本小区配置端口数	个	192	
单用户流量	Mbit/s	1.25	
总带宽需求	Mbit/s	1920	
忙时总流量需求	Mbit/s	960	按照 50%用户数

本期工程建议选用 1:64 盒式光纤分路器（FTTH 一级分光）相关设备指标见表 8-5。

表 8-5　光纤分路器指标

	分　光　比	平　均　损　耗
光纤分路器	1:64	20.1
	1:32	17.1
	1:16	13.8
	1:8	10.5
	1:4	7.2
	1:2	3.8

实训目标：

1）了解 FTTH 社区的建设流程。

2）解决小区内住户对宽带上网的需求。

解决方案：

1）在实地初步勘查的基础上，对该社区采用 FTTH（薄覆盖）的建设方式。

2）对周边主要区域进行全业务覆盖，同时规划主干光交及相关配线光缆。

分析案例：

1）梳理小区网络布局，了解网络建设的大概流程，总结该案例中采用的接入网技术和自己了解的接入网络建设的区别，将目前网络的建设与自己的规划做对比，分析不同建设方案的优缺点。

2）撰写实训报告。

本章小结

本章知识点见表 8-6。

表 8-6　本章知识点

序　号	知　识　点	内　容
1	接入网	按其所用传输介质的不同来进行分类，一般分为有线接入网和无线接入网两大类。有线接入网又分为铜线接入网和光纤接入网两种；无线接入网分为固定无线接入网和移动无线接入网两种
2	光纤接入网	光纤接入网（或称光接入网，Optical Access Network，OAN）是以光纤为传入介质，并利用光波作为光载波传送信号的接入网，泛指本地交换机或远端交换模块与用户之间采用光纤通信或部分采用光纤通信的系统

（续）

序 号	知 识 点	内 容
3	ADSL 的技术特点	ADSL 是一种宽带调制解调器技术，这种技术能把一般的电话线路转换成高速的数字传输通道，供互联网络及公司网络高速接收/发送消息使用，同时还可提供各种实时业务
4	ADSL 媒体服务	丰富的影音服务，ADSL 也可以在相同的线路上同时容纳模拟的语音信息，用户在上网时仍然可以使用电话
5	多业务传送平台（MSTP）技术	基于 SDH 平台，同时实现 TDM、ATM、以太网等业务的接入、处理和传送，提供统一网管的多业务传送平台

习题

1. 请描述几种计算机接入因特网的方式。
2. 请解释 XDSL 的含义，并简单说明各种 DSL 技术的名字。
3. 请解释 FTTX 的含义，并简单说明各种 FTTX 技术的名字。

第 9 章　信息安全技术

随着通信技术以及移动互联网的快速发展，3G、4G、5G、WLAN 等各种通信技术逐渐实现互联互通、跨域协同、异构融合，同时朝着一个开放、灵活、可扩展的全 IP 化网络平台演进，进而为用户提供无所不在、高速率、低成本、优质 QoS 的网络服务。然而信息网络的开放性、互联网的脆弱性与网络融合导致的网络体系结构复杂化以及网络的全 IP 化，都使得移动网络面临着越来越多的各种恶意攻击的挑战。DDoS 攻击、伪冒地址恶意阻断上下文攻击、病毒、木马、垃圾邮件和短信、跟踪定位、窃听等安全事件层出不穷，都在不断威胁着整个信息网络的安全。本章将对信息安全的定义、阶段、目标进行阐释，探讨不同的安全威胁，梳理国家在信息安全领域的重点法律法规，并重点介绍相应的信息安全技术。

【学习要点】

- 信息安全的基本概念和属性。
- 常见的信息安全威胁。
- 实现信息安全的主要技术手段。
- 常见的网络攻击方法。
- 主要的网络安全与防范技术。

【素养目标】

- 了解信息安全威胁，理解"没有网络安全就没有国家安全"的意义，增强安全意识、责任意识、爱国精神。
- 学习国家在信息安全领域的相关法律法规，增强遵纪守法的意识。
- 学习主要的网络安全与防范技术，特别注重以德为魂、以技为本，开展育人教育。

9.1　信息安全概述

当前信息技术已经融入人们生活的方方面面，信息技术给人们带来了极大便利，但随之而来的信息安全问题也愈发严重。本节将梳理信息安全的发展历程、内涵及其面临的主要威胁。

9.1.1　信息安全的发展简史

信息安全是一个古老又年轻的科学技术领域。信息安全问题自古以来就存在，随着科学技术的发展与进步，信息安全的概念与内涵也在与时俱进、不断发展。过去人们主要是依靠人工变换、物理保存和行政管理手段来保证重要信息的安全，随着信息化的发展、计算机及网络通信等技术的应用，现代信息安全保护技术发生了重大变化。

一般认为，现代信息安全的发展可以划分为通信安全、计算机安全、信息安全、信息保障四个阶段。但随着网络空间安全概念的提出，信息安全的发展逐步进入网络空间安全阶段。

1. 通信安全阶段（远古至 20 世纪 60 年代）

古罗马时期《高卢战记》中描述恺撒曾使用恺撒（Caesar）密码加密传递军事信息，这是历史上首次记载有使用价值的通信保密技术。直至 16 世纪，伴随着战争频发，多表、多字母代替密码出现并逐渐成为古典密码学的主流。由于密钥空间小，此时的信息安全技术主要依赖于对加密和解密算法的保密。进入 19 世纪，信息安全技术的核心逐步转变为现代密码学。1949 年香农发表《保密系统的通信理论》，将信息理论引入密码学，标志着通信保密科学的诞生。该时期通信技术不发达，计算机零散分布，信息安全主要研究对通信信道传输的信息进行编码，以防止攻击者窃听通信信道获取信息。编解码和密码学是这个阶段应用的关键技术，通过对消息的变换保证信道不被恶意读取。

2. 计算机安全阶段（20 世纪 60 年代中期至 20 世纪 80 年代中期）

20 世纪 60 年代后，半导体和集成电路技术的进步推动计算机软硬件快速发展，计算机的应用逐步规模化和实用化，信息的传输通道转向计算机网络。计算机安全主要面临着计算机被非授权者使用、存储信息被非法读写、计算机被写入恶意代码等威胁，主要的保障措施是安全操作系统。在这个阶段，核心思想是预防和检测威胁以减少计算机系统（包括软硬件）用户执行未授权活动所造成的后果。1985 年 12 月美国国防部发布《可信计算机系统评估准则》（TCSEC），又称橘皮书，该标准是计算机系统安全评估的第一个正式标准，至此，人们对信息安全的需求已逐步扩展为以保密性、完整性和可用性为目标的计算机安全阶段，既要保护数据在传输过程中不被窃取（被窃取也不泄露），又要保护数据在传输过程中不被篡改，保证其正确性。

3. 信息安全阶段（20 世纪 80 年代中期至 20 世纪 90 年代末）

20 世纪 80 年代中期至 90 年代中期，互联网技术飞速发展，网络得到普遍应用，这个时期也可以称为网络安全发展时期。20 世纪 90 年代初，英、法、德、荷四国基于 TCSEC 提出"信息技术安全评估准则（ITSEC）"，俗称白皮书。其中首次提出信息安全的保密性、完整性及可用性等概念，并在可信计算机的基础上将信息安全扩展到可信信息技术的范畴。1996—1998 年，六国七方（英国、加拿大、法国、德国、荷兰、美国国家安全局和美国标准技术研究所）颁布《信息技术安全性通用评估准则》，1999 年 12 月，ISO 接受其作为国际通用准则。信息安全除关注保密性、可控性、可用性之外，还要防止信息被非法篡改以及确定网络信息来源真实可靠，完整性、不可否认性要求提出，形成了信息安全的五个安全属性，即保密性、完整性、可控性、可用性和不可否认性。信息安全阶段的信息安全不仅指对信息的保护，也包括信息系统的保护和防御，主要保障措施有安全操作系统、防火墙、防病毒软件、漏洞扫描、入侵检测、公钥基础设施（PKI）、虚拟专用网络（VPN）和安全管理等。

4. 信息保障阶段（20 世纪 90 年代末至 21 世纪初）

20 世纪 90 年代后期，随着信息安全越来越受到各国的重视，以及信息技术本身的发展，人们更加关注信息安全的整体发展及在新型应用下的安全问题。1995 年，美国提出了信息保障（Information Assurance，IA）概念。信息保障是指确保信息和信息系统的保密性、完整性、可认证性、可用性和不可否认性的保护和防范活动，通过综合保护、检测和反应来提高信息系统的恢复能力。这个阶段的安全措施包括技术安全保障体系、安全管理体系、人员意识培训/教育、认证等。美国国家安全局 1998 年发布的《信息保障技术框架》（IATF）是进入信息保障时代的标志。

5. 网络空间安全阶段（21世纪初至今）

21世纪以来，伴随信息技术的飞速发展，出现了物联网、人工智能、云计算、大数据、移动互联网、智能制造等新一代信息技术，人们的生产、生活方式发生了全面改变。新技术的发展也带来了新的安全问题，网络空间安全（Cyberspace Security）的概念逐步进入大众视野。

2003年，美国政府发布《网络空间安全国家战略》，明确了网络空间安全的战略地位，认为新形势下恐怖敌对势力与信息技术的结合了对美国国家安全构成了严峻威胁。2008年美国发布了一项重大信息安全政策：第54号国家安全总统令（NSPD54）/第23号国土安全总统令（HSPD23），其核心是对重大信息安全行动做出总体部署，目的是打造和构建国家层面的网络空间安全防御体系。2011年，美国国防部发布《网络空间行动战略》，这一战略明确将网络空间与陆、海、空、太空并列为五大行动领域。2012年，中国共产党第十八次全国代表大会报告中指出，国防和军队现代化建设，要适应国家发展战略和安全战略新要求，高度关注海洋、太空、网络空间安全，提高以打赢信息化条件下局部战争能力为核心的完成多样化军事任务能力。2016年11月，《中华人民共和国网络安全法》颁布，明确该法是"为了保障网络安全，维护网络空间主权和国家安全、社会公共利益，保护公民、法人和其他组织的合法权益，促进经济社会信息化健康发展"。2022年10月，中国共产党第二十次全国代表大会在京召开。二十大报告指出，要建设现代化产业体系。坚持把发展经济的着力点放在实体经济上，推进新型工业化，加快建设制造强国、质量强国、航天强国、交通强国、网络强国、数字中国。这是继2021年"十四五"规划明确提出"网络强国"建设目标之后，党中央再次进行浓墨重彩的描述，并为我国未来的发展方向奠定基调。网络安全作为网络强国、数字中国的底座，将在未来的发展中承担托底的重担，是我国现代化产业体系中不可或缺的部分，既关乎国家安全、社会安全、城市安全、基础设施安全，也和每个人的生活密不可分。

除国家战略逐步向网络空间安全部署外，国际标准化组织（ISO）也陆续推出相应文件。2012年发布《ISO/IEC 27032：2012 信息技术　安全技术　网络安全指南》，指出现有的信息安全和网络安全等无法再覆盖网络空间中的安全问题。2020年发布《ISO/IECTS 27100：2020 信息技术　网络安全　概述和概念》，进一步完善了网络空间安全相关的内容。

由此可见，网络安全问题上升到了关乎国家安全的重要地位，已从传统防御的被动信息保障，发展到主动威慑为主的防御、攻击和情报三位一体的网络空间/信息保障的网络空间安全，包括网络防御、网络攻击，网络利用等环节。当前，全球已经步入信息化社会，信息安全已经融入国家安全的各个方面，关系到一个国家的经济、社会、政治以及国防安全，成为影响国家安全的基本因素。信息安全的战略地位已成为世界各国的共识，美国、俄罗斯、英国、德国、日本等信息大国纷纷针对国家信息安全战略问题进行专门的研究，以不断完善本国的信息安全保障体系。

9.1.2　信息安全的概念

信息安全（Information Security）是一个广泛而抽象的概念。信息安全关注信息本身的安全，其任务是保护信息资产，防止未经授权者对信息的恶意泄露、修改和破坏而导致信息的不可靠或无法处理等，使得在最大限度利用信息的同时不会导致大的损失。

信息安全是一门动态发展的科学，伴随历史进程不断进

9.1.2　信息安全的概念

步。从古罗马时期密码学兴起开始，随着通信技术和计算机技术的进步，信息安全的对象、要求和技术方法不断更新迭代。直至进入现代，信息安全学科逐步形成。至今，信息安全逐步发展为保护、维持信息的保密性、完整性和可用性，也包括真实性、可核查性、抗抵赖性、可靠性等性质的科学。

ISO 给出的信息安全定义为：对信息机密性、完整性和可用性的保护，另外如真实性、可核查性、不可抵赖性和可靠性等属性也被包括进来。

美国法典中的定义为：是防止未经授权的访问、使用、泄露、中断、修改、检查、记录或破坏信息的做法。它是一个可以用于任何形式数据（如电子、物理）的通用术语。

欧盟的定义为：在既定的密级条件下，网络与信息系统抵御意外事件或恶意行为的能力，这些事件和行为将威胁所存储或传输数据以及经由这些网络和系统所提供服务的可能性、真实性、完整性和机密性。

国内对信息安全的定义是：信息系统的硬件、软件及其中的数据受到保护，不由偶然或者恶意的原因而遭到破坏、更改、泄露，系统连续、可靠、正常地运行，信息服务不中断。

信息安全的基本属性主要包括以下五个方面。

1）完整性：是指保护资产准确和完整的特性。完整性表明数据没有遭受以非授权方式所做的篡改或破坏。

2）保密性：是指维护信息的保密性，即确保信息没有泄露给非授权的使用者。信息对于未被授权的使用者来说，是不可获得或者即使获得也无法理解的。

3）可用性：是根据授权实体的要求可访问和使用的特性。可用性也包含信息资源在非正常情况下能恢复使用的能力，期望是系统正常运行时能够正确存取所需信息，在遭受意外攻击或破坏时可以迅速恢复并投入使用。

4）可控性：是指对信息和信息系统实施安全监控管理，保证控制信息与信息系统的基本情况，可对信息和信息系统的使用实施可靠的授权、审计、责任认定、传播源追踪和监管等控制。互联网上针对特定信息和信息流的主动监测、过滤、限制、阻断等控制能力，反映了信息及信息系统可控性这一基本属性。

5）不可否认性：是指信息系统在交互运行中确保并确认信息来源以及信息发布者的真实可信及不可否认的特性。

总之，凡是涉及信息完整性、保密性、可用性、可控性、不可否认性以及真实性、可靠性保护等方面的理论与技术，都是信息安全所要研究的范畴，也是信息安全所要实现的目标。从国家的角度来讲，信息安全关系到国家安全；对组织机构来说，信息安全关系到组织机构的正常运营和持续发展；就个人而言，信息安全是保护个人隐私和财产安全的必然要求。整体上说，现代的信息安全是物理安全、网络安全、数据安全、信息内容安全、信息基础设施安全与公共、国家信息安全的总和，是多层次、多因素、多目标的复合系统。

9.1.3　信息安全面临的威胁

信息安全威胁就是指某个人、物、事件或概念对信息资源的保密性、完整性、可用性或合法使用所造成的危险。常见的信息安全威胁如图 9-1 所示。

常见的信息安全威胁如下。

9.1.3　信息安全面临的威胁

1）信息泄露：信息被泄露或透露给某个非授权的实体。

2）信息篡改：数据被非授权地进行增删、修改或破坏而

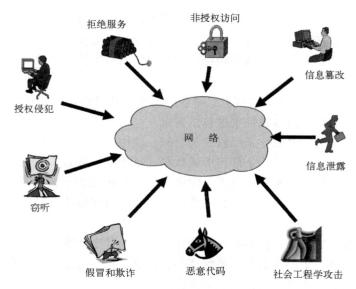

图 9-1　常见的信息安全威胁

受到损失。

3）拒绝服务：对信息或其他资源的合法访问被无条件地阻止。

4）非授权访问：某一资源被某个非授权的人使用或以非授权的方式使用。

5）授权侵犯：被授权以某一目的使用某一系统或资源的某个人，却将此权限用于其他非授权的目的，也称作"内部攻击"。

6）窃听：用各种可能合法或非法的手段窃取系统中的信息资源和敏感信息。例如，对通信线路中传输的信号进行搭线监听，或者利用通信设备通过在工作过程中产生的电磁泄漏截取有用信息等。

7）假冒和欺诈：通过欺骗通信系统（或用户）达到非法用户冒充成为合法用户，或者特权小的用户冒充成为特权大的用户的目的。黑客大多采用假冒实施攻击。

8）恶意代码：计算机病毒、木马、蠕虫等破坏计算机系统或窃取计算机中敏感数据的代码。

9）社会工程学攻击：是一种利用"社会工程学"来实施的网络攻击行为。社会工程学是利用人的弱点，以顺从人的意愿、满足人的欲望的方式让人上当的一些方法。说它不是科学，因为它不是总能重复和成功，而且在信息充分的情况下会自动失效。社会工程学的窍门也蕴涵了各式各样的灵活构思与变化因素。社会工程学是一种利用人的弱点（如人的本能反应、好奇心、贪便宜等）进行诸如欺骗、伤害等，以获取自身利益的手法。现实中运用社会工程学的犯罪手法很多，短信诈骗，如诈骗银行信用卡号码，电话诈骗，如以知名人士的名义去推销、诈骗等。近年来，更多的黑客转向利用人的弱点，即社会工程学方法来实施网络攻击。利用社会工程学手段突破信息安全防御措施的事件，已经呈现出上升甚至泛滥的趋势。

目前还没有统一的方法来对各种威胁进行分类，上面给出的是一些常见的安全威胁，可以针对物理环境、通信链路、网络系统、操作系统、应用系统以及管理系统等方面。同时，各种威胁之间是相互联系的，如窃听、业务流分析、人员不慎、媒体废弃物等可造成信息泄露，而信息泄露、窃取、重放等可造成假冒，而假冒等又可造成信息泄露。

9.2 信息安全技术体系

现有的信息安全技术可以归纳为以下五类（如图 9-2 所示），分别为核心基础安全技术、安全基础设施技术、基础设施安全技术、应用安全技术和支撑安全技术（包括信息安全测评技术和信息安全管理技术）。具体介绍如下。

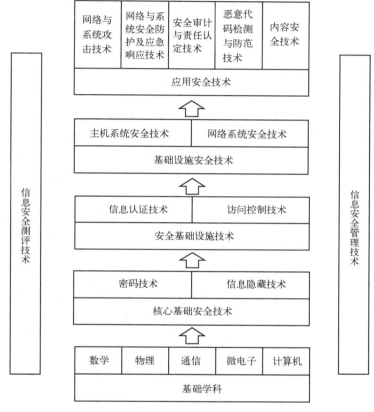

图 9-2　信息安全技术体系框架

9.2.1　核心基础安全技术

1. 密码技术

密码技术主要包括密码算法和密码协议的设计与分析技术。密码算法包括分组密码、序列密码、公钥密码和数字签名等，它们在不同的场合分别用于提供保密性、完整性、真实性、可控性和不可否认性，是构建信息安全系统的基本要素。密码协议是在消息处理环节采用了密码算法的协议，它们运行在计算机系统、网络或分布式系统中，为安全需求方提供安全的交互操作。密码分析技术是指在获得一些技术或资源的条件下破解密码算法或密码协议的技术，其中，资源条件主要指分析者可能截获了密文、掌握了明文或能够控制和欺骗合法的用户等。密码分析可被密码设计者用于提高密码算法和协议的安全性，也可能被恶意攻击者所利用。

信息加密是指使有用的信息变为看上去似为无用的乱码，使攻击者无法读懂信息的内容，从而保护信息。信息加密是保障信息安全最基本、最核心的技术措施和理论基础，它也是现代密码学的主要组成部分。信息加密过程由形形色色的加密算法来具体实施，它以很小的代价提供强大的安全保护。在多数情况下，信息加密是保证信息保密性的唯一方法，据不完全统计，到目前为止，已经公开发表的各种加密算法多达数百种。如果按照收发双方密钥是否相同来分类，可以将这些加密算法分为对称加密算法和公钥加密算法。当然在实际应用中，人们通常是将对称加密和公钥加密结合在一起使用，如利用 DES 或者 IDEA 加密信息，采用 RSA 传递会话密钥。如果按照每次加密所处理的比特数来分类，可以将加密算法分为序列加密和分组加密，前者每次只加密一比特，后者则先将信息序列分组，每次处理一个组。

2. 信息隐藏技术

信息隐藏也称作数据隐藏（Data Hiding），是集多学科理论与技术于一身的新兴技术领域。信息隐藏技术主要是指将特定的信息嵌入数字化宿主信息（如文本，数字化的声音、图像、视频信号等）中。信息隐藏的目的不在于限制正常的信息存取和访问，而在于保证隐藏的信息不引起监控者的注意和审视，从而减少被攻击的可能性，在此基础上再使用密码技术来加强隐藏信息的安全性，因此信息隐藏比信息加密更为安全，应该注意到，密码技术和信息隐藏技术不是相互矛盾、相互竞争的技术，而是相互补充的技术，它们的区别在于应用的场合不同，对算法的要求不同，但可能在实际应用中需要互相配合。特定的信息一般就是保密信息，信息隐藏的历史可以追溯到古老的隐写术，但推动了信息隐藏发展的理论和技术研究始于 1996 年在剑桥大学召开的国际第一届信息隐藏研究会，之后国际机构在信息隐藏领域中的隐写术、数字水印、版权标识、可视密码学等方面取得大量成果。

信息隐藏主要分为隐秘技术和水印技术。隐秘技术又称为密写术，就是将秘密信息嵌入到看上去很普通的信息中进行传送，以防第三方检测出秘密信息。水印技术就是将具有可鉴别的具有特定意义的标记（水印）永久镶嵌在宿主数据中，并且不会影响宿主数据的可用性。水印技术主要用于版权保护以及拷贝控制和操作跟踪。

9.2.2 安全基础设施技术

1. 信息认证技术

信息认证技术是通过检验消息传送过程中的某些参数来防止伪造、篡改、冒名顶替等攻击的技术。主要有两个方面的目的：一是验证消息来源的合法性，即发送者是真的而不是冒充的；二是验证消息的完整性，即验证数据在传输或存储过程中未被篡改、重放或延迟等。它主要包括身份认证技术和消息认证技术。信息的加密与信息的认证是有区别的，加密保护只能防止被动攻击，而认证保护可以防止主动攻击。在某些情况下，信息认证比信息保密更为重要。

身份认证技术用于鉴别用户身份。身份认证一般涉及两个方面：一是识别，就是指要明确用户是谁，这就要求对每个合法的用户都要有识别能力，为了保证识别的有效性，就需要保证任意两个不同的用户都具有不同的识别符；二是验证，就是指在用户声称自己的身份后，认证方还要对其所声称的身份进行验证，以防假冒。

消息认证用于保证通信双方的不可抵赖性和信息的完整性。通信双方之间建立通信联系后，每个通信者对收到的信息进行验证，以保证所收到的信息是真实的，验证的内容包括：证实信息是由指定的发送方产生的，报文的内容没有被篡改过，即证实信息的完整性，确认信息的序号和时间是正确的。

2. 访问控制技术

对计算机网络进行访问控制，顾名思义，就是对计算机进行访问权限的控制，它主要用来保护计算机的安全不受外来侵害。访问控制的目的是防止对信息资源的非授权访问和非授权使用。它允许用户对其常用的信息库进行一定权限的访问，限制其随意删除、修改或拷贝信息文件。访问控制技术还可以使系统管理员跟踪用户在网络中的活动，及时发现并拒绝"黑客"的入侵。访问控制采用最小特权原则，即在给用户分配权限时，根据每个用户的任务特点使其获得完成自身任务所需的最低权限，不给用户赋予其工作范围之外的任何权限。权限控制和存取控制是主机系统必备的安全手段，系统根据正确的认证，赋予某用户适当的操作权限，使其不能进行越权操作。该机制一般采用角色管理办法，针对不同的用户，系统需要定义各种角色，然后赋予他们不同的执行权限。访问控制要与计算机的身份验证技术共同使用，计算机用户通过自身身份的验证可以进行被赋予的各项操作，是对信息级别进行分级管理的内容。

9.2.3　基础设施安全技术

1. 主机系统安全技术

主机系统主要包括操作系统和数据库系统等，所以主机系统安全技术主要分为操作系统安全技术和数据库系统安全技术。

操作系统是控制其他程序运行、管理系统资源并为用户提供操作界面的系统软件的集合，是连接计算机硬件与上层软件和用户的桥梁。操作系统需要保护所管理的软硬件、操作和资源等的安全；实现操作系统安全目标的安全机制有标识与鉴别、访问控制、最小特权管理、信道保护、安全审计、内存存取保护、文件系统保护等技术。

数据库是一个长期存储在计算机内、有组织、有共享、统一管理的数据集合。数据库的安全性是指防止因用户非法使用数据库造成数据泄露、更改或破坏。数据库安全控制的常用方法包括用户标识和鉴定、存取控制、审计、数据加密等。此外，通过加密机制把要保密的数据对无权存取这些数据的用户隐藏起来，从而自动对数据提供一定程度的安全保护。数据库完整性就是确保数据库中数据的一致性和正确性，数据库提供了约束、规则和默认、事务处理等功能来保证数据库完整性。

2. 网络系统安全技术

在基于网络的分布式系统或应用中，信息需要在网络中传输，用户需要利用网络登录并执行操作，因此需要相应的信息安全措施，这些安全技术称为网络系统安全技术。

9.2.4　应用安全技术

1. 网络与系统攻击技术

网络与系统攻击技术是指攻击者利用信息系统弱点破坏或非授权地入侵网络和系统的技术。网络和系统设计者需要了解这些技术以提高系统安全性。主要的网络与系统攻击技术如下。

9.2.4　应用安全技术

（1）端口扫描

在计算机网络中端口就是通信通道，负责各种信息数据的传播。端口扫描实际上是将客户端请求发送到主机上一系列服务器端口地址的过程，目的是找到一个活动端口。这本身并不是一个恶意的过程。端口扫描的大部分用途不是攻击，而是简单的探测，以确定远程机器上可用的服务。但对于攻击者而言这也是很好的入侵通道，方便他们发起网络攻击。攻击者远程选用TCP/IP的端口服务，将攻击目标的相关答案进行记录，就能通过扫描主机搜集很多有用的信息，经过相应测试发现主机漏洞，从而入侵后进行系统攻击。

1) 网络嗅探。攻击者通过窃听手段来窃取计算机、智能手机或其他设备在网络中的传输信息，利用不安全的网络通信访问正在发送和接收的数据，对网络中传输的明文信息进行嗅探。网络嗅探器就是网络监听的一种，可依靠计算机网络对通信通道中的数据进行获取。嗅探侦听主要有两种途径：一种是将侦听工具放到网络连接设备（如网关服务器、路由器）或者可以控制网络连接设备的计算机上；另一种是针对不安全的局域网，将侦听工具放到个人计算机上来实现对整个局域网的侦听，比如采用交换机实现的局域网中，共享交换机获得一个子网内需要接收的数据时，并不是直接发送到指定主机，而是通过广播方式发送到每个计算机，作为接收者的计算机会处理该数据，而其他计算机会过滤这些数据，这些操作与计算机操作者无关，是系统自动完成的，但是计算机操作者需要的话，是可以打开那些原本不属于他的数据的。

2) 口令破解。在计算机网络技术的普及下，用户的安全意识也有所增强，越来越多的计算机用户能通过设置密码的方式限制未知权限的访问，如开机密码、系统密码、交易密码等都属于计算机口令中的一种。但是，并不是所有用户都会对计算机设置密码。对于没有设置密码的计算机，攻击者能轻易地与之建立连接，对其进行入侵。即使设置了密码，但如果密码过于简单，也可能会被攻击者快速破解。尤其是随着计算机软件与硬件的不断发展，CPU的速度大大提高，给攻击者提供了成功攻击的可能，而很多网络用户在设置口令时没有深思熟虑，通常使用的是较为简单的口令，安全程度相对较低。

（2）系统漏洞

系统漏洞指的是操作系统中的设计缺陷，或者在编写过程中形成的错误，这一缺陷或者错误若是被间谍或者黑客利用，将会对计算机进行远程控制，对其中重要资料进行窃取。这一攻击方式主要是在攻击口令的基础上进行计算机密码的破译，以虚假口令或者避开口令验证等方式冒充计算机使用者进入计算机内部，对计算机进行非法控制。对系统漏洞可应用打补丁形式进行改善，但是大量用户缺少打补丁的意识，容易形成计算机系统漏洞，给网络黑客以可乘之机，比如网络扫描技术就是通过在计算机上进行大面积的搜索来找到其中存在的弱点。

（3）拒绝服务攻击与分布式拒绝服务攻击

拒绝服务攻击（Denial of Service，DoS）是指利用传输协议、系统或服务器的漏洞，对目标系统发起的大规模进攻，消耗可用系统资源、宽带资源等，造成程序缓冲区溢出错误，使其他合法用户无法正常请求。这种攻击方式还能利用某种手段对网络中产生的资源进行消耗，最终实现对信息的窃取等。分布式拒绝服务攻击（Distributed Denial of Service，DDoS）实际上是由多个DoS单体构成的组合体，相对于DoS来说，是较为复杂的攻击手段。DDoS的攻击方式相对较难发现，也不容易追踪或者定位。

（4）木马攻击

远程控制软件——木马，具有较强的隐蔽性特征，计算机木马程序的组成部分共计两种，即控制中心和木马。为减少安全人员对其的追踪，往往会添加跳板。跳板可将控制中心与木马相连接，使其通信，可以依靠网络对计算机进行控制，对计算机主人的举动进行把控，对每一次击键事件进行掌握，以此轻松进行密码窃取，获取目录路径，开展驱动器映射干预，部分情况下甚至会窃取文档内容及通信信息。若是计算机装有摄像头和麦克风，还可以对谈话内容进行窃听，进行视频流量的捕获。由于计算机自身存在漏洞，且使用者欠缺安全意识，导致上网计算机会受到多种形式的木马影响。比如，在浏览页面信息时，可在图片和链接之中存在；接收邮件时，可潜伏在附件之中；进行程序下载时，可将程序和自身合并。据调查，木马导致计算机中毒的方式占整体计算机破坏事件的 90% 以上。这种入侵方式作用时间长、扩散速度快、清理难度大，会对我国计算机技术发展产生较大的影响。

2. 网络与系统安全防护及应急响应技术

网络与系统安全防护是抵御网络与系统遭受攻击的技术，主要包括防火墙技术、入侵检测技术、病毒防范技术等，这些技术都有其优缺点，适用于不同的场景。常见的网络安全产品部署拓扑图如图 9-3 所示。

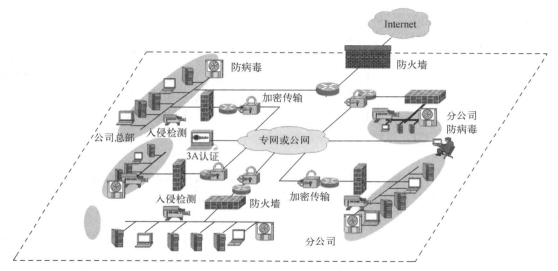

图 9-3　网络安全产品部署拓扑图

（1）防火墙技术

防火墙技术是一种既允许接入外部网络，又能够识别和抵抗非授权访问的安全技术。防火墙扮演的是网络中"交通警察"的角色，指挥网上信息合理、有序地安全流动，同时处理网上的各类"交通事故"。防火墙可分为外部防火墙和内部防火墙，前者在内部网络和外部网络之间建立起一个保护层，从而防止黑客的侵袭，其方法是监听和限制所有进出通信，挡住外来非法信息并控制敏感信息以防泄露；后者将内部网络分隔成多个局域网，从而限制外部攻击造成的损失。防火墙技术在网络的访问出口处应用，第一时间阻止外来信息或者外来人员的攻击，是网络安全的首要防线。在计算机网络的运行中，由于某些网段对网络安全性的要求之高，所以设置双重的防火墙，这也是有效保护网络内部安全的有效措施。

（2）入侵检测技术

入侵检测技术扫描当前网络的活动，监视和记录网络的流量，根据已定义的规则过滤从主机网卡到网线上的流量，一旦发现有问题的攻击或者行为，就会第一时间提醒计算机用户，通知其使用防火墙或者其他安全方式来保护计算机的安全。入侵检测系统可以在计算机上对使用者进行审计分析，同时对网络上的相关数据进行分析。它实现了对网络活动的实时监控，对计算机使用者和计算机信息进行了随时的监测。也可以说，入侵检测系统在计算机网络上"默默地"搜集着所需要的信息，总结后通过系统的控制平台进行信息检测和管理，这是维护计算机网络安全的第一道防线。

（3）病毒防范技术

计算机病毒是计算机网络的一种系统程序，它有强大的复制功能，在复制的过程中，通过错误的指令对计算机系统进行数据信息破坏。它的破坏性极强，是计算机系统运行过程中的严重隐患之一。与此同时，由于计算机病毒具有传染的泛滥性、侵害的主动性、外形检测和行为判定的难以确定性、非法性与隐蔽性、衍生性、衍生体的不等性和可激发性等特性，在使用计算机的过程中，要进行严格、科学、合理的防范，随时更新杀毒工具，最大程度地控制计算机病毒的蔓延，从而降低病毒对计算机系统的危害，为计算机运行创造良好的环境。

（4）VPN 技术

VPN 技术利用不可信的公网资源建立可信的虚拟专用网，是保证局域网间通信安全的少数可行方案之一。VPN 的基本原理是：在公共通信网上为需要进行保密通信的通信双方建立虚拟的专用通信通道，并且所有传输数据均经过加密后再在网络中进行传输，这样做可以有效保证机密数据传输的安全性。在虚拟专用网中，任意两个节点之间的连接并没有传统专用网所需的端到端物理链路，虚拟的专用网络通过某种公共网络资源动态组成。随着网络技术的不断发展，以及企业网络用户的逐年增加，VPN 技术的发展前景十分广阔，它必将在未来的网络安全领域发挥重要作用，为计算机网络安全保驾护航。

（5）"蜜罐"技术

"蜜罐"技术是一种对攻击者进行欺骗的技术，通过布置一些作为诱饵的主机、网络服务或者信息，诱使攻击者对它们实施攻击，从而可以对攻击行为进行捕获和分析，发现网络威胁、提取威胁特征。了解攻击方所使用的工具与方法，推测攻击意图和动机，能够让防御者清晰地了解他们所面对的安全威胁，并通过技术和管理手段来增强实际系统的安全防护能力。本质上来说，它是一个与攻击者进行攻防博弈的过程，"蜜罐"的价值在于被探测、攻陷。"蜜罐"技术综合了网络欺骗、数据控制、数据捕获和数据分析等技术，在如今的网络安全行业中越来越常见。

（6）隐藏 IP 地址

IP 地址反映了计算机使用者的地理位置，在计算机网络安全中地位显著，所以一旦非法分子获取了网络 IP 地址，网络安全受破坏的程度就会增大，所以在计算机的使用中对 IP 地址进行隐藏，是降低攻击可能性的一种常用手段。隐藏 IP 地址的做法是在计算机受到威胁时不会暴露 IP 地址，而是暴露代理服务器的 IP 地址，从一定程度上降低计算机受到的威胁，保护计算机网络的安全。

（7）应急响应技术

应急响应通常是指一个组织为了应对各种意外事件的发生所做的准备，以及在事件发生后所采取的措施。网络与系统安全事件的应急响应指的是应急响应组织根据事先对各种可能情况的准备，在信息网络安全事件发生后尽快做出正确反应，及时阻止事件的发展，尽可能地减少损失或尽快恢复正常运行，以及追踪攻击者，搜集证据直至采取法律诉讼等行动。一般将应急响应分为六个阶段，具体如图 9-4 所示。

1）准备阶段：准备阶段是安全事件响应的第一个阶段，即在事件真正发生前为事件响应做好准备，包括基于威胁建立合理的安全保障措施；建立有针对性的安全事件应急响应预案，并进行应急演练；为安全事件应急响应提供足够的资源和人力；建立支持事件响应活动的管理体系等。

2）检测阶段：检测是指以适当的方法确认在系统/网络中是否出现了恶意代码、文件和目录是否被篡改等异常活动/现象。如果可能的话，同时确定它们的影响范围和产生原因。从操作的角度来讲，应急响应过程中所有的后续阶段都依赖于检测，如果没有检测，就不会存在真正意义上的应急响应。检测阶段是应急响应的触发条件。

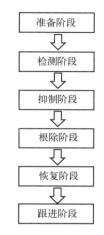

图 9-4　应急响应流程图

3）抑制阶段：抑制阶段是应急响应的第三个阶段，它的目的是限制攻击/破坏所波及的范围，同时也限制潜在的损失。所有的抑制活动都是建立在能正确检测事件的基础上，抑制活动必须结合检测阶段发现的安全事件的现象、性质、范围等属性，制订并实施正确的抑制策略。

4）根除阶段：找出攻击根源，解决攻击事件并彻底根除，防止其他攻击者再次以相同方法对系统进行攻击。

5）恢复阶段：将事件的根源清除后，将进入恢复阶段。恢复阶段的目标是把所有被攻破的系统或网络设备还原到正常的任务状态。

6）跟进阶段：分析、回顾整个应急响应的过程，进行总结并指定相应的安全规范策略，防止或应对攻击行为再次发生。

3. 安全审计与责任认定技术

为抵御网络攻击、电子犯罪和数字版权侵犯，安全管理或执法部门需要采取相应的事件调查方法与取证手段，这类技术称为安全审计与责任认定技术。

所谓审计，简单地说就是记录和分析用户使用信息系统过程中的相关事件，不仅记录谁访问了系统，而且记录系统以何种方式被使用。基于对记录系统事件的分析，能够快速地识别问题，确定是否有攻击、攻击源自何处。因此，审计本质上是一种为事后观察、分析提供支持的机制，广泛存在于信息系统中，记录、分析、报告系统中的事件。安全审计的主要功能包括安全审计自动响应、安全审计数据生成、安全审计分析、安全审计浏览、安全审计事件存储、安全审计事件选择等。

4. 恶意代码检测与防范技术

恶意代码（malicious code）又称为恶意软件（malicious software，Malware），是能够在计算机系统中进行非授权操作，以实施破坏或窃取信息的代码。恶意代码范围很广，包括利用各种网络、操作系统、软件和物理安全漏洞来向计算机系统传播恶意负载的程序性计算机安全威胁。也就是说，人们常说的病毒、木马、后门、垃圾软件等一切有害程序和应用都可以统称为恶意代码。

恶意代码分析主要有静态分析和动态分析两大类。静态分析是指直接查看分析代码本身，优点在于分析覆盖率较高。主要包括反病毒软件扫描、文件格式识别、字符串提取分析、二进制结构分析、反汇编、反编译、代码结构与逻辑分析、加壳识别和代码脱壳等。动态分析技术指通过实际运行恶意代码，跟踪和观察其执行细节来帮助理解代码的行为和功能。其局限性是执行过程中受环境的限制，通常无法实际执行所有分支路径，因此需要与静态分析结合使用，主要包括快照比对、系统动态行为监控、网络协议栈监控、沙箱、动态调试等。基于上述分析技术，可以运用检测技术、权限控制技术、完整性技术来进行恶意代码的检测和防范。

对恶意代码的检测与防范是普通计算机用户熟知的概念，但其技术实现起来比较复杂。在原理上，防范技术需要利用恶意代码的不同特征来检测并阻止其运行，不同恶意代码的特征可能差别很大，这往往使特征分析更为困难。

5. 内容安全技术

信息内容安全的宗旨在于防止非授权的信息内容进出网络。内容安全技术主要包括数字版权侵权及控制、不良内容传播及其控制、敏感内容泄露及其控制、内容伪造及其控制等。内容安全领域的核心技术包括信息获取技术、信息内容识别技术、控制/阻断技术、信息内容分级技术、图像过滤技术、信息内容审计技术等。

9.2.5 支撑安全技术

1. 信息安全测评技术

为了衡量信息安全技术及其所支撑系统的安全性，需要进行信息安全测评。信息安全测评是指对信息安全产品或信息系统的安全性等进行验证、测试、评价和定级，以规范它们的安全特性。信息安全测评技术就是能够系统、客观地验证、测试、评估信息安全产品和信息系统安全性质及程度的技术。

2. 信息安全管理技术

信息安全技术与产品的使用者需要系统、科学的信息安全管理技术，以帮助他们用好这些技术与产品，从而有效解决所面临的信息安全问题。当前，信息安全管理技术已经成为信息安全技术的一部分，已经成为构建信息安全系统的重要环节之一，它包括安全管理制度的制定、物理安全管理、系统与网络安全管理、信息安全等级保护及信息资产的风险管理等。

9.3 我国网络信息安全方面的法律法规

为了保证信息安全，除了运用技术手段和管理手段外，还要运用法律手段。法律在保护信息安全中具有重要作用，可以说，法律是信息安全的第一道防线。我国高度重视网络信息安全法制化，迄今为止，已颁布实施国家层面法律四部，全国性行政法规两部，部门规章及规范性文件五部，此外还有一部全国性的协会自律公约。具体情况如下。

9.3.1 网络信息安全相关法律的概况

（1）《中华人民共和国网络安全法》（以下简称《网络安全法》）

该法自 2017 年 6 月 1 日起施行，共包括七章七十九条，分别对网络安全支持与促进、网络运行安全、网络信息安全、监测预警与应急处置、法律责任进行了规定。《网络安全法》奉行一种关于网络安全治理的强监管理念，对网络安全的定义强调多层次与综合化。同时，《网络安全法》完善了网络安全的义务和责任，强化了国家对于网络安全的管制力。

（2）《中华人民共和国密码法》（以下简称《密码法》）

该法自 2020 年 1 月 1 日起施行。《密码法》共包括五章四十四条，分别对核心密码、普通密码、商用密码及法律责任进行了规定。《密码法》实施以来，我国已经形成了新的加密技术规制框架，促进了密码在日常网络行为中的有效使用。

（3）《中华人民共和国数据安全法》（以下简称《数据安全法》）

该法自 2021 年 9 月 1 日起施行。《数据安全法》共包括七章五十五条，分别对数据安全与发展、数据安全制度、数据安全保护义务、政府数据安全与开放以及法律责任进行了规定。《数据安全法》的价值定位符合总体国家安全观，且整合了已有的数据安全政策。

（4）《中华人民共和国个人信息保护法》（以下简称《个人信息保护法》）

该法自 2021 年 11 月 1 日起施行。《个人信息保护法》共包括八章七十四条，分别对个人信息处理规则、个人信息跨境提供的规则、个人在个人信息处理活动中的权利、个人信息处理者的义务、履行个人信息保护职责的部门及法律责任进行了规定。《个人信息保护法》具有实用主义的特点，其保护了人格与人身财产安全等多项权益，创造出了全球个人信息保护落地实施的中国方案。

9.3.2　网络信息安全相关行政法规的概况

（1）《中华人民共和国计算机信息系统安全保护条例》（以下简称《计算机信息系统安全保护条例》）

1994 年 2 月 18 日国务院令第 147 号发布并施行该条例，并根据 2011 年 1 月 8 日国务院令第 588 号《国务院关于废止和修改部分行政法规的决定》进行了修订。该条例共包括五章三十一条，分别对计算机信息系统的安全保护制度、安全监督及法律责任进行了规定。该条例的颁布施行具有里程碑意义，标志着我国计算机信息系统应用进入有法可依的阶段。

（2）《关键信息基础设施安全保护条例》

本条例于 2021 年 9 月 1 日起施行，共包括六章五十一条，分别对关键信息基础设施认定、运营者责任义务、保障和促进及法律责任进行了规定。该条例作为我国网络安全法律体系的一项基础且重要的行政法规，巩固、发展并完善了我国关键信息基础设施相关的一系列重要制度与机制。

9.3.3　网络信息安全相关部门规章、规范性文件与自律性规则的概况

（1）《计算机信息网络国际联网安全保护管理办法》

1997 年 12 月 30 日公安部令第 33 号发布并施行，并根据 2011 年 1 月 8 日国务院令第 588 号《国务院关于废止和修改部分行政法规的决定》进行了修订。该办法共五章二十五条，分别对计算机信息网络的国际联网安全保护责任、安全监督及法律责任进行了规定。该办法是落实《计算机信息系统安全保护条例》等相关法律法规的部门规章，对加强国际联网的安全保护、维护公共秩序稳定具有重要意义。

（2）《通信网络安全防护管理办法》

2010 年 1 月 21 日工业和信息化部令第 11 号发布，并于 2010 年 3 月 1 日起施行，共二十四条。该办法的发布实施完善了通信网络安全保障法律制度，并建立了通信网络分级、备案、安全风险评估等制度；作为一部部门规章，自施行以来，提高了通信网络的安全防护能力和水平，并为后续相关法律法规的出台奠定了基础。

（3）《公共互联网网络安全威胁监测与处置办法》

2017 年 8 月 9 日由工业和信息化部印发，并于 2018 年 1 月实施，共十五条。该办法是落实《网络安全法》等有关法律法规的规范性文件，对于规范公共互联网网络安全威胁、维护网络秩序和公共利益具有重要意义。

（4）《公共互联网网络安全突发事件应急预案》

2017 年 11 月 14 日由工业和信息化部印发并实施，共九部分，分别对公共互联网网络安全突发事件的应急组织体系、事件分级、监测预警、应急处置、事后总结、预防与应急准备以及保障措施进行了规定。该办法是落实《网络安全法》《国家突发公共事件总体应急预案》等法律法规的规范性文件，对保障公共互联网持续稳定运行和数据安全具有重要意义。

（5）《网络安全审查办法》

2021 年 12 月 28 日由国家互联网信息办公室等十三部门令第 8 号发布，该办法是在 2020 年施行的原办法基础上的修订，自 2022 年 2 月 15 日起施行，共二十三条。它是具体落实《中华人民共和国国家安全法》《网络安全法》《数据安全法》《关键信息基础设施安全保护条例》等相关法律法规的配套部门规章。网络安全审查是网络安全领域的重要法律制度，对于维护国家安全具有重要作用。

（6）《反网络病毒自律公约》

2009 年 7 月 7 日，中国互联网协会发布并施行《反网络病毒自律公约》，由中国三大电信运营商与腾讯、百度等多家公司共同签署，承诺共同推动互联网反网络病毒自律工作的进行。该公约作为自律性规则，从多元共治视角促进了社会各方主体共同参与构建和谐绿色的网络环境。

9.4 自动售检票系统的信息安全防护案例

某市轨道交通一期工程自动售检票（AFC）系统信息安全防护项目。

9.4.1 背景介绍

"互联网+"时代下的 AFC 衍生出了云平台、云闸机（详见图 9-5）和云售票机（详见图 9-6）等各式新型设备，经过多年的建设和发展，我国轨道交通 AFC 系统从无到有，从生疏到熟悉，从引进到国产化，再到当下的运用"互联网+"的多元化新型支付方式，其快速发展极大地丰富了 AFC 运作模式，使得乘客使用、出行更加便捷，运营管理更加轻松、精确。

某市轨道交通一期工程的 AFC 系统是一个计程、计时的自动收费系统。系统采用自动、半自动售票，以自动售票为主，人工售票为辅，自动检票，使用非接触式 IC 卡、二维码作为车票媒体。系统主要由线路中央计算机（LCC）系统、各车站计算机（SC）系统、各车站终端设备（SLE）、车票、维修系统、培训系统、模拟测试系统、传输系统和其他辅助配套设备及相关接口等组成，是轨道交通生产运营过程中最重要的业务系统之一。

本方案以 AFC 系统为核心，从实战化、体系化、常态化的角度发出，通过对通信网络、区域边界、计算环境的安全防护和安全管理中心的建设，构建一个纵深网络安全立体防控系统，助力轨道交通行业发展，为广大人民群众的出行便利提供安全可靠的支撑。

图 9-5　云闸机

图 9-6　云售票机

9.4.2　网络安全风险和需求分析

目前大部分轨道交通 AFC 系统的安全防护仅限于安装防火墙、保密设备和杀毒软件等初级设施，无法有效防止信息安全事件的发生。结合国家信息安全等级保护基本要求的内容，以下总结和梳理了 AFC 中可能存在的风险和挑战（包括但不限于）。

1. 网络安全潜在的风险

1）在重要网段与其他网段之间缺乏可靠的技术隔离手段，缺乏有效的区域隔离。

2）未在网络边界部署访问控制设备，缺乏访问控制功能。

3）缺少为数据流提供明确的允许/拒绝访问的能力。

4）不能对进出网络的信息内容进行过滤，不能实现对应用层协议的命令级控制。

5）缺少防止地址欺骗的技术手段。

6）缺乏对非授权设备私自连接内部网络的行为进行检查、定位和阻断的能力。

7）无法有效检测到网络攻击行为，并对攻击源 IP、攻击类型等信息进行记录。

8）无法在网络边界处对恶意代码进行检测和清除，更新恶意代码库不及时。

2. 主机安全潜在的风险

1）缺乏有效的安全审计功能。

2）采用传统网络防病毒软件（部分主机甚至无法安装杀毒软件），无法及时更新恶意代码库，且影响系统稳定性。

3）无法对重要程序的完整性进行检测，在检测到完整性受到破坏后不具有恢复能力。

3. 应用安全潜在的风险

1）缺乏有效的安全审计功能。

2）没有采用校验技术保证通信过程中数据的完整性。

3）通信过程中的整个报文或会话过程未进行加密。

4）缺乏有效的软件容错能力。

4. 数据安全潜在的风险

未采用加密或其他有效措施实现系统管理数据、鉴别信息及重要业务数据传输和存储的保密性。

9.4.3 信息安全解决方案

经过深入的技术沟通和充分的现场调研，针对客户的详细安全需求，逐条分析并提出对现有安全措施进行提升、优化的定制解决方案，具体方案如下。

1. 在中心网络边界部署工控防火墙

通过工控防火墙将 LCC 系统与 ACC、城市一卡通等外部系统进行安全隔离；提供 LCC 系统与城市一卡通等外部系统网络边界处端口级的访问控制功能，并对 LCC 系统应用层协议进行内容过滤，防止重要网段的地址欺骗；检查外部用户非法连接内部网络及内部网络用户私自外联，并能定位及有效阻止内、外部用户非法连接。

2. 在中心核心交换机镜像口旁路部署入侵检测系统

入侵检测系统抓取核心交换机的数据包，检测病毒、蠕虫、木马、间谍软件、可疑代码、恶意扫描等网络威胁攻击，一旦发现及时上报至统一安全管理中心。

3. 在中心部署工控安全审计系统

工控安全审计系统主要用于监视并记录对综合监控系统数据流量的各类操作行为，通过对网络数据的分析，实时、智能地解析对数据库服务器的各种操作，并记入审计数据库中，以便日后进行查询、分析、过滤，实现对目标系统用户操作的监控和审计。

4. 在中心、车站、培训及模拟中心等处的服务器和工作站上部署白名单主机防护系统

白名单主机防护系统可由安全管理中心统一管理，进行权限推送，在受控情况下完成日常软件和配置变更操作，防止木马、病毒等未授权软件的运行。

5. 在中心部署工控安全检查工具

工控安全检查工具可对整个 AFC 进行全面的漏洞扫描和安全风险评估，支持将扫描的漏洞结果导入工控安全监管与审计系统。

6. 在中心设立安全管理中心

将所有安全设备通过安全专用交换机接入工控安全监管与分析平台，实现 AFC 系统的全面统一安全集中监管。安全设备采集到的信息可以按既定策略发送至管理平台，同时可以在安全管理平台对设备状态进行集中监管，对设备进行集中运维。安全管理平台应设置严格的账户权限，由专业的安全管理员进行管理。

9.4.4　效果评价

本项目为 AFC 系统构建了一套信息安全整体防护体系，能有效、及时地避免突发病毒感染和恶意入侵，降低了系统因计划外的生产信息丢失、信息堵塞、节点死机、系统崩溃、装置停车等因素引发生产事故等诸多隐患，确保系统安全、稳定、高效运行，在人民群众出行、缓解城市交通拥堵、促进社会经济发展等方面发挥积极作用。（资料来源：智慧城轨网 http://www.rtai.org.cn/list9/28069.html）。

9.5　实训项目

9.5.1　实训项目 1：分析信息安全案例

实训目标：
1）分析信息安全案例中主要面临的信息安全威胁。
2）分析信息安全案例中使用的信息安全技术。
实施过程：
1）寻找案例。可以通过网络寻找案例，也可以观察身边发生的案例。
2）分析案例。梳理案例全过程，总结该案例中面临的信息安全威胁、涉及的网络安全攻击技术及造成的危害；针对案例中的攻击技术，分析应采用的信息安全技术。
3）撰写实训报告。

9.5.2　实训项目 2：调查上一年度全球主要的信息安全事件

实训目标：通过调查，了解当下主要的信息安全威胁种类以及造成的恶劣影响。
实施过程：
1）搜集信息。通过网络搜索的方式收集上一年度全球主要的信息安全事件。
2）调查分析。梳理各个主要信息安全事件的全过程，分析信息安全事件中使用的网络安全攻击技术以及造成的危害；结合上述梳理的内容对各个信息安全事件进行分类，形成一些关于当前信息安全事件种类的趋势性结论。
3）撰写实训报告。

本章小结

本章知识点见表 9-1。

表 9-1　本章知识点

序　号	知　识　点	内　　容
1	信息安全的发展阶段	现代信息安全的发展可以划分为通信安全、计算机安全、信息安全、信息保障四个阶段。但随着网络空间安全概念的提出，信息安全的发展逐步进入网络空间安全阶段
2	信息安全的基本属性	信息的完整性、保密性、可用性、不可否认性、可控性
3	信息安全威胁	指某个人、物、事件或概念对信息资源的保密性、完整性、可用性或合法使用所造成的威胁。攻击就是对安全威胁的具体体现。对于信息系统来说，威胁可以是针对物理环境、通信链路、网络系统、操作系统、应用系统以及管理系统等方面的
4	信息安全技术分类	可以归纳为五类，分别为核心基础安全技术、安全基础设施技术、基础设施安全技术、应用安全技术、支撑安全技术
5	信息安全法律法规	我国已颁布实施现行的国家层面法律四部，全国性行政法规两部，部门规章及规范性文件五部，此外还有一部全国性的协会自律公约

习题

1. 简要说明信息安全发展的各个阶段。
2. 当前信息安全面临的主要安全威胁有哪些？
3. 信息安全的基本属性有哪些？
4. 我国当前网络信息安全的主要法律有哪些？
5. 简述常用的信息安全技术。

参 考 文 献

［1］ 孙青华．现代通信技术及应用［M］. 3 版．北京：人民邮电出版社，2021.
［2］ 田广东．现代通信技术与原理［M］．北京：中国铁道出版社，2019.
［3］ 张光义. 5G 移动通信技术［M］．北京：中国铁道出版社，2021.
［4］ 曹丽娜．简明通信原理［M］．北京：人民邮电出版社，2020.
［5］ 许高山．现代移动通信技术［M］．北京：中国铁道出版社，2021.
［6］ 严晓华，包晓蕾．现代通信技术［M］. 3 版．北京：清华大学出版社，2019.
［7］ 陈爱军．深入浅出通信原理［M］．北京：清华大学出版社，2018.
［8］ 陈卫东．数字通信信号调制识别算法研究［D］．西安：西安电子科技大学，2001.
［9］ 赵寒梅．数字通信［M］．北京：北京邮电大学出版社，2005.
［10］ 张申．帐篷定律与隧道无线数字通信信道建模［J］．通信学报，2002，23（11）：41-50.
［11］ 张曙光，李茂长．电话通信网与交换技术［M］．北京：国防工业出版社，2002.
［12］ 樊昌信，曹丽娜．通信原理［M］. 6 版．北京：国防工业出版社，2010.
［13］ 马宏斌，王英丽，秦丹阳．数据通信与网络协议［M］．北京：清华大学出版社，2015.
［14］ 郑毛祥，苏雪．数据通信技术［M］．北京：中国铁道出版社，2015.
［15］ RAPPAPORT T S. 无线通信原理与应用：英文版［M］．北京：电子工业出版社，2004.
［16］ 吴昊，胡博．通信中的蓝牙技术［J］．魅力中国，2018（33）：242.
［17］ 苏芬芳．微波通信的主要技术与应用价值探讨［J］．中国新通信，2018，20（17）：90.
［18］ 朱少彰．信息安全概论［M］．北京：北京邮电大学出版社，2004.
［19］ 吴海燕，佟秋利．我国网络安全法律法规体系框架［J］．中国教育网络，2021（8）：66-67.